PENGUIN BOOKS

DESIGN OF CITIES

埃德蒙·N·培根生于美国费城，就读于康乃尔大学及匡溪艺术学院，攻读建筑学专业，师从E·沙里宁。1938年，在密歇根州弗林特城担任城市规划师。两年后，培根先生就任费城住宅建设协会总经理。此后他又于1949年担任费城规划委员会行政负责人，直至1970年退休。在他的领导下，费城以从事一个持续的修复改建计划而举世闻名。1971年，美国规划师协会对培根先生在费城规划委员会所作出的革新与成就，授予其“杰出服务奖”。

……一个珍贵而理性的图式一朝被实录下来，将永不消逝；在我们离去很久，它仍将具有旺盛的生命力，并愈发坚持地展示它自己……

丹尼尔·H·伯纳姆

伦敦，1910 年

国外城市规划与设计理论译丛

城市设计

DESIGN OF CITIES

（修订版）

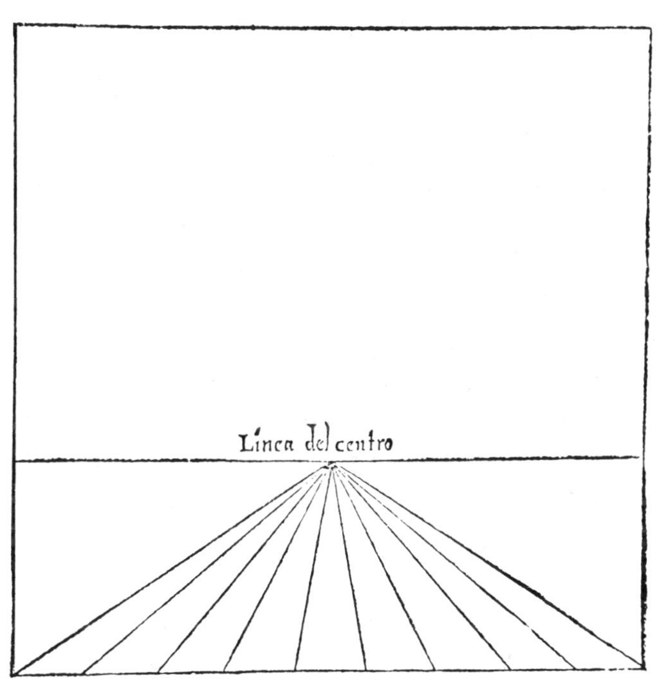

[美] 埃德蒙·N·培根 著

黄富厢 朱琪 译

中国建筑工业出版社

修订版中译本序言

欣闻美国老一辈城市设计大师埃德蒙·N·培根教授的名著《城市设计》中文译本将出修订版，仍由黄富厢、朱琪翻译。不过，这次不是编译，而是原著的独立翻译出版，体现原汁原味，为此感到十分高兴。对广大读者来说，这是一个福音。这对推动中国当前蓬勃开展的城市设计工作，无论在理论和实践上，均会起到重要的先导作用。

培根先生是美国宾夕法尼亚大学资深教授，费城总建设师，至今已逾90岁高龄，是中国人民的老朋友。20世纪30年代他就来到北京，古都的宏伟格局和优秀的中华文化所具有的巨大魅力，深深地震撼了当年的这位年轻的建筑师。相隔半个世纪后，即20世纪80年代他又多次来到中国，培根先生对北京有着特殊的浓厚感情，因此在中文第一版的《城市设计》一书中，在第18章论述到北京城市设计时，他一开始就指出，"北京可能是人类在地球上最伟大的单一作品。这座中国城市，设计成帝王的住处，意图标志出这里是宇宙的中心。这座城市十分讲究礼仪程式和宗教思想，这和我们今天毫无关系，然而在设计上它是如此光辉灿烂，以致成为一个现代城市设计概念的宝库。"

我有幸多次与培根先生在中国北京、日本京都和美国费城见面，特别是1990年春他亲自陪我和一批美国麻省理工大学和宾夕法尼亚大学研究生参观了他为之贡献了毕生精力的费城中心区,从宾夕法尼亚大学开始，一直向东直至德拉维拉河滨，走了整整一天，使我深切体会到他在书中的城市"设计结构"如何在费城中心区地上地下三维空间中得以逐步实现的漫长历程，也进一步理解了他的"同时运动诸系统"的真谛。培根先生思路敏捷、步履矫健，完全不像是一位年过80的老人。到1998年我再次到费城去看他时，他已几近90岁高龄，仍坚持陪我去看East Market Street地下空间中一些新的建设成就。先生毕生精力，为费城的保护与发展作出了巨大的贡献。由于城市设计的实现是一项长期的工作，只有锲而不舍的努力才能取得一些成果，培根先生这种精神也给了我很大的鼓舞和鞭策。

英文版的《城市设计》一书，在美国也是一版再版。初版时，他曾赠我一本，并在扉页上写道："我感谢帮助我进一步理解和欣赏中国思想、文化和感受的人。"在再版书中，培根先生又叮嘱我"保护好北京"。培根先生在美国没有汽车，除了乘地铁和公交就是走路，他一再倡导"汽车后时代的城市"(post automobile city)。今天的北京正步美国大城市后尘，像我们这样的老年人，在哀叹行路难之余，更令我怀念大洋彼岸的培根先生。

这次黄富厢先生和朱琪女士准备再版《城市设计》一书时，希望征得老先生的同意，为此托宾夕法尼亚大学毕业的我的大儿子朱幼宣博士去征求培根先生的意见。蒙他慨然允诺，并提出希望出版后赠他10余本中文译本，以便分赠亲朋好友。说明老先生对中文译本的重视和对中国和北京的情结。《城市设计》一书在国内外的影响无庸多述，黄富厢先生对城市设计理念和实践的深厚功力以及他和朱琪女士的流畅文笔也无庸赘言，相信出版社在排版、印刷、装帧上能全力以赴，使名著早日成为一本精品译本。

朱自煊

2003年3月25日

致 谢

我要对“洛克菲勒基金会”赞助撰写本书深表谢意，对“福特基金会”提供1959年度的“旅行与研究奖学金”表示感谢。

我要感谢鼓励和支持我的费城的3位著名的市长：尊敬的约瑟夫·S·克拉克、尊敬的里查逊·狄渥和尊敬的雅各·H·J·苔特。

我要对我伟大的导师伊洛·沙里宁表示最深切的感谢，他传授给我本书中许多最基本的理念。我非常赞赏菲力克斯·克莱先生和“伯尔尼克莱基金会”的慷慨合作，使我得以引用《保罗·克莱文献》。我也要感谢代尔夫特大学城市规划研究所的C·S·克雷特、D·J·德威特、W·施牟勒斯、H·J·范费尔休伊曾、L·C·约翰斯和L·H·西蒙等教授及博士们，他们为本书中提及的威克·毕·都尔城广场进行了测绘并绘制了优美的表现图。感谢我的合作者及同事阿罗瓦·施特罗布，感谢他同我一起设计本书及其插图，也感谢安·凯丽使之成文。

我深深地感谢就本书有关部分对我提供帮助的许多学者：弗兰克·E·勃朗、约翰·特拉夫洛斯、沃夫冈·洛茨、施腾·埃勒·拉斯谋森、雅各·S·阿克曼和约翰·撒墨逊爵士。在此要说明的是，如果由于我的任何相关失误所引发的责难，不应针对他们。

在对我影响至深、并帮助我理解城市设计思想的学者、作家、建筑师、历史学家和挚友群体中，单独突出感谢谁都是不公平的，在此我要对他们重要的贡献集中致以诚挚的谢意。

埃德蒙·N·培根

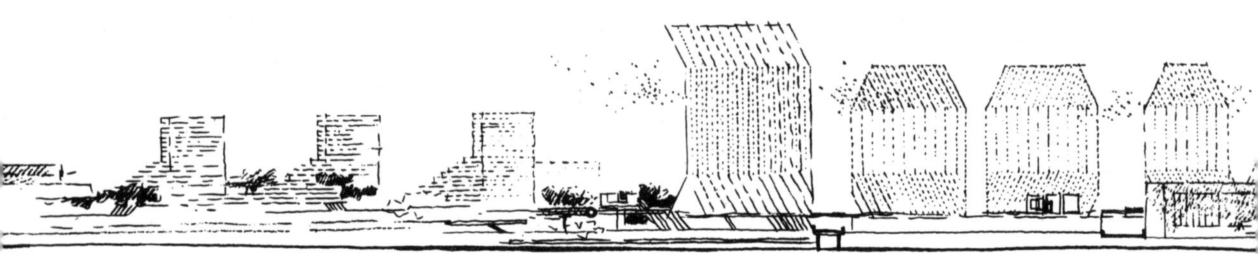

修订版前言

本次修订，我的主要意图不是表达我所倡导的城市设计的形式，而是它背后的各种设计力——思维模式及其赖以产生的有力的、传递感觉的意象，以及激励它们付诸行动的力。我意在帮助青年人在他们的条件下激发他们的想像，并运用于他们当时的现实中。为此，我得到了一位青年彼得·马奥尼在合作中巨大的帮助，这既得益于他的内在素质，也体现了他作为其中一员的一代人的风采。本修订版中许多的新思想，正是我们共同努力的结果。

费城成功的规划经验告诉我们，使规划得以实施的原因在于使规划方案被接纳的成分早已被纳入规划中，规划设计过程与规划实施过程总是视为一体的。

1973年5月

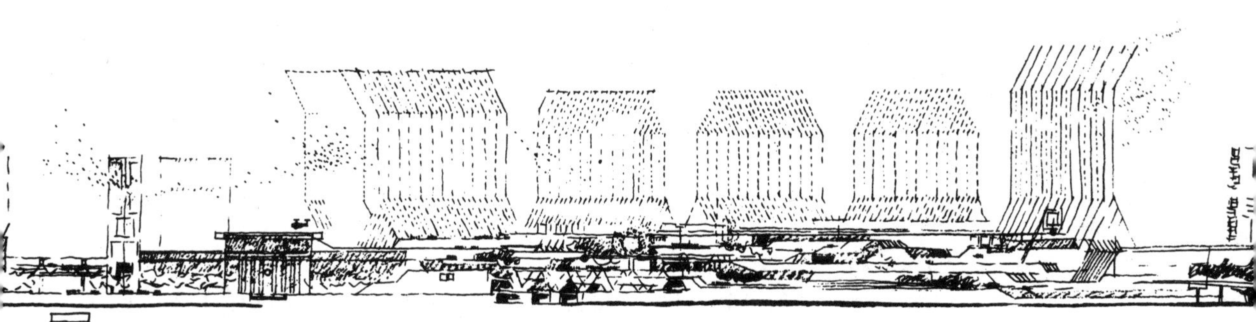

前　言

我并不是以一名学者或历史学家，而是以近代历史中费城复兴的参与者的身份来写这本书的。由于某些历史的偶然性，在改变城市面貌的过程中，一系列特殊的创造力在此结合并开始发挥作用。我确信这种不是由个人，而是许多人互动产生成果的经验是富有思想的，对于世界上一切希望实现人们的抱负、作出更美好的形态的其他城市都是适用的。

我在费城的工作中，一直清醒地关注历史潮流中平行可类比的事物，并且经常借助它们。在本书的创作过程中，我一直试图共识历史进程中的那些时刻，它们使我受益匪浅。通过对这些历史时刻的重新审视，我希望能更深刻地了解费城复兴开始以后发生的、起决定作用的某些更深层的设计力。

为本书绘制插图者：

阿罗瓦 · K · 施特罗布

49，50–51，78，84，99，102–103，108，110，254，257，259，260，261，270–271

威廉 · L · 小巴尔

66，70–71，74，140–141，176，177，196–197，205，213，217，220，221，224–225，268(上)，272

约翰 · 安德鲁 · 迦莱里

95，98(上)，110，218，286–287

雅各 · 尼尔逊 · 凯斯

83(下)，188–189

艾略特 · 阿图尔 · 帕夫洛斯

83(中)，86，87，106，142，143，145，147，149，151，153，154

罗伯特 · A · 普莱塞

90–91，184，185

劳伦斯 · 谢尔曼

83(上)，98(下)

艾尔文 · 瓦塞曼

192–193，200，266–267，300–301

J · H · 阿朗逊

94，114，119

注：第 38–52 页以及第 254–263 页的内容是 1974 年进行修订时添加的部分。

目　录

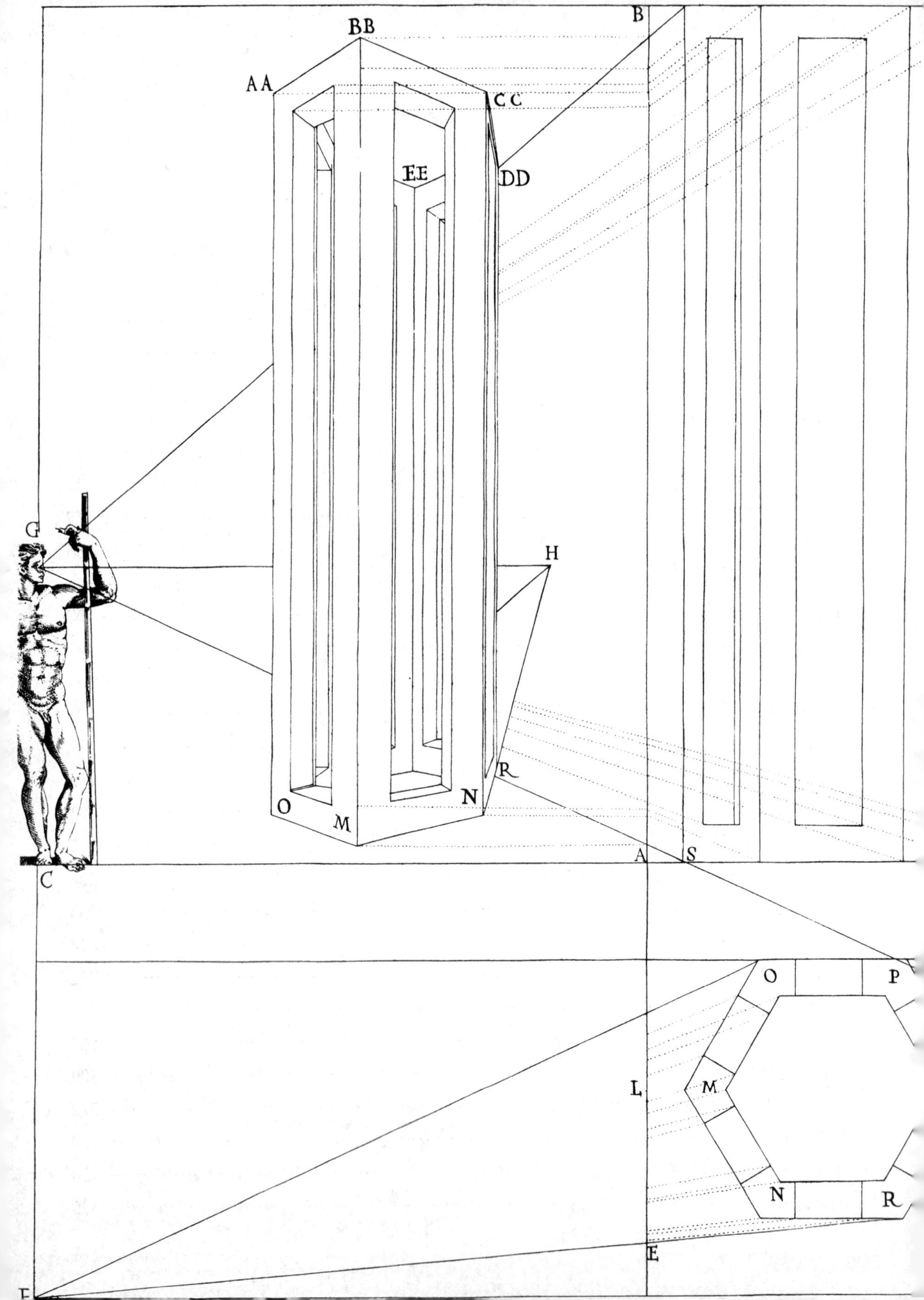

B
BB
AA
CC
EE
DD
G
H
R
O
N
M
A
S
C
O
P
L
M
N
R
E
F

人所见到的诸多事物，
必须理解。
不观察他将何以得知
未来时日之手中，
掌握着什么？

——索福克莱斯(Sophocles)，《阿贾克斯》

……看(理解地观察)，不只是永远如实反映的镜子，而是活生生的理解力，它有着内向深究的历史并经历了诸多阶段。

——海因里希·韦尔夫林(Heinrich Wölfflin)，
《艺术史原理》，1915年

一位古人划着一条船，悠闲地享受着才能带来的舒适，古人展现了这样的一幅画面。而现在，当一个现代人走过轮船甲板时，他的感受是：1.他自己的运动，2.船的运动也可能与之方向相反，3.水流的方向与速度，4.地球的转动，5.地球的轨道，6.月亮与行星环绕地球的轨道。结论是：宇宙中诸多运动对于身处船上作为其中心的“我”的相互作用。

——保罗·克莱(Paul Klee)
《创造的信条》，1920年，
选自《思索的眼光》

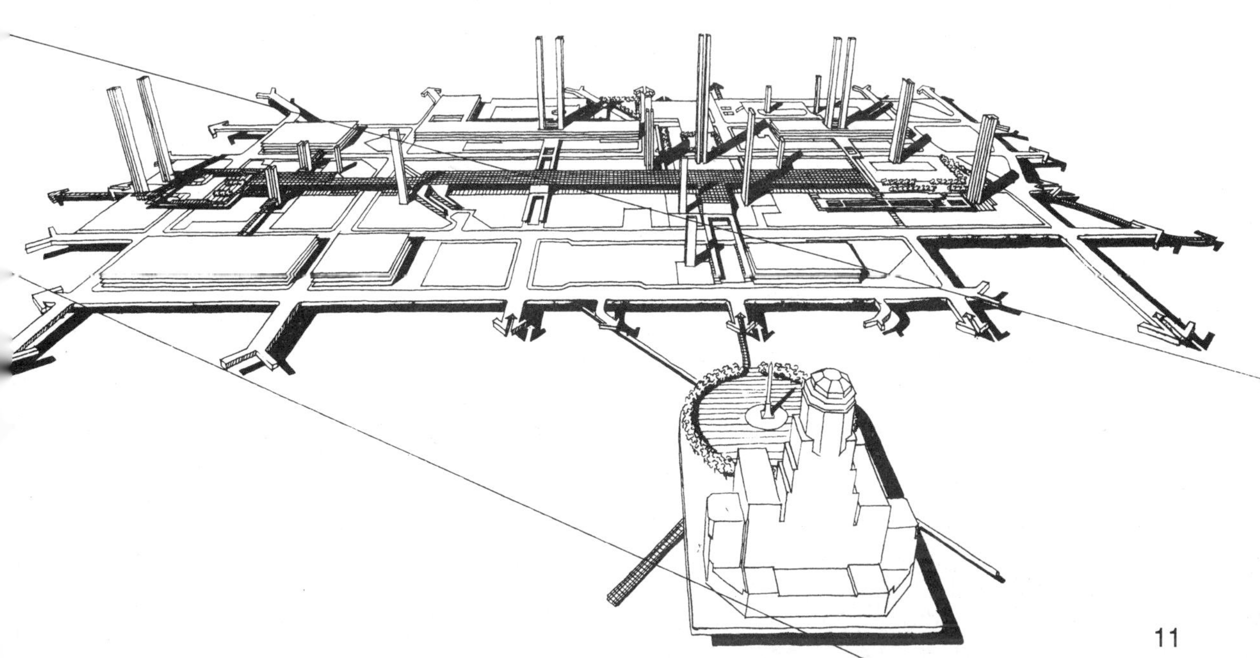

城市作为一种意愿行动

建造城市是人类最伟大的成就之一。城市的形式，无论过去还是将来，都始终是文明程度的标志。这种形式是由居住在城市中的人们所作的决定的多样性来确定的。在某些情形下，这些决定的相互作用产生那样明晰和那样一种形式的力，以致一个杰出的城市得以诞生。笔者的出发点就是：对这些决定的相互作用有更深刻的认识，能为我们去建设当今杰出的城市提供必要的洞察力。

本书的目的就是要剖析过去所出现的这些决定的性质、背景、相互联系方式及将其结合后所产生的观念，并考察这些决定所带来的逐渐演变的城市形式。我希望能消除一个如此广为流传而未加批判的概念，即：城市是一种巨大的偶然事件的产物，它超乎人的意愿的控制，不以人的意志为转移。我坚决主张人类意愿现在能够有效地施加在我们的城市之上，因而城市所采取的形式将是我们文明的最高抱负的真切表现。

应用不断改进的电脑数学运算技术来描绘过去问题的趋势，使我们正处于用数学方法推断未来的危险之中，其结果，未来只不过是过去的延续。这样我们也就有可能失去人类一个最重要的观念：未来是我们创造的。

美国费城最近的事态发展无可争辩地证明，假定有一种“设计观念”的明晰的远见，构成我们现代民主程序下多样性的意愿将汇成积极统一的行动，其规模之大足以显著改变城市的特性。本书的一个主要目的就是要引发什么是“设计观念”的思考。

空间意识作为一种感受

建筑设计的基本成分由体量和空间两项要素组成。设计的实质就是两者的相互关系。在我们的文化中，占优势的成见是偏重体量，这种成见致使许多设计者竟都是“空间盲”。

空间意识远不止是脑力活动。它占据意识和感觉的全部范围，要求整个自我介入以期作出全面的反应。

人类机体对空间的感知能力是发展的，由无空间感的胚胎状态，经过婴儿对有限空间的探索，到在地上爬的孩子初步的两度量的探索，直至运动员的技巧和舞蹈家的艺术不可或缺的跃向空间。知识也是类似的，由于连接愈来愈大的系统，感知也愈来愈深化。在建筑语汇中，则意味着由地球和地球上的材料组成的实体空间，进展到宇宙中不那么看得见、摸得着的要素组成的整体空间。通过这种与比他自己更大的系统的联系，人得到美的满足；这个系统越接近宇宙，满足也越大。这正是为什么一种有意识空间的表现，对建筑的最高表现来说确属必不可少的原因所在。

“啊！让我们理解宇宙，
无比丰富，
无极无穷。
让我们翱翔飘逸，归属于苍穹，
属于飞云，属于日月，
融融寰宇之中。”

惠特曼在这些诗句中，赋予建筑一个伟大的内涵。但这一点永远不会实现，除非设计者本身通过与整体的融合，发展一种新的空间意识。

空间与形式

建筑形式是体量与空间之间的接触点。这两个要素之间在哲学上相互关系不清楚的地方，建筑形式也不会明晰。通过限定体量和空间之间的连接点，建筑师正在对人类和宇宙的相互关系作出说明。

埃及的金字塔，作为从地球上出现的支配性体量形式的完美表现而存在。它是不变的绝对的一个说明。

中国的建筑与此相反，是与自然保持一种和谐状态而不是支配自然的有力的表现。屋顶的凹形表现人的恭谦，表现建筑对于宇宙空间的接受；这些屋顶优雅地接受宇宙空间，并成为庭院建筑构图中的核心。

在伊斯兰建筑中，形式和空间的使用又不相同。作为许多伊斯兰建筑中心的宏伟的穹窿，似乎是内部空间的一种反映。探求表现的空间将拱壳顶部张紧外推，建立形式。这与西欧基督教堂及天主教堂的拱顶有显著的区别，后者主要是根据体量和结构的角度而设想的。

因此，在世界上各种文化中，建筑形式是体量与空间的力的相互作用在哲学上的一种表现，这种相互作用反过来又反映人与自然以及人与宇宙之间的关系。以体量和空间确立的明晰性与活力，决定了任何文化发展时期建筑作品卓越的程度。

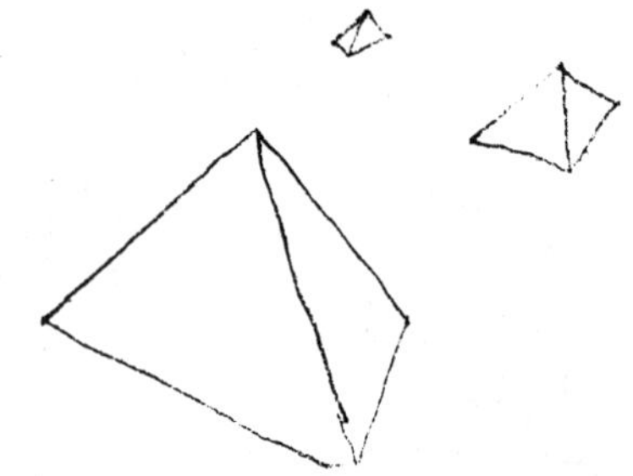

体量

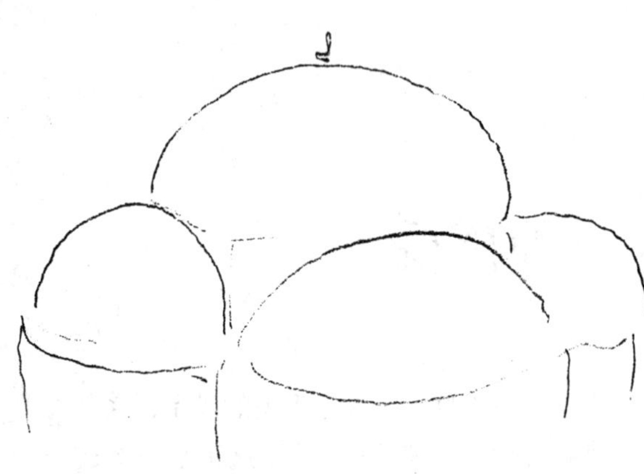

空间由内部凸出

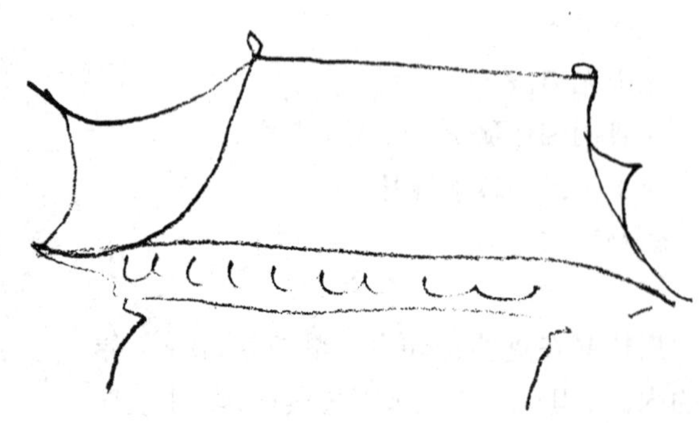

外部曲线呈曲线形凹入

界定空间

空间本身能呈现强烈而显著的特性。希腊人认识到这一点，这在他们的艺术和宗教中是一个重要的因素。这样，就有一些小树林和山谷留给某些精灵，某些已成为圣区、圣山的特殊地点，奉献给体现人的素质的众神。很大一部分的希腊建筑，在设计上将空间与某一种精神相融合，通过建立与自然空间的有力的联系，作为人类与宇宙的联系环节。

在伊斯兰建筑中，设想了一些装置来限定空间的范围作为实在的(常常是宗教的)要素。清真寺四角的四只小尖塔就形成了一个透明的正方体空间，与清真寺的精神融为一体。穹窿顶使如此界定的空间充满生气。

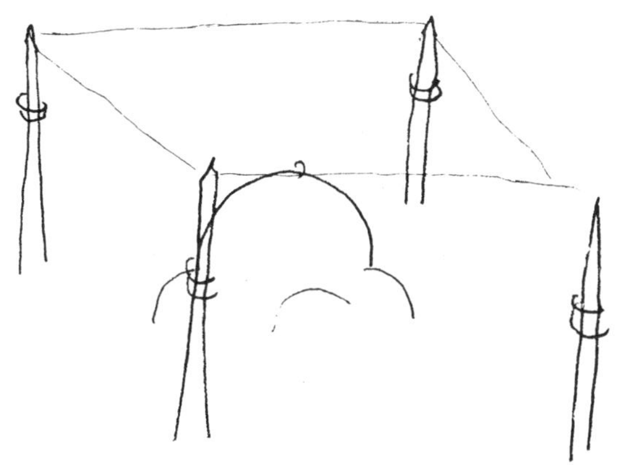

形成起限定和界定作用的围合空间

耶路撒冷奥马尔(Omar)清真寺抬高的大平台的方形平面，使垂直的力投入运动，它们界定了由此升起的一个甬道空间，把穹窿顶包裹在里面。独立的拱门除为出入这个空间的特定的行动起框架作用以外，别无其他功能。

因此在今日的城市中，我们必须想到建筑和交通系统设计以外的因素。我们必须建立与时代的需要相配合、并由与现代技术相协调的手段所限定的空间容积。这些空间容积必须与由建筑形式所产生的精神融合。按照这样的方式，城市就能具有丰富感、变化感，并通过与城市不同部分结合的种种积累效果，建立起市民对她的忠诚。

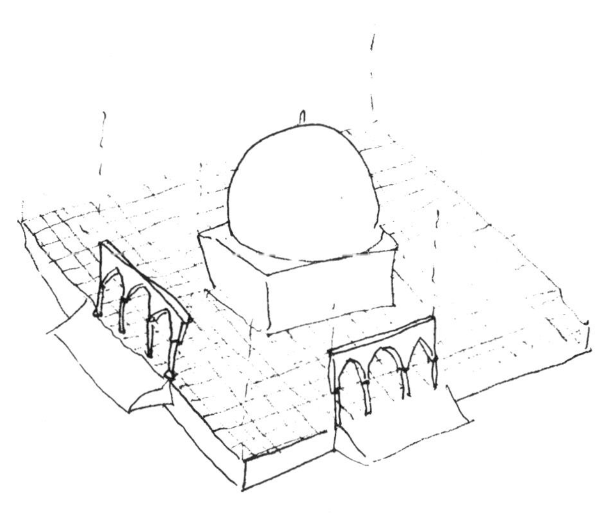

清晰地表现空间

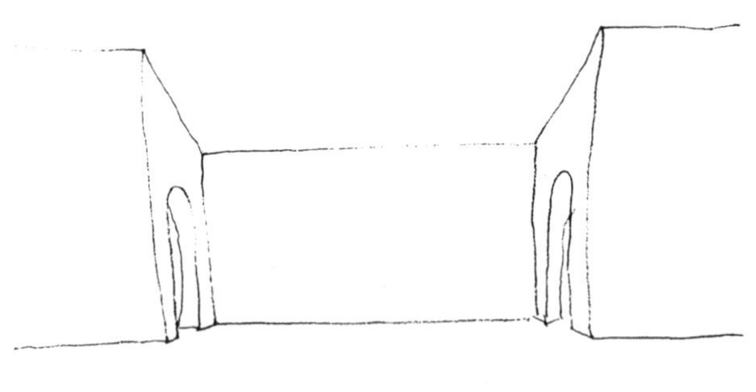

能被理解的空间

经过处理的空间

用结构的办法，如用墙来限定空间的范围是一回事；但将空间与在空间中活动相关的、并触动人们感觉和情绪的某种精神融合在一起，则是另一回事；建筑包含这两方面。

通过建造一堵空白的墙，如左侧上部草图所示，一个空间得以界定，但它依然是一个没有性格的空间。左侧下部草图显示了使空间富有韵律、质地和精神是通过建筑的手段——在这个例子中使人联想到中国建筑的形式。

在西格弗里德·吉迪恩(Sigfried Giedion)的著作《建筑，你和我》(哈佛大学出版社)一书中，费尔南德·莱杰(Fernand Léger)通过“有色彩的空间”的概念，以现代术语发展了这个原理。他说：“大约在1910年，和德劳奈(Delaunay)在一起，我个人开始在空间中解放纯色彩，”并补充说，“可以住人的矩形空间，正在变成没有边际的有色彩的空间。”

建筑形式、质感、材料、光影和色彩的模式，这一切组合在一起形成一种清晰地表现空间的品质或精神。建筑的品质将由设计者在建筑内部空间和建筑周围空间中运用和联系这些要素的技巧而决定。

在绝大多数城市中，都存在一些有特征的建筑却不起作用，因为它们的选址不当；也有一些显要的基地却被毫无情趣的建筑所占据，因而对周围的环境毫无裨益。在城市设计中应当技艺高超地展现建筑的能量，以使优秀的建筑的影响光华四射，清晰地表现整个城市的组织结构。

空间与时间

建筑最重要的目的之一，就是使生活更加富有戏剧性。因此，建筑要划分空间用于不同的活动，而且要使在这些空间中出现的生活上某一特定活动的感情内涵得以加强。

生活是一连串感受的连续流，每个动作或每个瞬间总是由前一个感受所引导，并将成为即将来临的感受的序幕。如果我们承认生活的目标是获得和谐感受的过程，那么经历时间感受到的一个个空间之间的关系，就成为设计的主要问题。如此看来，建筑同诗歌、音乐和艺术一样，占据着它的地位。其中，没有任何一个部分可以单独考虑，一定要与前后部分相联系。

上面一幅博蒂切利(Botticelli)的油画，描绘的是一个尺度优美的空间，并且简洁而有力地表现了即将在其间发生的伟大的事件。这幅画也是表现时间的：左边的拱门通道象征流逝的岁月，通过右侧拱门通道可以瞥视伸展到地平线尽头以外的旷地，预示着对未来的期待。

正由于设计者要给整个和谐生活的感受提供环境，他们设计的量度应包括整天的日常生活和城市的整体。

通过明陵形成的空间

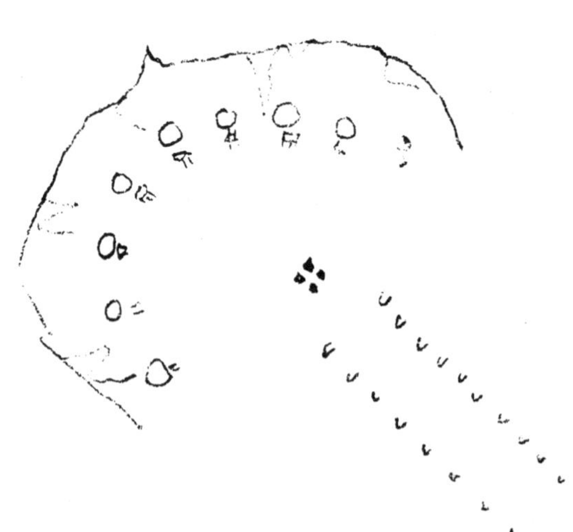

空间与运动

迄今为止，建筑被认为是一连串相互联系的空间，每一个空间有其特定性质，并且每一个空间总是和其他的空间联系着的。设计的目的就是要影响使用空间的人们。而在建筑构图中，当人们在其中运动时，这种影响产生的效果是一种连续不断的感触和印象。由于建筑设计是一门艺术，因此对身历其境者在每一瞬间，从每个视点产生的印象，必须不仅是连续的，而且是和谐的。突出自己，强加于人，从他的设计中得到的是诸多顿挫之感，这种现象在当代建筑作品中屡见不鲜，这是建筑师的失败。

为了强调说明这一点，我运用了“身历其境者”这个词代表那些感受了设计传递给他信息流的人。视觉画面的变化只是感觉体验的开始，由明到暗、由热到冷、由闹到静、空间漫溢的气息、脚下地面的触觉性质，所有这些对积累的效果都是重要的。

所有这一切的基础是步履的模式化的节奏，这是自文明最早开化以来度量空间的不变的方法。例如，穿过一个院子要用体力，上下楼梯时看到的景象会引起兴奋的感觉。只有通过无休止的漫步，才能使设计者吸收城市空间的真正尺度。

在建筑上，与运动有关的宏伟的实例是中国北京北郊的明十三陵。辟穿一片树林的一条长通道，以其有节奏排列的牌坊、石人、石兽面朝参拜路线而独具特色。整个布置的高潮是位于半圆山脉中央的十字拱亭。山脚下是13座碑亭，碑亭的后面是13个小山头，包括历代皇帝的陵墓，以纪念已故的君主。整个布局如此超群，把整个群山环抱的弧形空间都激活了。

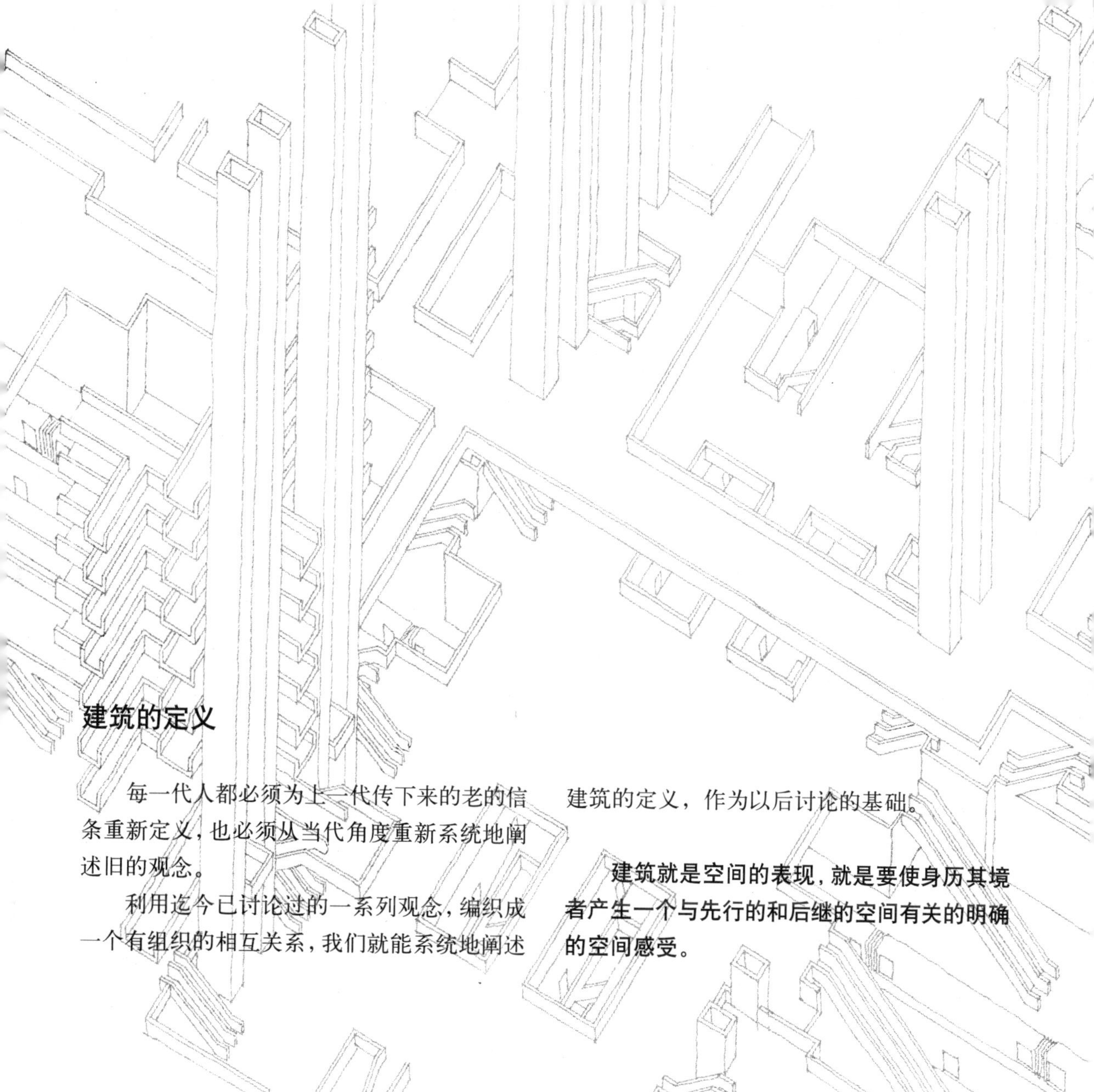

建筑的定义

每一代人都必须为上一代传下来的老的信条重新定义，也必须从当代角度重新系统地阐述旧的观念。

利用迄今已讨论过的一系列观念，编织成一个有组织的相互关系，我们就能系统地阐述建筑的定义，作为以后讨论的基础。

建筑就是空间的表现，就是要使身历其境者产生一个与先行的和后继的空间有关的明确的空间感受。

PA

介入空间

要把一种空间意识推向创造性的运用，就要求设计者全神贯注地介入。

在不同历史时期，这种介入的过程都曾达到过高潮。雅典的Periclean时期就是这样一个时期，另一个就是18世纪的欧洲，也就是弗朗切斯科·瓜尔迪(Francesco Guardi)创作第22页那幅作品的时期。当具有瓜尔迪这般才干的艺术家，以如此明晰的眼力观察世界时，不论我们置身于何种环境，都应当感谢他给我们带来了洞察力这份礼物。

这就是人们应该去亲身体验的建筑，而不仅仅是看看而已。它吸引我们深入、亲历其境、分享在其中活动的人们的感受。在蒂沃利(Tivoli)的Villa d' Este，也可以获得同样的感受。那里的喷泉不只是让人们看看而已，而是让人们去感受的。当水花飞溅，汩汩作声，从四面八方流向我们时，我们真是完全置身其中了。城市也是，或者说必须是这样。设计者的课题并不在于创作建筑的立面和体量，而是要创造一个包罗万象的感受，以促成人们的介入。

城市是一种人民的艺术、一种共享的感受，也是一个艺术家可遇到许多具有潜在鉴赏能力者的地方。在人类的相互关系中，正是具有活力的人们的作用，建立了创造性的力，并发展对这种创造性的力的接纳。因此，设计师的作用是在于构想一个观念，灌输入社区的共同思想中，使之培育成长，这样最终的结果使之有可能接近他原来的观念。

设计者是这样在时间与空间中发挥作用的：他构想的形式作为有机活力的一种脉动的表现，流动在城市结构之内，他还使社区认识到在整个发展中演变着的形式的重要性和意义。同时，他把全部注意力集中于具体实现以前灌输过的一个观念，并憧憬未来的发展。这一点可以用音乐中主题的交织来作比拟，随着时间的流逝，一个主题与另一个主题交织。按照这种方式，城市大量建造的分散的景象，经过一段相当长的时间，在一个广大的地区内相互联系起来。

如果有人得出结论认为这个过程把设计者放在一种专断的地位，使他将自己的思想强加于社区，那么我得赶紧说，在民主制度下有如此多的监督和反对的程序，以致不考虑社区感情的可能性是极难出现的。几乎确定不移的反而是，设计者在全城规模上的设计的最终成果将会与原来建议的形式完全不同。倘若提不出一个更美好、更健康和更鼓舞人心的城市的综合形象，也就等于不能向市民提供他们能够作出反应的东西。对城市应当发展成什么所作出的充分的假设或设计的构思，给设计者以及设计本身加上了严格的戒律，但是在作出充分假设之前，接受、反对或修正都不存在。这种假设的技术性或设计思想的观点是最重要的事情，因而也是我们研究中的主题。

当社区和设计者把规划和建造一个城市的过程转变为一件艺术创作时，真正的介入就出现了。

着 天

纵观历史，建筑师对于建筑物着天部分总是不吝给予最微妙的关注。从希腊神庙中将粗犷的山花与上部环境巧妙地融合的akroterion，到哥特式教堂的尖塔和角塔；从巴洛克护墙上弯弯扭扭缠绕的人体、卷涡、瓮，到维多利亚时期的小圆顶和铁花饰，这一领域已是时代精神富有特征的表现。现在，一切都太司空见惯的是，我们建立起标准层，并一点也不动脑筋地向上重复——在还没有着天时，所有思想都已停止了。我们把垃圾扫入上层空中，并把它用作我们设计上盖顶的特征，还把管道、空调器和电视天线作为我们与无垠太空联系的象征。

城市的天际线很久以前就已是城市设计中的一项支配因素，并将重新成为城市建筑中一项主要的决定因素。

接 地

建筑拔地而起的方式决定着整个结构的性质。在希腊建筑中，把神庙抬到高于周围用地的台座之上的表现是鼓舞人心的，以后又涌现出罗马那美丽而有格局的大理石铺砌的空间，这些空间将建筑联系在一起，并确立了前广场的尺度。中世纪建筑由地面垂直升起。但这个地面，由于铺砌、围绕着它的建筑以及喷泉而显得丰富。抬高的台基和一段段的台阶，赋予文艺复兴时期建筑一种稳定感，使所在广场美不胜收。

我们今天似乎是失去了这些形象而且满不在乎，我们重要的建筑几乎成为乱七八糟的特征，被汽车用地和设置不当的难看的路灯、标识弄得混乱不堪和缺乏人情味。

空间中的点

这是在空间中自由布置的点，其效果使人兴奋，但它却牢固地确立在综合的空间几何构图中。从一个点到另一个点，中间跨越空间，彼此之间的张拉关系确立，而当观察者在构图中往来移动时，这些点也在运行，彼此之间以一种连续变化的、和谐的关系滑动和移动着。这是许多非常伟大的构图中最美好的一种。Navona广场中方尖碑顶点平面与Sant’Agnese的两座塔及穹窿相关，向下可看到每一端喷泉中雕塑人体的头部。德尔·波波洛(del Popolo)广场两座穹窿顶点与广场中央西克斯图斯(Sixtus)五世方尖碑相互呼应。而大多数现代建筑已失去空间中点的清晰的表现力，这就丧失了我们为达到和谐的空间效果而具有的能动性。

后退的面

这里基本的构图是在坚固的塔门之后的后退。这个塔门在我们的每边升起，作为我们与各建筑形体之间的联系，并增强它们戏剧性的力量。建立一个参考的框架以便为后部的形式提供尺度和度量，这就是前台效应。希腊人常采用这一方法，他们巧妙地布置神庙入口，加强纵深并限定通向神庙的通道——甚至在最为孤立的基地上也是如此。在中国和日本，也是通过独立的门楼来体现相同意图的。看来我们今天是不会再使用凯旋门了，然而，为建筑创造环境，按纵深尺度建立前景物体，如旗杆、雕塑或台阶，保持比例关系，仍然像过去那样重要。只要慎重地处理好大建筑和小建筑的相互关系，就可以取得良好的效果。

纵深设计

在这一前一后，由纵深配置的两个拱门的相互关系中，我们又一次领略到人类一个愉快感受的象征性表现，这就是纵深的透入。在建筑史中，这种形式曾一度被重复使用。在伯杜瓦(Padua)钟塔拱门与广场对面小教堂牛眼窗的相互作用中，我们看到了它；在中世纪城垛里多重拱门的退隐中，以及在一座文艺复兴宫殿内成序列的宫门中，我们也看到了它，建立起纵深运动的感觉。而且，当各个建筑形式之间彼此有所联系时，空间进深的大小是由相似的建筑形式通过透视消逝缩小的效果而得以理解的。这里的范例是一种在空间中使形式统一的做法，使设计通过城市的尺度赋予连贯性。

升与降

在设计构图中运用不同标高的平面，作为一种积极的设计因素，这种手法在这个例子中得到了充分的体现。它强调从一个标高平面到另一个标高平面的上升与下降的过程。我们能感受亲自跑上一段扶梯的喜悦，感受为达到又一高度如何用力和到达这一点时的满足感。当走下一段扶梯、期待下层形体的展示时，也会有同样的快感。早在古罗马港埠奥斯蒂亚(Ostia)，建造在平地上的显要的建筑总是坐落于很高的台基上，有着大段台阶，让市民体会标高变化之乐。

今天又运用多层次不同标高的平面来恢复情趣，作为设计要素，台阶已起着新的重要作用。机械驱动的自动扶梯的使用，产生感知序列，为建筑师带来了设计中的新课题。

凸与凹

这里我们来看两种形式的交替作用：正与负、体量与空间、凸与凹。这些形式包围着我们，使我们完全介入空间的生动活泼之中。在这类设计中，建立了不同标高层次的各部分之间的相互关系。设计并不局限于依赖地面作为基本连接物；空间的每一层次以各种新的联系方式都在有效地发挥作用。它也不局限于平面的处理，而是在空间中自由布置各种建筑。在我们的时代，已产生运用曲线形体的情趣，但是常常把它们构思为空间中孤立的形体。建筑师并没有利用其相互作用时可能产生的振奋人心的效果。

与人的联系

在这里，我们关注建筑师与他试图安置在其设计的建筑中人的关系。建筑形体的尺度经过周密考虑，以使人能置身其中，并在看得见、摸得着、能够感受得到的那部分结构中流动。与文艺复兴时期某些建筑柱础高过人头的做法不同，这里的柱子放在一个基座上，过往的人们可以够得着。

希腊多立克柱与神庙地面大理石块接触点，同观者保持良好的关系。甚至最富有纪念性的古罗马作品中柱子的基础，也设计得使人能用手触摸到它们。今天，许多高层建筑具有高塔般的尺度，设计者必须寻找新的手段，在他设计的高层建筑与地面上的人之间建立新的联系。

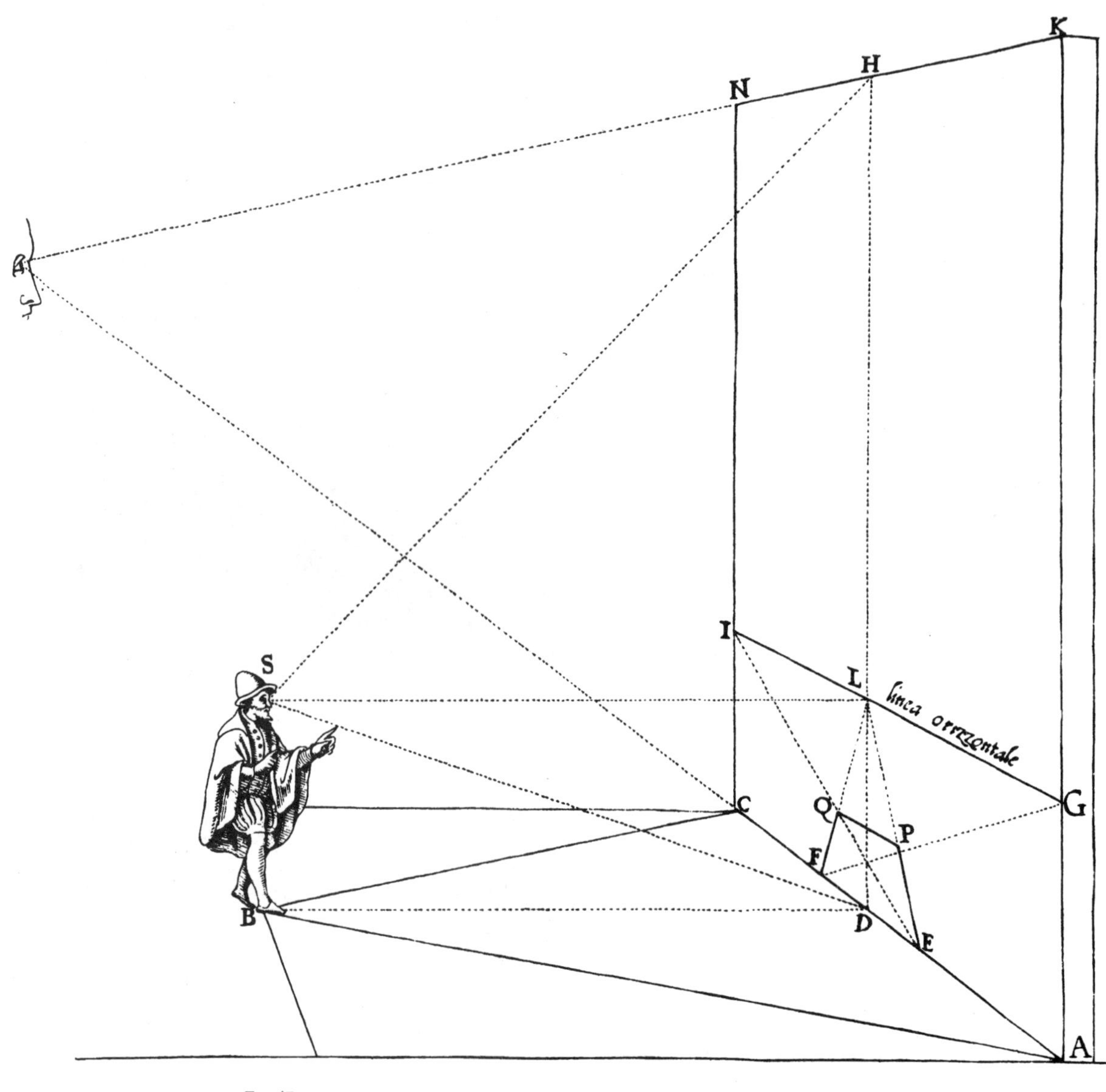

理　解

设计者作为身历其境者

第28页那幅17世纪的版画，提出了一个今天同样面临的问题：设计者是否从一个超凡出世的智者高不可攀的鸟瞰视点来想像他的设计？是否把他自己置身于这座建筑之中，从使用效果上去构想他的建筑？

这个问题的答案，在很大程度上取决于设计者对他本人作为其中一部分的文化如何从哲学和科学的角度去理解，受他表现自己思想方式的影响，也受他的建筑表现方式与建筑实际实施方式之间关系的影响。

右侧两张图是一个当代实例，说明了这种关系。上图是斯德哥尔摩郊区新城Vällingby的一个研究模型，下图是实际建成的城市。

这里，设计大抵是用代表建筑的模块在一张厚纸板上摆布移动而完成的。从飞机上俯瞰完成的设计，会给人极深的印象，因为它将观者放在设计者制作研究性模型时的相同位置上。然而当一个人实际从地面进入Vällingby，并在城镇内走动时，他要想寻找一个集中统一组织的空间是徒劳的。事实上，从地面上感受Vällingby，决不如在空中那样令人满意。关于这一点，我想正是因为它的设计是从模型的角度，而不是从城镇建成后一个步行者身历其境的观点去构想的。由此更强调了发展表达现代设计概念的新方法的重要性和获得一项设计建成后人们使用它时的实际效果的更深理解的必要性。

英国巴斯(Bath)城伟大的建筑师小约翰·伍德（John wood），在他1781年的著作《一组小住宅平面，劳动者的住屋》中指出（如第185页所示）：“为了使我成为自己课题的主人，我必须感到自己就是小住宅的主人……一个建筑师如果没有合理地将他自己作为身历其境者，他决不可能组成一个使用方便的平面。”

表　现

实　现

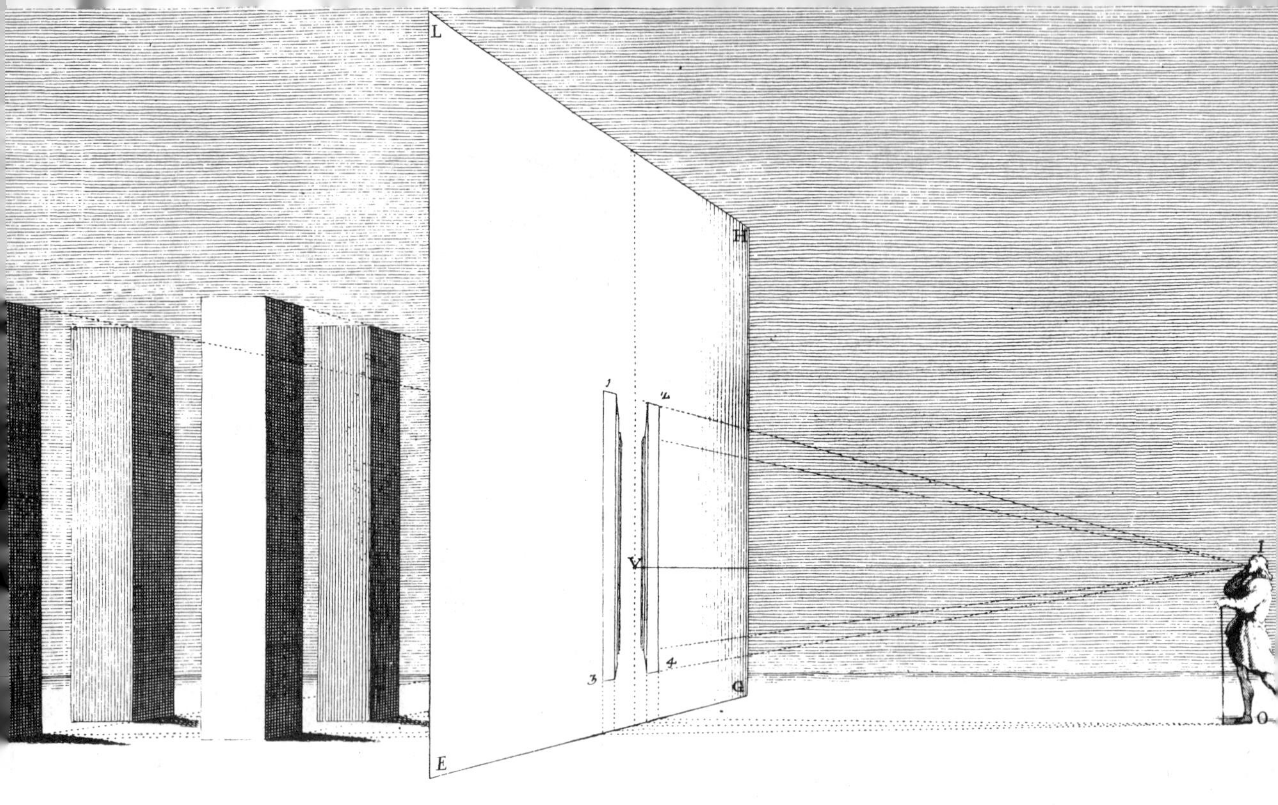

实现、表现、理解

上面的版画，选自安德烈亚·波佐(Andrea Pozzo)的《建筑绘画的透视》一书，1723年发表于罗马，它提出了实现、表现和理解三者之间的关系问题。

正如海因里希·韦尔夫林指出的，理解是一种有生命的不断变化着的力量，它受不同时期哲学、宗教和科学态度的影响。它是建筑师在空间中进行设计时的基本力量。

表现只是一种手段，通过它使空间观念成为明确的形象，而实现则是一定的三维空间形式的建立——它的状态正如沃尔特·惠特曼(Walt Whitman)在前面的诗中所述。只有当这三项要素相互协调时，一个伟大的设计才会产生。

波佐版画中文艺复兴时期的人，是在他的时代新的人性的框框中去理解空间的，那时刚刚开始强调个体之间的感受。他思想中的形象深受科学的透视学这个新的表现手法的影响。因此，这幅画既能描绘已经存在的实体在画面上的表现，或反之，也能描绘存在于设计者脑海中一个想像的三维观念的投影。

这两种状态彼此相互作用，观念影响结构，结构形成观念，交替作用以至无穷。

设计者构想出一个三维的形体，准备以后

实地建筑起来。鉴于此，他对自己表现于二维绘画中的智力符号有了新的理解。然而，绘图与三维的现实之间终究存在一种矛盾。正因为如此，第30页图中的4根柱子，人能在其中以不断变化的方向移动，于是就与画面的透视表现惊人地不同。这就提出双重的难题。

为了使他的三维观念通过实地建造得以实现，设计者必须把它变为二维的、表现的形象，作为与建造者信息交换的媒介，建造者再把它变为三维。这种二维形象也作为与业主、公众信息交换的媒介，在建造过程中，取得他们的支持是必要的。当一个设计在三维角度方面很丰富时，把它变为二维形象可能会毁掉最重要的素质，从而得到一个极不完善的信息沟通过程。在佩德森(Pedersen)和蒂尔尼(Tilney)所作的华盛顿Franklin Delano Roosevelt纪念馆的得奖设计的实例中，就出现了这种情况。这个设计的基本性质完全为许多批评家所误解了，因为它是不能仅以二维画面加以表现的。

第二个难题出现在设计者自己的脑海中。之所以如此，是因为他的创作受形象储存，受他能支配的观念模型语汇的幅度的限制，正像一个数学家受他所能使用的数学符号的限制一样。在现代城市这一级规模上的大量三维设计问题中，已证明二维符号的传统范围对目前的工作是根本不适应的。

在中世纪时期(如第53～57页所示)，认识和理解通常是不可分割的，而表现与信息交替问题由于设计者和建造者往往是同一个人而大大地简化了。在文艺复兴时期，建筑和它们的表现模式非常调和，这是因为建筑设计在很大程度上，是以科学的透视法所产生形式的外延。

今天我们的设计问题的复杂程度的扩展已超出透视表现的能力。这种传统的表现法不再成为信息沟通的手段，而且更为重要的是，它不能为现代设计者提供足够的符号内容来表述他的观念。

下表试图归纳四个历史时期理解、表现和实现之间的相互关系。我在现代时期后两个阶段注上问号，因为这些领域提出的问题至今悬而未决。

	理　　解	表　　现	实　　现
中世纪时期 直觉的设计	感知全部环境	从不同的视点表现几个对象	紧密聚集于环境中建造
文艺复兴时期 以个人为中心的设计	单一的个人在一个特定的运动中的精确观察	空间中单一对象的合理的、硬性的一点透视	单一的、自给自足的建筑，与环境分离
巴洛克时期 简单运动系统	感受时间的、简单的连续性	同时有多个面在空间中归于单一灭点	结构与沿着单一轴线运动有关
现代 同时运动诸系统	空间—时间的相关性	?	?

自1967年编制此表后，我已开始了解激光射线在空间中投射成三维图像的全息图制作技术。我相信此项技术，至少像15世纪发明透视学那样，具有使人们更深刻地理解他们自己及宇宙那样的深刻影响。所以，我建议全息图放在本表格最下一栏空格中“?”的位置，并且建议最右侧的“?”保留。这种表现新模式将如何影响人居设计，这留待未来许多代的人们去回答。

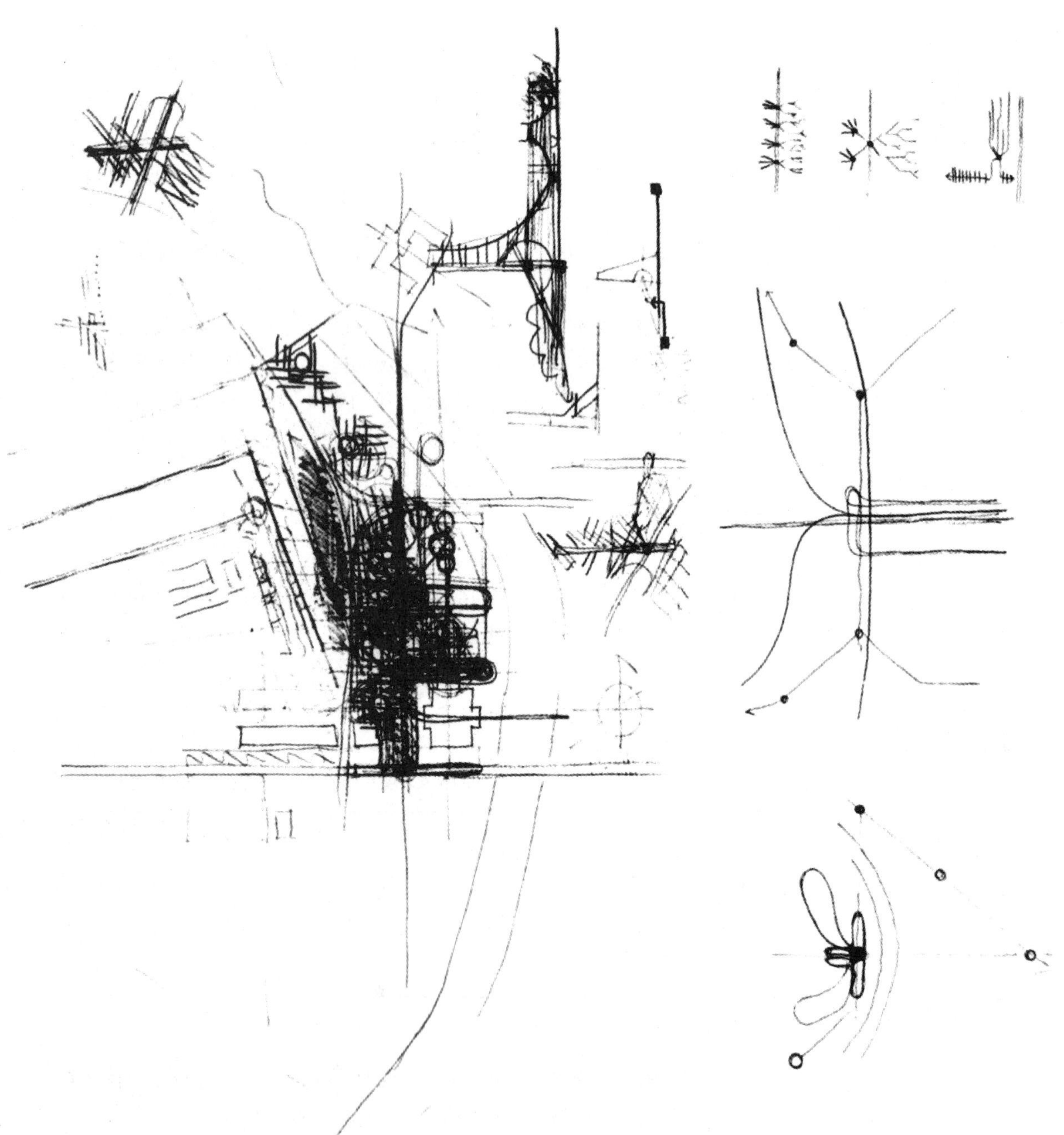

从运动系统的角度构思
罗马尔迪·朱尔戈拉（Romaldo Giurgola）绘制

设计的性质

要影响城市的发展，设计者就要有一个清晰的基本设计结构的观念，以推动城市建造的全过程：单幢建筑或一组建筑设计中的方法不能套用于整个城市规模的设计，其原因主要有两点：第一，城市的地理范围如此之大，以致于人的思想不可能为整个地区同时制定清晰的三维空间的规划。第二，就城市的规模而言，它的各个部分的建造和重建需经历一个很长的历史时期。因此，使用于城市局部的任何设计应当能够修正并延伸到不断扩展的地区中去。

通过在费城的工作，终于相信以三维方式清晰表达的“同时运动系统”，具有满足城市两项要求的素质。它包含的内容在第264～307页中作了说明。通过阐明什么是实质性的，什么是非实质性的，这个方法使设计者能够建立一个中心设计结构，而不必企求包揽整个地区。进一步说，这个三维规划系统是能够历经岁月而推演、提炼和丰富发展的。

同时运动系统的性质将在下段中加以描述，而书中的其他部分将表明这种运动系统如何影响城市形态的发展。

同时运动诸系统的性质

要了解“同时运动诸系统”，或城市居民活动的路径及交通流动的路线的意义，必须考虑以下3个概念：

1.体量与空间的关系

2.感受的连续性

3.同时的连续性

体量与空间的关系

第一步就是要使一个人的思想尽可能适应空间作为一种支配力的观念，对空间作为一项自在的基本要素作出响应，并在其中抽象地构思设计。近年科学思想持续把我们进一步引入空间和运动支配的实现，引入关于“物质的确是在空间中运动的产物”这一概念。

感受的连续性

城市设计的任务是必须为城市居民的生活创造一个和谐的环境。人们在空间中运动，所产生的感受连续性都是从运动空间的性质和形式中派生出来的，运动系统在建筑设计中作为支配性组织力量这一概念指出了关键所在。如果设计者在设计中建立的一条路径能成为大量人流或者参加者实际运动的路线，并对与此相毗连的范围进行设计，使人沿这条路径在空间运动时产生持续的和谐感受，便可在城市中获得成功的设计。

换句话说，设计者如能将自己投入身历其境者的思想和感情中，并为使用者设身处地地感受而理解这个设计，那么，这个设计也就实现了原来的意图。

同时的连续性

必须看到，在一系列运动系统的条件下存在着空间感受的连续性，这是以不同速率、不同模式的各种运动为基础的，每一种运动系统既与其他系统相关联，又对居民生活总的感受起着一份作用。

当人们坐着小汽车驶过快速路和地方性街道，或乘公共汽车、火车和地铁在城市中来来往往时，必然有种种依次产生的同时感受：设计者关注着在城市中由一种车辆转到地面，或步行到一个又一个目的地的瞬间所得到的印象，在空间中将按三维方式，构想这些同时运动诸系统的基本形式，作为一种抽象设计，是可能的；城市设计结构就是在这个基础上开始产生的。

运动系统与自然现象的联系

有秩序的几何形体，伴随着以对称格局由中心放射的结晶型态，是适应文艺复兴早期以个人为中心的世界，表达某一个人在某一瞬间的感受的。但当我们关注整个城市的经验及其在相当长的时期的发展中的相互关系时，发现这些形式不适应了。

观察一棵树，我们就会发现它的基本结构中有一种形式，它有生长能力，它是一系列基本运动系统的直接的自然的表现。树的种子中包含了生长的原动力，产生一系列具有共同素质的管路导向：统一或相互平行；这与所处的环境有关，目标为垂直向上。

一件奇妙的事是在这原生的方向中竟允许分枝。如果不是这样，传送营养管路精确平行的无限的连续将导致死亡，因为一方面受光暴露面将满足不了生长的营养需要。另一方面，分枝也是控制在一定的限度之内，并且总是与有方向的原动力相关。

因此城市总图的力量并不是存在于政府当局，而是存在于影响其发展的能力之中，就像种子内部具有按机体发展需要引起细胞聚合，使细胞有机发展的力一样。

树干建立起成千上万管路运动的路线，分出枝条把生长需要的化学物质送到树叶，这可以相似地比作城市的运动系统。水分可比作车轮，起着把化学物质推向树叶的作用，并依次蒸发到大气中。由水转化为蒸汽之点，正是开花结果的所在。因此，在城市中各个系统之间连接点必须加以突出，它是设计上丰富的所在。

由于一个城市的各运动系统范围日益明确，并且在一段时期内为越来越多的人们所使用，从社区群体心理来说它们是深入人心的。它们是自然发展的结果，符合逻辑的延伸，连续性、多样性和丰富性也开始出现。

时间中的韵律

一旦我们有能力去同时思考一系列系统，及它们彼此之间的联系，我们就能在建筑设计中创造连续感、和谐感。这种不同主题的同时发展与音乐是相似的，音乐中主题与副题交替展开，赋予一个乐章以连续性和整体性。

文学中的相似情况在约翰·查尔迪(John Ciardi)为《星期六评论》写的一句话中得到表达："诗的语言，当最为意味深长地说出来时，必须不仅富有戏剧性，而且在它出现时，有韵律地优美地响应，对它正在汇流而成的韵律也同样深情地期待。"

同时运动诸系统与城市设计的联系

由于系统是有机的，从一开始就能有效地应用到城市的各部分，并留有以供在相当时期内发展的余地。

当面临制订一个城市大范围开发设计的问题时，明智的办法是一开始就细致地研究基本的运动格局，以便在一个相当有节制的规模上开始建立建设性的、有目的的运动系统。然后，对这个中心的现象进行观察和开展设计，这样同时运动诸系统之间彼此相互影响的概念将更为清晰。这个构想本身随着岁月的推移必然会有机地发展，它不可能也不应当在某一瞬间完全按照它的表现形式而产生。只有当三维空间设计以英尺、英寸表达在空间中的位置时，才能说这个设计已成为观念。

这种解决问题的途径能避免试图一次设计庞大的范围所出现的混乱和含糊不清。它让设计者以新颖的眼光在广大的范围内往来移动，决定何处要重新设计，何处最好加以保留。

建立一个运动系统的创造性过程，与谱写一部音乐作品、写一首诗或设计一座建筑是同样的困难，甚至可能更为艰难。要准确地阐明这个创造性过程并不是我的意图，而且也是不可能的。这是只有那些具备作为一个艺术家素质的人们才能感觉到的东西。我能做到的是建议设计者的艺术才华直接与城市问题发生关系。

运动系统必须与天然和人工地形有关，它们必须考虑地形和自然特征，或其组成部分的结构物的性质。它们能对在社区中有特殊意义的教堂、尖塔、公共建筑和历史性纪念建筑起加强、烘托的作用，或赋予新的意义。

每个系统的正确设计必须联系运动的速度和周围环境的一般性质。快速路系统要求自由流畅的形式和曲线以及间隔宽阔的网络划分，以求与快速车辆运动的韵律一致。此外，步行运动系统还要求情趣变化和急剧变幻的印象。这可以通过频繁使用焦点和标志性的目标——或是通过一系列有确定的视觉终端成不同角度的短的段落而达到。城市设计者面临的问题是同时以不同的运动速度和不同的感知程度，创造各种形式，使坐车游行者和步行者都能同样感到满足。

令人惊异的是，在组织众多建筑师的设计成为统一整体方面、在提供城市规模上修建，以保持组成成分方面，同时运动诸系统的概念具有如此大的力量。这个概念提供了一个基本设计结构，使每个建筑师的单体设计都有所依据。例如，它将影响一位建筑师最重要的作品的定位，并加强现有纪念性建筑的重要性，而当他移出系统中央或主干线时，又使他有越来越大的自由在纵深中发展他的设计。

也许我已倾向于把设计结构或运动系统的引导作为某种魔法或神秘的力量。这当然是完全错误的。这种方法是通过对参与者，包括设计者、开发者、政治家、行政长官和广大公众的思想和感情的影响而实现的，并证明是有效的。这种影响一经大量的人们所感受，最后就产生了具有共同见解的地区，导致许多人的共享概念能向前延伸和丰富。当然，只有当具有中枢渠道，并在它上面出现共同运动时，这种方式才会起作用。如果运动无一定形式，是群集的、杂乱无章的，就得不到共同见解，也不会发展。

一个清晰表达的运动系统就是一种强有力的影响，它能抓住人们的思想并且产生向心力。它本身也成为一种主要的政治性力量。如果我们经历一段时间在重建城市任何重要部分时能达到基本设计法式的连续性，这是至关重要的。这样一个系统能为设计者发挥创造性才能提供基本方向，启迪那些有志市民看一看已经发生的喜人的变化。

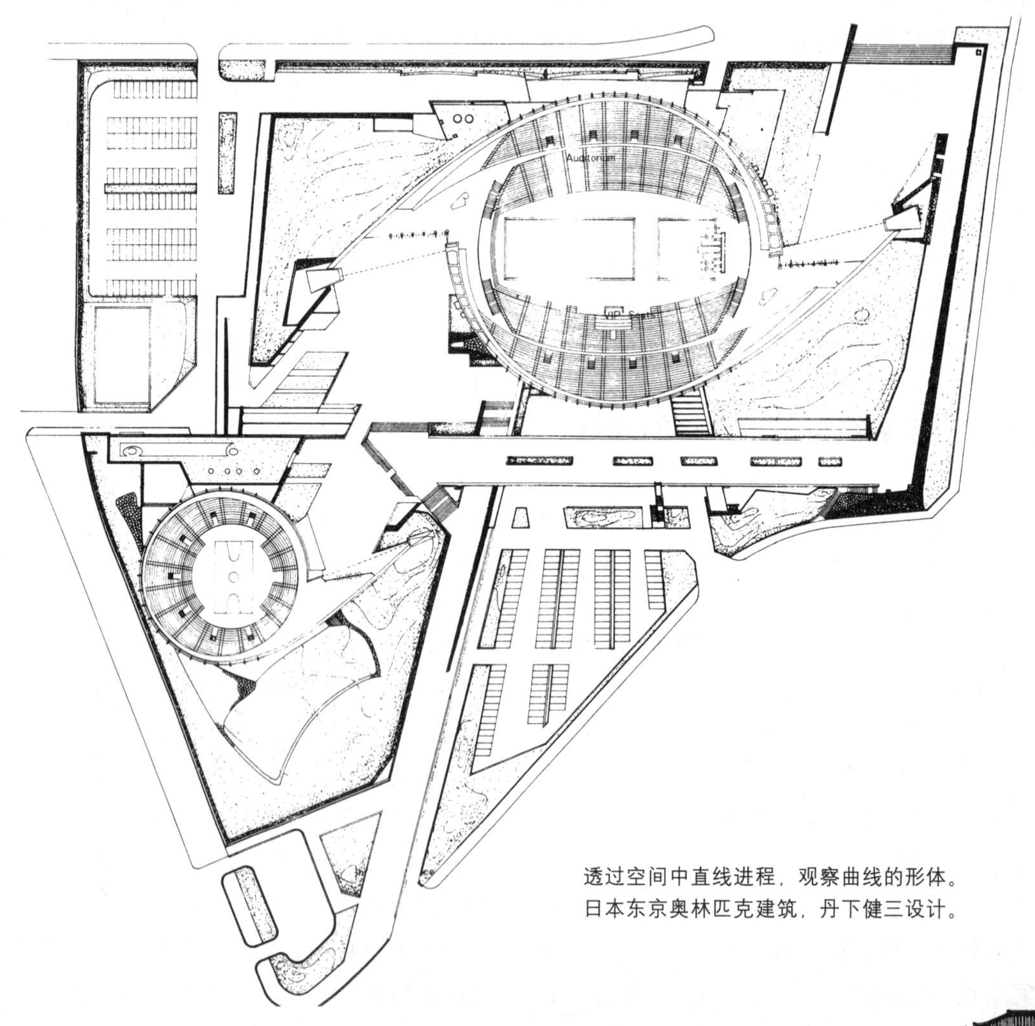

透过空间中直线进程，观察曲线的形体。
日本东京奥林匹克建筑，丹下健三设计。

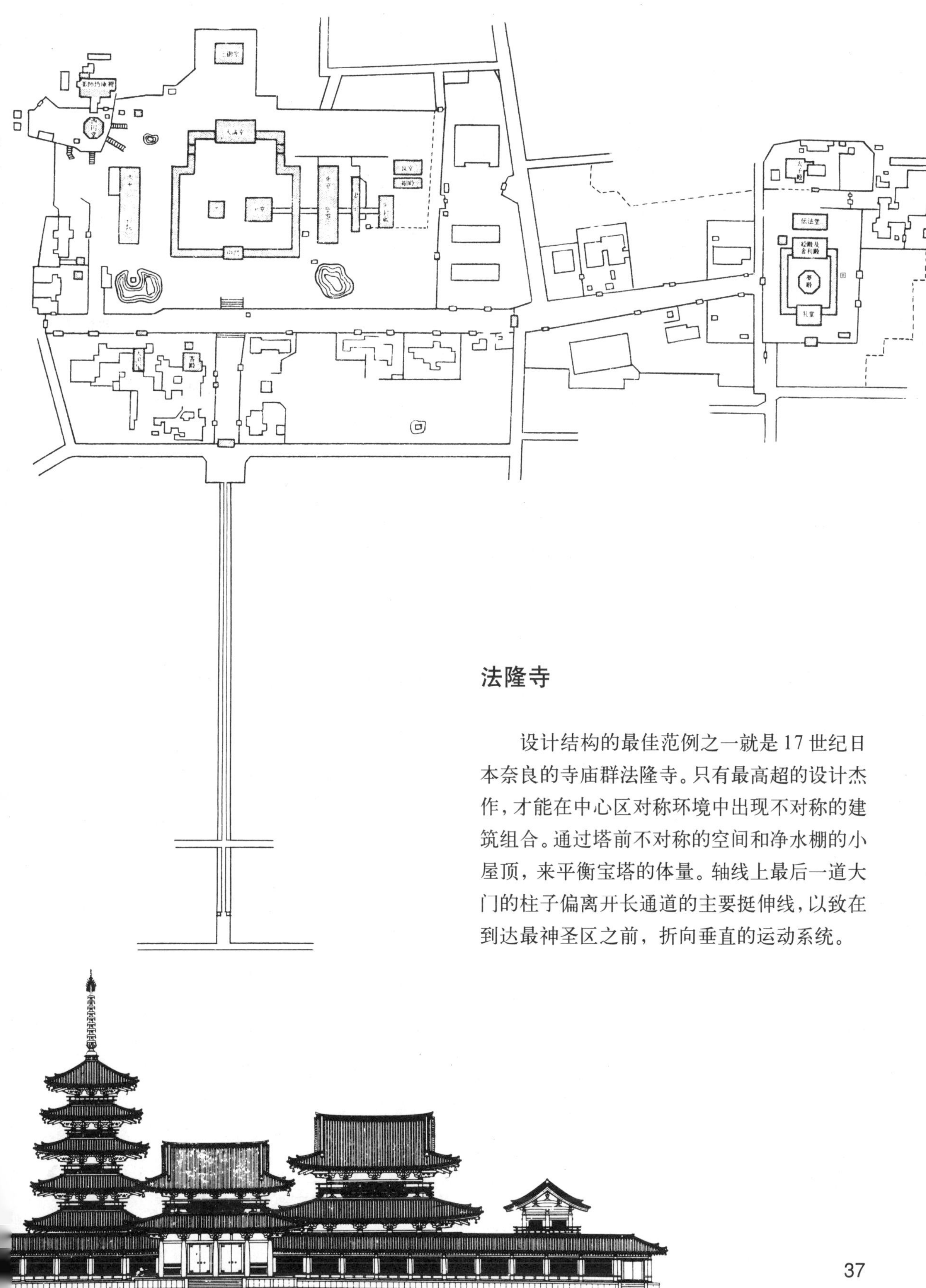

法隆寺

设计结构的最佳范例之一就是17世纪日本奈良的寺庙群法隆寺。只有最高超的设计杰作，才能在中心区对称环境中出现不对称的建筑组合。通过塔前不对称的空间和净水棚的小屋顶，来平衡宝塔的体量。轴线上最后一道大门的柱子偏离并长通道的主要挺伸线，以致在到达最神圣区之前，折向垂直的运动系统。

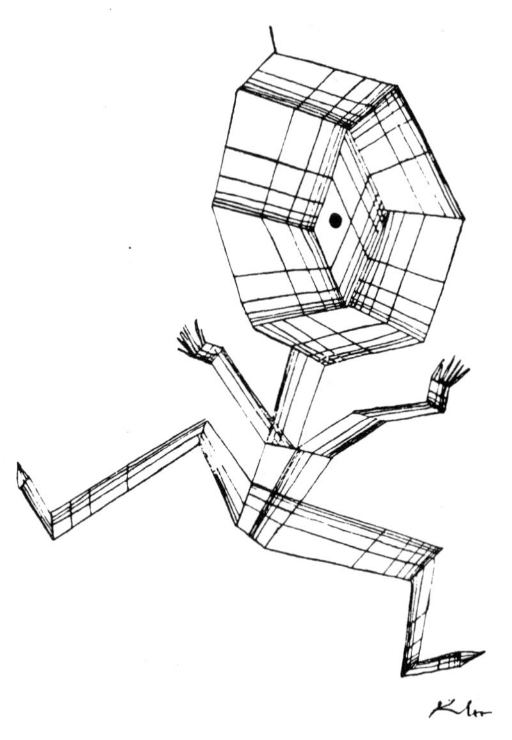

外向

在本页的两幅画中，克莱(Klee)表现了两种类型的人。这是开朗的(外向的)人，奔放而容易介入各种事情，力量和弱点都暴露在外。他往往不知天高地厚，明知要摔跤却跃向空间，即使易受攻击也受之泰然。

内向

这里是另一种类型的人，顾影自怜、明哲保身，把同外界的接触降到绝对的最低限度，避免暴露和介入任何事情。一个人联系他所处的环境，自我想像他的作用，必然会决定他自己和其作品的形式，不论这个“个人”是代表个体还是机构。

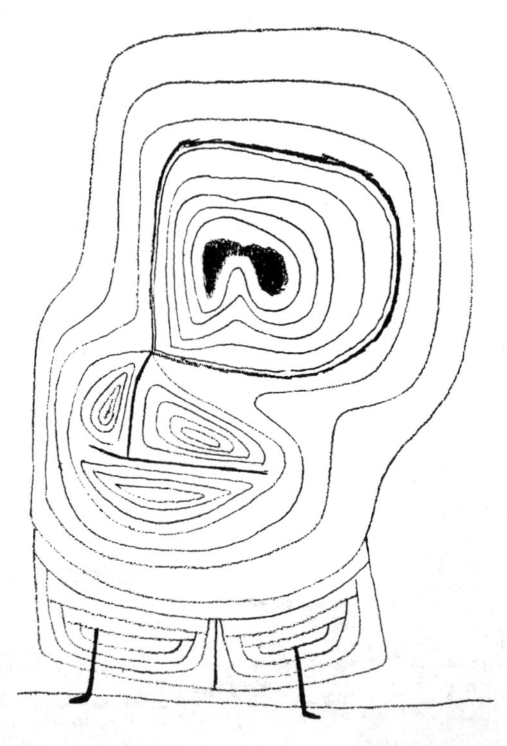

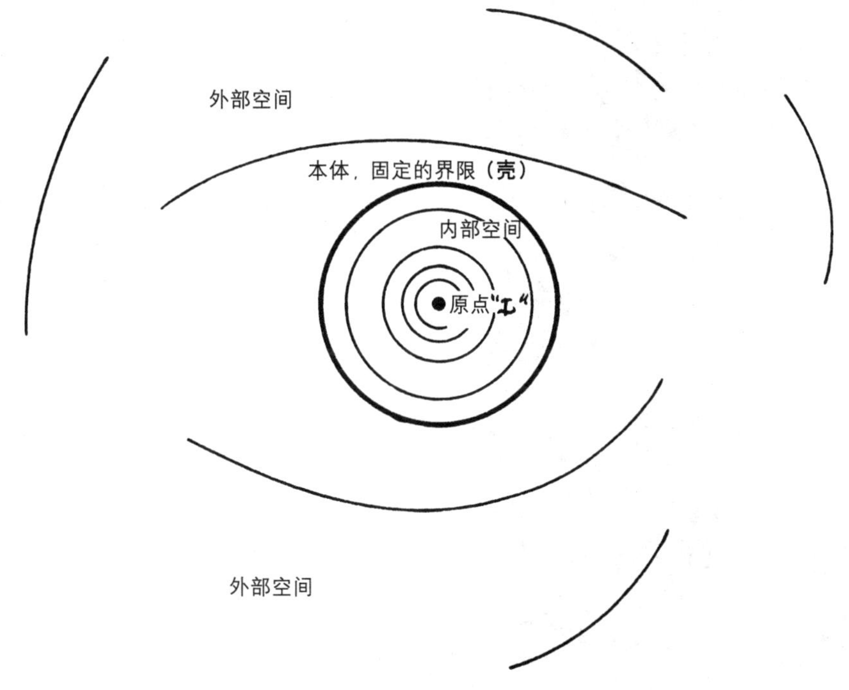

感知自我的方式

前面讨论过的设计程序的应用，很大程度上受设计者和业主感知自我方式的影响，上面克莱图解中的原点“I”可以设想为个人，可以是艺术家、创造者、组织者或规划者，也可以是一个机构、一所大学、一项建筑计划或是一项革新建议。在每一种情形下，这个“I(自我)”对他自己的身份、功能、意图和抱负，都有确定的看法。这些将依次影响自我形体范畴的造型，并对相邻空间施加影响，乃至形成上图中的“内部空间”。

原点“I”也有他的“外部空间”，也就是与其内部更紧密相关的空间，在其中起作用的更广阔的空间。在这个图解中，克莱已把两者之间的分隔者指定为一个固定的界限，一个壳，也可以用更抽象的说法，即视作内部的、紧密的、熟悉的、天生的、习惯的与外部的、不熟悉的、未尝试的、正在挑战的、危险的、痛苦的和可能是灾难性的两者之间的流体型的划分。每个人、每个社会集团和每个机构都有这些内部的和外部的空间。比较新的一代人的衣着和习俗，为这一集团提供了一个保护性的内部空间，恰恰就像老一代乡村俱乐部和一定的社会集团之间所起的作用那样：各自都有它自己使人厌恶恐惧的外部环境。一个人、一个机构本身与这两者的关系决定其生活的性质和对社会的贡献，而且，实际上，决定了一个机构的性质和形式。

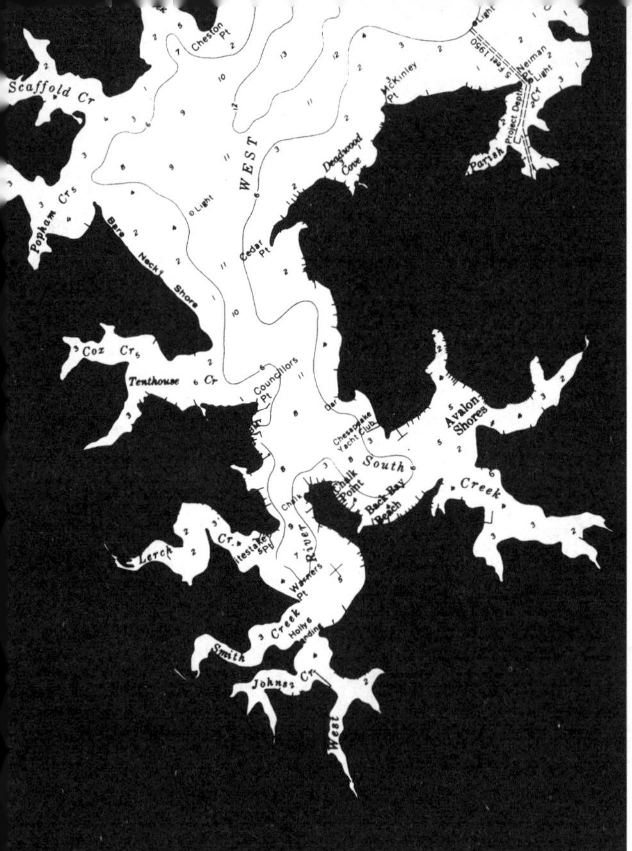

友善的环境

感知环境的方式

从一只船上

一个人自我想像他进入周围环境的关键，在于他把紧靠着他和离他更远一些的环境看成是对立的还是友善的。

为了表明不同的人是怎样看待同一事物的，这两幅画表明在同一地形，对船夫和驾车人的感受却分别是友善和对立的。在左图中，由于陆地险阻程度的增加，它们从海底隆起、从侧面逼近，船上的“我”就看到了危险。

对立的环境

从一辆汽车中

驾车人感到的对立的环境，正是船夫感到安全的环境，反之亦然(如右图所示)。这种环境对立的明显定义，与一种对建筑产生更大影响的更为微妙和隐蔽的环境对立之感是完全类似的。它的影响记录在历史各阶段的建筑形式中。从这一点看，这些建筑与它们所处环境之间对立或友善程度，如同显著而敏感的晴雨表。

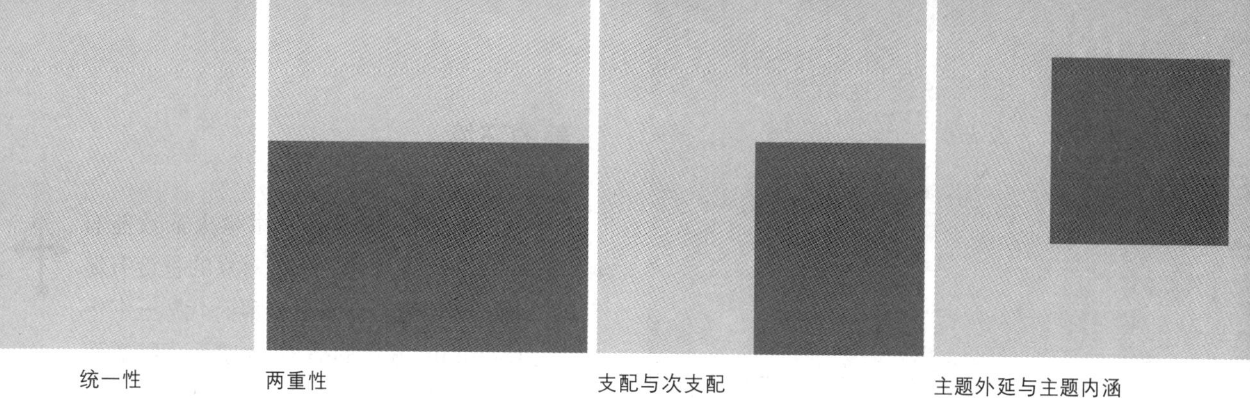

统一性　　两重性　　支配与次支配　　主题外延与主题内涵

感知空间的方式

整个概念的关键,就在于从哪个角度去感知内部空间和外部空间中起作用的空间的连续性。上图中4个方块，阐明可能在其中出现的不同的感知空间的方式。它们应当被设想成无穷大的平面，向各方向延伸直到超越地平线。

在第1个方块中，把空间表现为一个无边无际的单元，由于黑白对立物的连续相互作用，产生绵绵一片灰色，就像在自然界许多系统中一样。

在第2个方块中，人们进入并且划出一条线,不管是自然的还是观念上的,把这个系统一分为二:爱与恨、好与坏,稳定地建立起两重性。

在第3个方块中，划分线是折线，形成不均。通过直线转折的做法，设计者建立起一项支配因素和另一项受支配因素。

在第4个方块中,这条划分线是封闭的,形成一种新的两重性,一个是界限分明的不连续的对象(较深色的方块)与另一个脱开；另一个是围绕着它的灰色平面。于是问题变成是否由于设计者对主题外部的盲目,只看到分离的物体,或者说他是否把情况看作一个无边无际的平面当中有一个空域。

保罗·克莱将直线形成的内部平面定义为主题内涵(endotopic),外部平面定义为主题外延(exotopic)，同时也说明当被具有特性的线条控制时，两者相互交织的方式。

主题内涵

体型——从主题内涵的角度看，设计过程成为造型的过程。建筑成为强加进环境中的许多变化无常的体型。

体量——由于变化的体型拔地而起,建筑变成先入为主的几何形体,三维空间就出现了。

对象——这种途径导致将建筑看作孤立的对象，在环境背景中孤立地建立起来，并在不规则的空间中任意地布置这样一种思想。消极方面是由于过分强调主题内涵的设计师如此众多，而真正好的设计却是主题内涵和外延思想交替作用的结果。

主题外延

空间——当从主题外延的角度看，设计的过程变成人们的需要，清晰地表现一个无定界空间中的某一部分。

运动——由于空间的表现只能通过运动去感受，设计者的作用成为联系更大范围的运动系统，提供运动的渠道。

形式——在这个途径中，形式自然地从运动系统中形成，因此在设计过程中并不存在创造变化无常的体型的步骤。

设计检验的关键是：体型是随心所欲的，还是从运动系统中产生的。

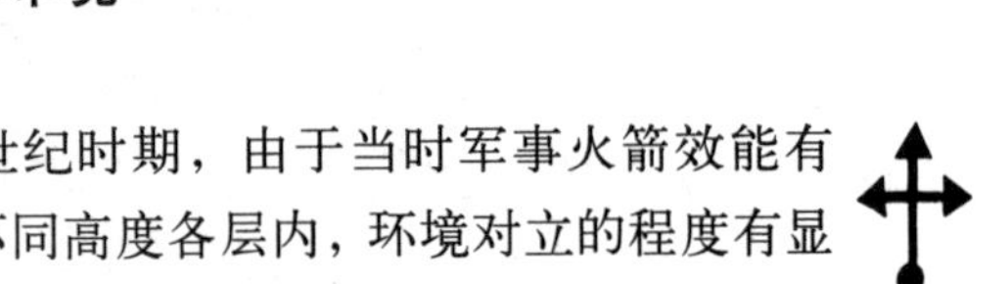

友善的环境

中世纪时期，由于当时军事火箭效能有限，在不同高度各层内，环境对立的程度有显著的不同。这幅选自《贝里公爵时代》一书中索米尔(Saumur)城堡的插图，建筑形式随着建筑的垂直向上升起而作出相应的变化。这里，在上空，建筑脱颖而出，跃入空间。它四面八方都显露出来，直到顶点都介入大气层，角塔、叶饰、小尖塔和尖顶似乎都融合在空间中。

居间的环境

城堡的中段，部分地但不是完全地脱离开军事火箭的威胁，建筑不再局限于最低限度地介入空间，垂直的突出部分有意扩展了面积，也增强了墙面的易受攻击性。建筑的表现是远离地面对立环境的向上的一种单方向的挺伸。

对立的环境

这里建筑形式是完全受抵御外部对立环境的需要支配的。关闭的凸形产生最低限度的暴露面而带来最大的内部容量。而曲线体量，如同军事思想可能设想的，目的是使火箭转向。

保罗·克莱的图解设想了原点对环境的3种情况的反应。

外 拓

在以下三幅图中，我们看到中世纪建筑在一个整体上看来是在对立环境的压抑要求下使自己解脱所作的挣扎。

右上图中，一个晚期的城堡开始突破早期堡垒一成不变的圆形，而将自己更丰富地介入空间，外拓到周围显要的点，甚至带来更大的耗费和暴露的危险也在所不惜。

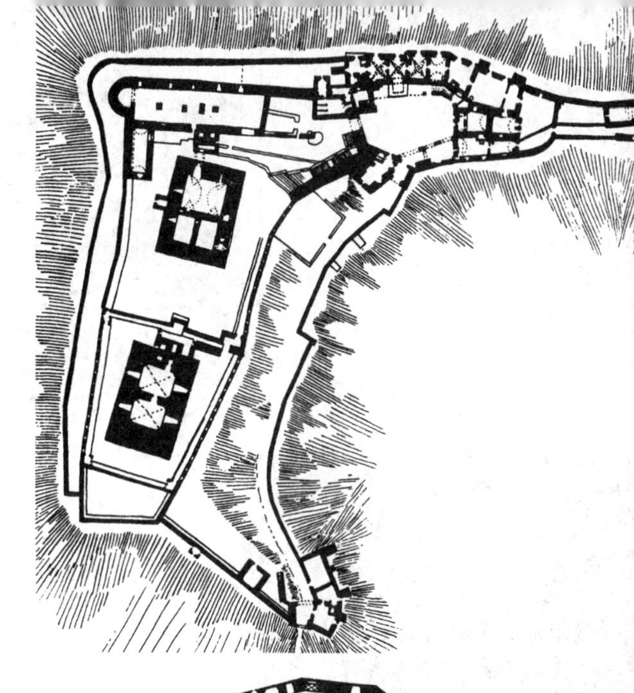

居 间

在这个平面中，穹棱拱的内部结构要求矩形平面的总形式。而从一个对立环境防卫需要考虑，却主张最低限度的暴露面，因而要求采用圆形形式。在这个由两种相互矛盾的要求形成紧张关系而产生的设计里，军事考虑明显地放在比结构逻辑更重要的位置。

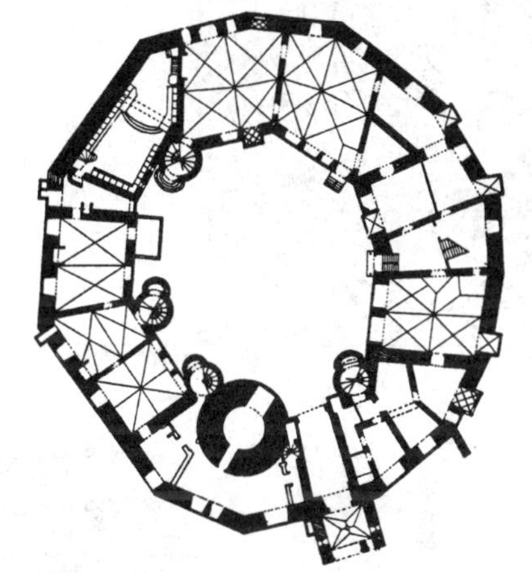

内 视

当把防卫一个对立的环境看作主导思想时，这座中世纪的塔是最有效的唯一可能的结构。这个平面与保罗·克莱的图解惊人地相似。这里的“内部空间”就是塔内武装控制下塔周围的空间。内部空间与较深色的超出控制范围的“外部空间”之间的分隔，不是一个“固定的壳”，而是一条无形的由塔内武装效能决定的线。

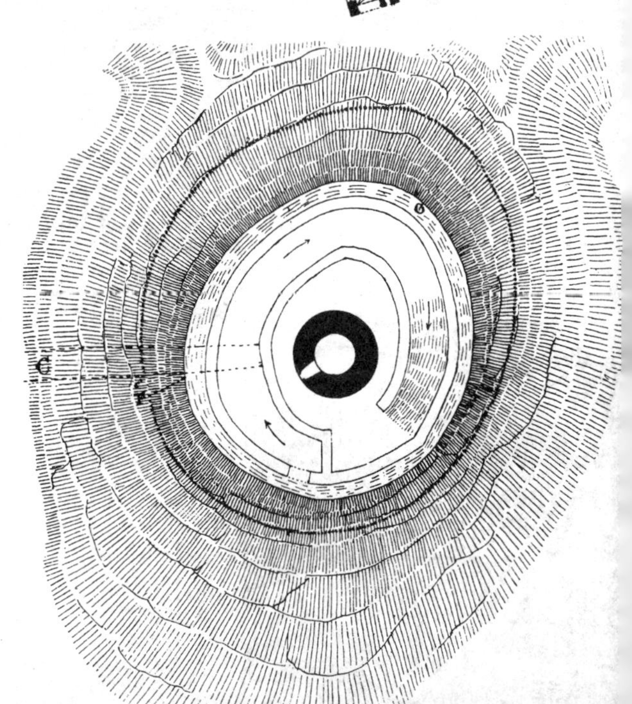

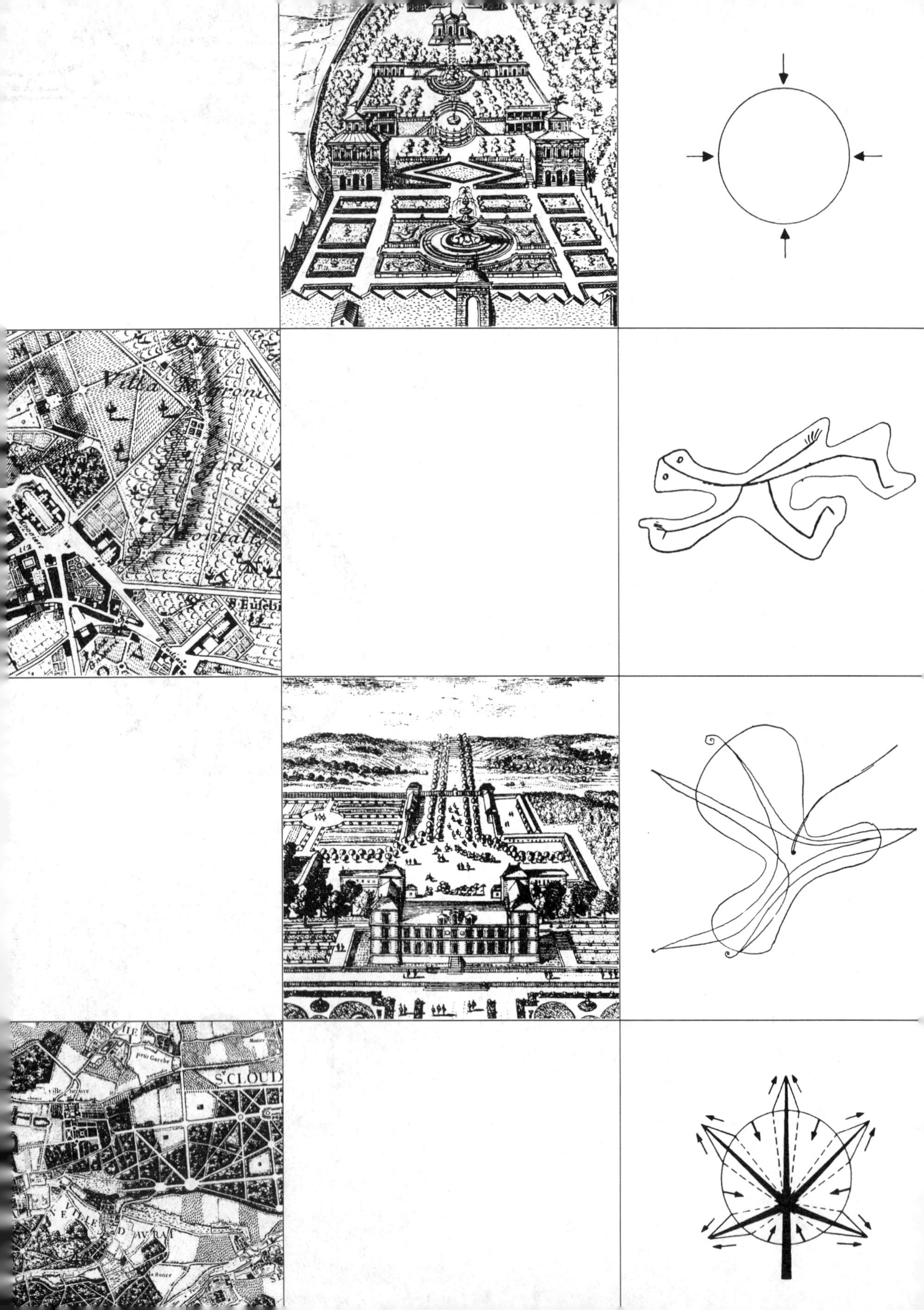

S.CLOUD
S. Eusebi

内视

当我们的研究进入文艺复兴时期，就会发现建筑渐次摆脱中世纪环境对立的最令人压抑的因素，而向外推移到环境中去。开发完善的意大利别墅，如第44页图中Bagnaja于1560年设计的Lante别墅，在其挺伸与反挺伸中孕育了以后建筑作品的种子，但这一切从主题内涵的意义上来说，都包含在明确限定的围墙之内。第44页右侧的图解选自保罗·克莱《思索的目光》。

外拓

1585年西克斯图斯五世主教通过为罗马而作的许多规划，将一种新的尺度引入意大利人的思想中。这些规划冲破了任何范围明确的建筑设计，而把整个罗马城作为设计的领域。当他的运动系统中挺伸和反挺伸涉及极大范围时，总是外拓到一定的目标并终止于某些终端，如一座教堂、一座大门或一个广场上。

外展

在18世纪法国传入一种全新的设计度量，这种设计形式无明显终点，但挺伸穿透内部空间在地平面上向外无限伸展，无穷无尽。这些概念是在百科全书主义者和对数学上的无限大探索时期发展起来的，并建立起一种能超越岁月，无限延伸的设计构想。

介入

第44页右侧克莱图解提出的第4项设计要素涉及的不仅有穿透内部空间的向外推动力，同时还有一种受外部空间的影响向内穿透直指发源点的反向力。这一点，一方面可以用巴黎区域设计挺伸中值得注意的相互作用在这里加以说明；另一方面也可以用范围广阔的普普通通的人们闯入职业设计者曾认为属于他们私有的设计内部空间这样一种介入作更好的说明。

空间心理学

心理分析学家和教育家埃里克·H·埃里克松(Erik H.Erikson)在讨论作用和相互作用的精髓时说："作用需要严格的界限，然后是在这个界限内的自由的运动。没有严格的界限也就不存在作用。"他引用德文"Spielraum(作用的空间)"以表达相互作用范围延伸的概念，并将这个概念按右图表中阐明的方式与生活圈联系起来。埃里克松发展了"禁忌的环境"，以与"适应的环境"相对比，并表明两者之间的平衡如何影响一个人对生活的不同转折点的反应，从而加强或抑制他的潜在能力的完全的实现。

在简单的情形下，如果一个小孩的环境有着诸多禁忌的因素，或许是危险，或许是在他够得着的范围内有容易打碎的东西，以致他的妈妈不得不老是说"不行"。一种负疚的意识可能使孩子恼火，并且变得与他的信心和创造性不相适应，这样孩子的发展过程就受到了影响。

"禁忌的环境"和"适应的环境"，以远为复杂的情形继续存在于青少年和成年时期的生活中并发生影响。结合第47页图表，它们影响着生活联系圈、生活质量以及相互作用的性质和范围。每一项心理激变都处在内心生活和总的环境及其在度量上相对应的重要联系圈之间。

按照这样的见解去看，城市设计大体就是要建立严格的界限，在这个界限内可以有自由行动，当生活联系圈扩展时，界限由此向外延伸。由以前用过的"友善的环境"到埃里克松的"适应的环境"，在概念上的变化给城市设计者增加了一项重要的任务。

生活圈

老年

成年

年轻的父母

青少年

学龄

游憩年龄

孩提期

婴儿期

心理的激变		有效的联系圈
完满对绝望	**智慧**	我的同类，人类
生产对停滞	**关怀**	劳动的分配和家务的分享
亲密对分离	**爱**	友谊中的伙伴，性的特征、竞争，合作
认同对迷惑	**忠诚**	同等地位的集团，以外的集团，领导的典型
勤奋对顺从	**能力**	邻里和学校
进取对内疚	**意图**	基本的家庭
自理能力对羞愧、迟疑	**愿望**	双亲
信赖对不信任	**希望**	母亲

“介入”的现代含义

正如我在以下几页要表明的,“介入”包括的东西远远不仅仅是大脑的理解。对于创作一个丰富的设计，它是必要的组成部分。

西格弗里德·吉迪恩在他的伟大著作《时间、空间和建筑》一书中，强调超越大脑的活动、进入感觉的领域，说明一个人的感觉和情绪都介入的重要性。鲁道夫·安海姆(Rudolph Arnheim)在捷尔吉·凯佩(Gyorgy Kepes)的《想像的教育》中，援引艾伯特·爱因斯坦(Albert Einstein)给雅克·阿达马(Jacques Hadamard)的信说：“他们写下的或讲出的言词话语，似乎决不会在我们思想的机制中起任何作用。看来似乎作为思想要素的心理的本质，是某种符号和或多或少清楚的、能够有意地重新产生和加以组合的形象。”并说，“上面提到的要素在我的情况中是属于视觉上的，有些是肌肉型的。”他加上自己的见解说，“如果爱因斯坦的程序是聪明说理的代表的话，我们也许正在通过强制我们的青年主要以文字和数学的符号去思考，系统地扼杀大脑的潜力。”

伦纳德·K·伊顿(Leonard K.Eaton)在他的《两个芝加哥建筑师和他们的业主》一书中说：“早在1919年卡尔·西肖尔(Carl Seashore)就评论指出，有音乐才能的学生具有很高的听觉想像力(再现音阶形象的能力)，而这种才能与原动的想像力和原动的倾向是紧密相关的：这些原动的想像力是根据人体内的感觉、努力和素质而得到的。这种动力的反应在积极地参与音乐、建筑和体育活动而得到的乐趣中起重要的作用。”

这里的要点不在于作为“锻炼”和“游憩”的身体的运动，与设计的行动相分离，而是设计过程作为一个内在成分在体能方面的响应。它与用于设计中的形象范围或模型有关。这样，如果一个人体质方面没有活力或不能胜任，他就喜欢默坐冥想。与这类体能状况相协调的形式就是结晶型、球、方块或金字塔等分立的形式，它们并不需要一个人振作自己，不需为往来活动而发挥肌肉效能。倘若一个人体力方面、肌肉方面是处于好动状态，他受内部动力的驱使跃进到一个又一个感受，这是一个全然不同的领悟空间，时间的过程在起作用，因此一个人倾向于从联系而不是分裂的角度去思考问题。

这一点可以通过领悟华盛顿和北京两座城市的基本设计概念来加以说明。如果一个人站在美国首都华盛顿的纪念碑脚下两条主要轴线的交点上，他只要绕基座移动，只不过几英尺，就能领悟纪念碑式的华盛顿的全部基本要素。在北京，除非设法通过2英里(约3200米)长通道的空间移动，否则就无法领悟它的设计。那里，每一部分都是完全封闭的，一个人不可能由一个部分看到另一部分，然而它又不是任何单个的部分，而是一种有联系的整体，这就是紫禁城的设计。

在教育孩子方面，我们曾系统地抑制他们原动的倾向，办法是强迫他们一连几小时一动不动地坐着。在高等教育中，我们也曾系统地毁坏感官的、感觉的和肌肉的领悟力，培育身体与思想间的两相分离。现在提倡一种复兴，不是要学生“健康”，而是将他用基本职业技能武装起来。训练肌肉技巧和肌肉与感觉的领悟力，应当成为每所建筑和规划学校的一部分。我相信任何想从事建筑和城市规划的人必须能够一口气跑上三节扶梯，没有明显的喘气而且乐意这样做。

内　视

方块的"介入"

上图是一个方块，是建筑紧凑、自给自足思想变化规律的表现，如果也把最低数量的互相垂直的直线条作为一个目标的话，它是内含最大面积的最小外露周长。当防卫对立的环境是建筑的主要目的的最早年代，这种形式就发展起来了。当它作为一种封闭空间仍然有效，作为整体的一部分仍然适宜的情况下，把它作为这个整体的变化规律的表现就是合乎情理的了。这里遗留下来的影响很可能是有害的。例如在一个低收入地区，它被用于一个机构、一所大学，每次扩展力求贴近，以改建尺度更大的方块，从而得到这个机构把它正赖以发展的环境看成对立的环境这个印象。这个机构的形体造型将采取最低限度的外露和环境方面的介入。当一所大学沿着部分边界立起围墙，邻居就会起来抗议，这就说明了边界的外型和性质是同样重要的，因为这是他们向友善的或是对立的邻居传递信息的方式。随后而来的是方形的几何发展，试图为一个统一体，不论是一个机构或是一种概念的成长或延伸提出一种相反的模式。第50页上图，方形本身向外突出成为一个十字形，在保持原有面积的情况下，显著增加外露面的长度。这就增加了对外界介入的程度，但这个形式继续表现为进取的形式。

在第50页下图中，指明同样的外露原理运用到由于十字形形式而产生的9个小方形的情况。第51页两个图解进一步表明同样的原理运用到以后两阶段的情况。而第52页图则表明更后一个发展阶段所采取的形式。

可以看到当保持有一定范围境界的情况下，这个整体的境界线的长度可以无限增加。当境界线达到无限长时，介入环境的程度也就开始变得愈来愈大。

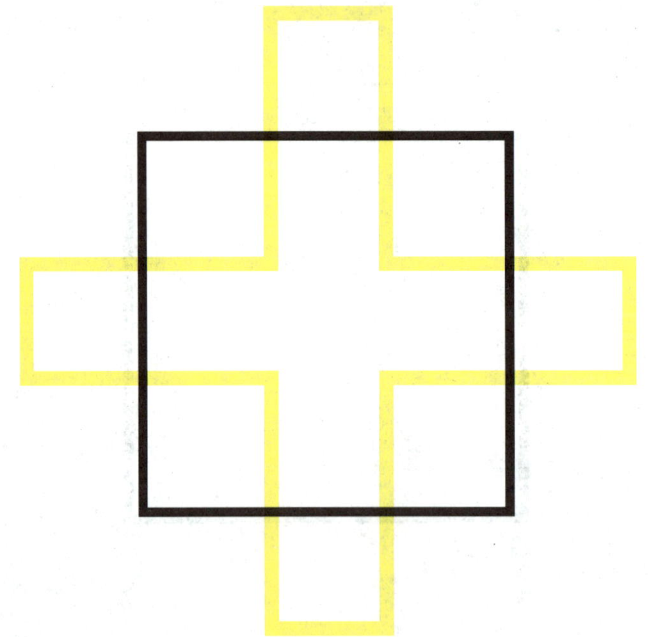

外　拓

外　展

介入 A

介入 B

向着全面介入

从保罗·克莱限定内部与外部空间之间界限的简单的圆，通过最为近似克莱的圆的正方形，通过前两页方形的延伸，到上面的图，我们现在已达到完全的圆形。原理的系统运用以一定的组合和次组合彼此相互关联，产生了一种带有通向圆的因素的形式。然而，上面的图形确确实实像克莱圆一样，是一个有简单界限的单纯的面积。它表明介入倾向于溶解内部与外部的明显界线，并产生阐明外伸第一步的形式，但难以预期达到全面的介入。

当然，这个形式只是连续进展以至无穷的过程中的一个阶段。随着每个阶段的发展，暴露线越来越长而焦点的数量级变得越来越大，均趋向于无穷。在这个进程中，一个形式驻留的点，正是内部和外部的力按照环境方面对立与友善的平衡支点。

应当重申，这个图解中的几何形式除了它所体现的原理之外并没有象征意义。还必须说明，当这个图解着意在城市中确定一项设施的基地平面，它引出的概念则联系到更为广阔的问题，联系到在大城市区域内城市扩展的形式（最大限度地向旷地敞开），联系到在一个社会集团中牢固地树立一个新概念或在社会中牢固地树立一个确实的新的设施的形式。它联系到凡是存在着内部和外部空间的所在，而这几乎是无所不在的。

色彩作为通往空间进程的一个度量

色彩是能赋予空间移动的感受连续性和形式的要素之 。在空间序列意识中，有目的地运用色彩，在当代的实践中几乎未被认识，当然也并非全是如此。上面的照片以及接下来的 4 页图片显示的就是一个例子。我们用彩色相机，追随一个背着稻草、正走向地中海伊斯基亚岛(Ischia)上一个意大利小山城的妇女。

当我们的空间系列进程的参与者走向她的目的地潘扎城(Panza)时，炎热眩光的果园、葡萄园及橄榄丛中一片的绿色，开始被灰色的上墙和白色的新油漆——即将来到的城市感受的暗示所改变。

前面，她看到树木中展现的城镇实际形式的开端，但小路依然曲折，城市的形式只不过是假想的，唯独教堂钟塔作为强有力的建筑表现将短暂展现，预示前面包含的感受的性质。

预 期

在左侧的照片中，我们观察这座小山城潘扎城建筑的展开。背稻草的女人已经转弯，这个转弯处作为广场建筑的第一个视点布置得完美无缺。她得到的第一刹那的印象，包括通过多阴影的拱券的韵律感，产生层次分明的强有力的建筑效果。透过灰色的框架，看到的令人惊异的粉红色的墙，给人们一种全新的感受度量。

当她沿着这条小路继续前进时，越来越受粉红色的支配，直至抵达城镇中心——沙漏形中心广场的较低部分。至此，她已被粉红色的感觉所包围。在轻快的感受中，她已进入一个“色彩空间”。

转到她的右侧朝南看，则为更强烈的感觉所震慑。橙色小教堂及其圆窗尽收眼底，那圆窗作为广场的终端，由橄榄树覆盖的远山的深蓝色衬托，在阳光下闪闪发光。

在第55页画面中，她正通过沙漏形的中央狭窄部。这里的色彩是灰色和白色的，与明亮的粉红色和橘红色形成强烈对比，并再一次为接受前面新的色彩效果作了准备。

PANZA

完满实现

第56页的画面，表现了背稻草的女人在她的路途上要得到的最终印象。突然展现在她面前的景象是处在广场主位的小教堂，一个有绿色门的黄色与白色的闪光的形体，衬以湛蓝的天空显得灿烂辉煌。转向她的右侧，看到的钟塔，是她的第一个城镇标志，这样，她的预期目的实现了(如右图所示)。

怎样才能创造出这样一件艺术作品呢?从转角起第二幢房屋的设计人(或此类任何房屋的设计者)是一个像背稻草者那样从孩提时期就曾千百次感受过上面描述的空间序列感觉的人。由于设计机体的规模和尺度是他所熟悉的，他对城镇及其周围环境的理解是完整的、同时性的；城镇的每一部分及其全部细部在任何瞬间都是他精神装备的一部分。

当他决定了门和窗要放在哪里，并且用什么色彩去油漆时，这些细部以及其他的细部自然而然地与这些形式及围绕它们的空间序列感觉相适应了。

因此，作为设计—建造者，他并不用绘画来表现他的设计。他在脑海中表现他的设计，并最终在地面上形成，恰如他在自己脑海中所见到的一样。最终成果是整个美学感受的完整一环，整个感受都存在于他自身之中。

这种现象通常被贬低为直觉，实际上代表着一个如此复杂的过程——同时接受如此广泛的一系列因素并使之相互作用——以致人类还没有，并且也不会设想出任何电脑能近乎做到和它完全一样。

糟糕的是，一到潘扎城就揭示出过去这里表现的每一样东西都已被此后的“改善”毁掉了，这说明此类作品是如何脆弱，而倘若它们至今仍然存在，又会多么的引人注目。

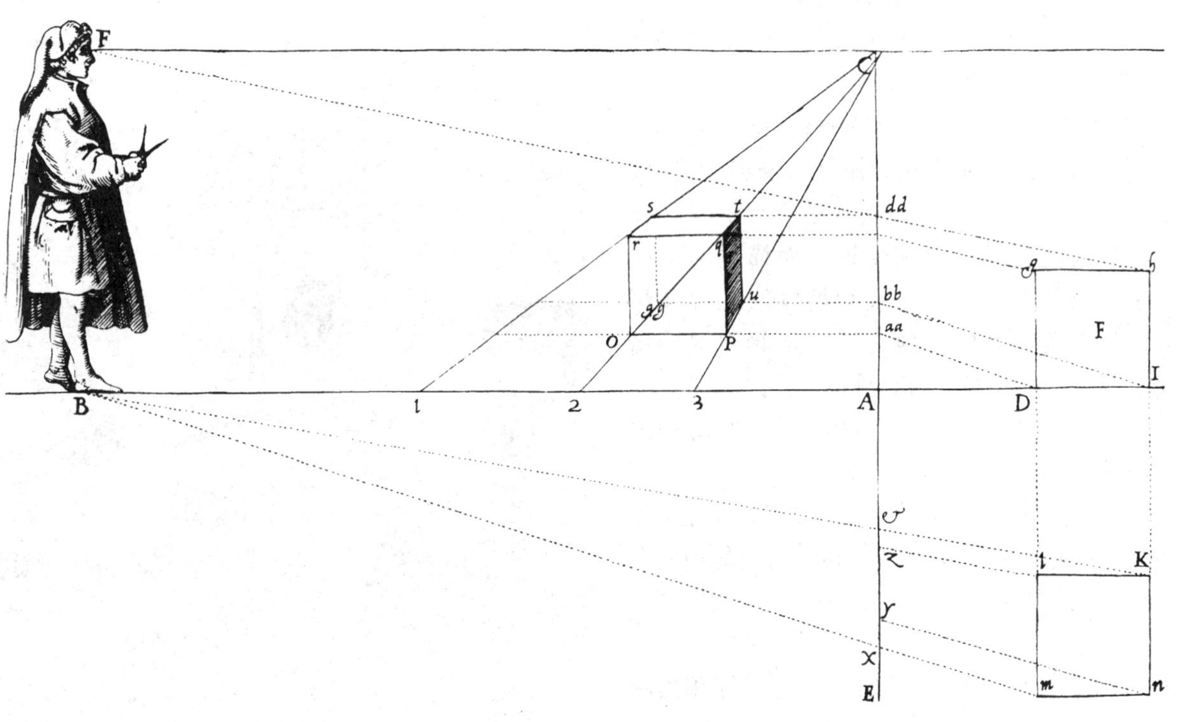

F
C
s
t
dd
r
q
g
h
u
bb
gg
aa
O
P
F
I
B
1
2
3
A
D
i
K
z
y
x
m
n
E

捕捉住时间——透视学

乔治·瓦萨里(Giorgio Vasari)在叙述建筑师菲利波·伯鲁乃列斯基(Filippo Brunelleschi)的一生时曾说过"他对透视极为关注，而在当时，15 世纪初，由于其中的许多错误，透视学处于声名狼藉的状况; 在这方面，他花了很多时间直到发现一种方法可以使透视变得逼真和完善——也就是说利用平面图和剖面图，用相交线的方法来求取透视。这在设计艺术中是最为灵巧而有用的一样东西。不论实际的出处如何，发现将一个物体精确地投在画面上的方法对设计过程具有深刻的影响，把我们前面讨论过的力的奇妙的综合作用分解，并有助于捕捉住超越时空的直观感受。

从第 58 页引自维尼奥拉(Vignola)论透视学书中的一幅画内，我们看到一个中世纪的人形成文艺复兴的意识，用透视方法观察一个立方体，这在以前是不可能的。他手中拿着的两脚规，象征着他以数字的精确测量来观察世界的新需求，而这是他要作很大的牺牲才能达到的目标。这里他抓住了他的立方体，并把它长期精确地牢牢固定在画面上。但是这是一个人在空间中一个地点、时间的某一瞬间所见到的一个立方体; 它再也不会以这种确切而纯粹个人的方式重新被看到。

从集体感受发展到个人感受的变化，由一种和谐的感觉，发展到分开的、含义明确的，但又是片断的感觉的变化，产生了文艺复兴和随后的科学时代，这种观察的模式由于采用照相机的镜头而得以长期保存下去。今天所拍的每幅照片基本上是16世纪版画的同样的表现方法。数百年来我们被束缚在透视画面的局限之内，只是从现在开始，将从强加的限制中解脱出来。

本页下方的图选自保罗·克莱《思索的目光》一书，可以把它看作是严谨的单视点透视学和多视点透视同时性的自由的视觉形式之间的一座桥梁。这里我们看到立方体作为一种一成不变的形体开始解体，看到它被描绘为可能同时由几个人看见或一个人经过时间先后所看到的状态。在它的多重含义方面，表达了空间中自由形式的精神，并预示着时间流动的延续。

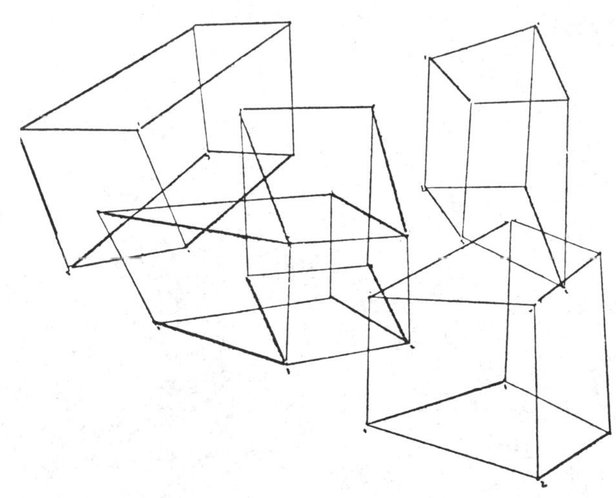

四种作用的二维分部分析

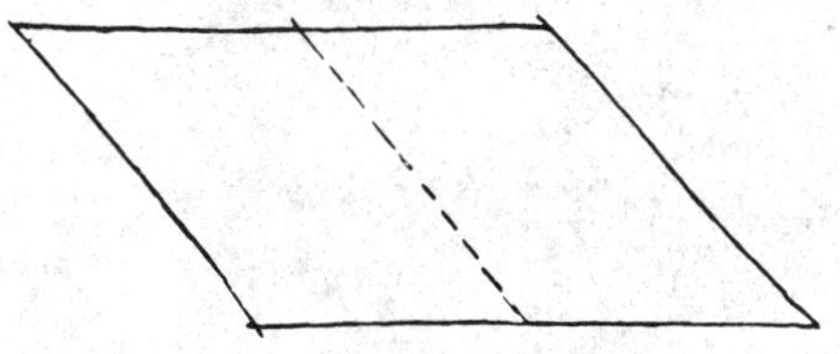
相同方向线性表达的一对线条

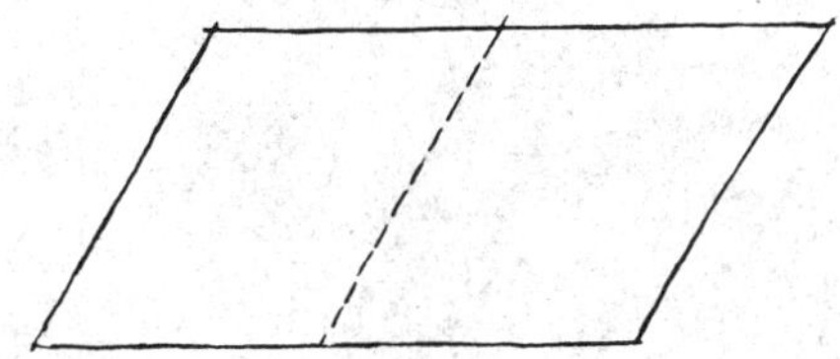
相同方向线性表达的另一对线条

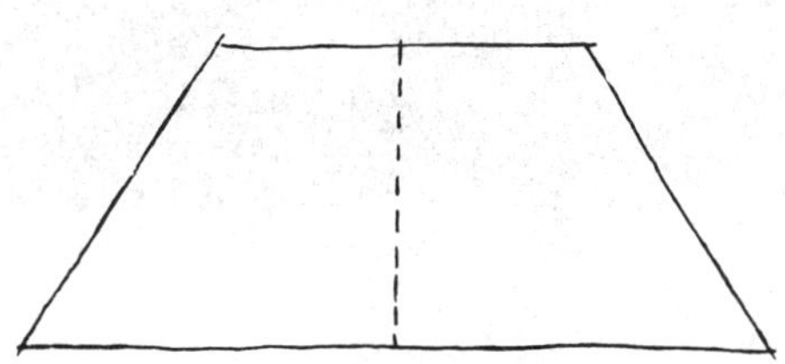
不同方向线性表达的一对线条

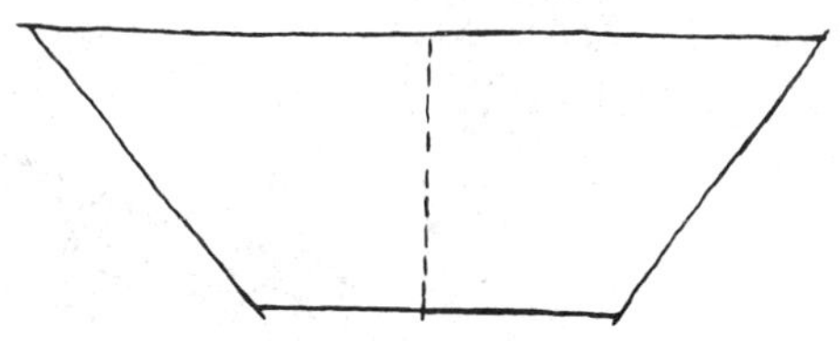
不同方向线性表达的另一对线条

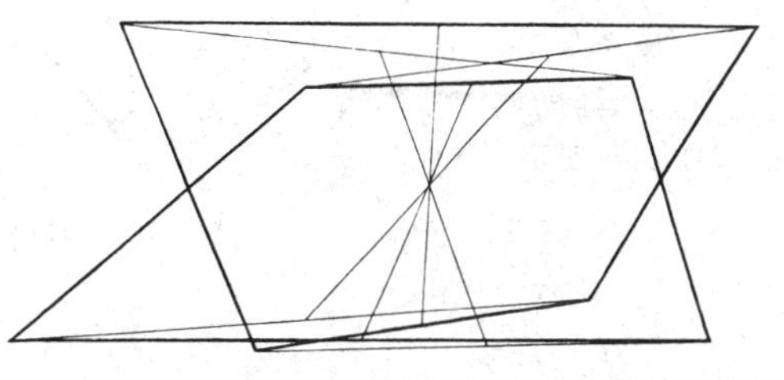
四种作用联合

时间重新流行——同时性

“现在我将继续把所有的要素，包括被视觉透视掩盖的要素提到面前来，我将指出一个虽然很小但无可争议的属于我自己的领域：我将会开创一种风格的开端。”保罗·克莱的这些话，是在他的水彩画“扬帆的城市”之后28年，即1902年写下的。在这幅画中，我们看到空间中自由形式的一个完整的三维结构的表现，完全摆脱了透视学所带来的局限性。克莱的设计重新捕捉了产生潘扎城那样直观地开发同时性感觉的全部范围，但是这里也有科学所提供的从意识到空间、运动、时间所新增加的度量。有色彩的容积总是牢固地在空间中定位，并且精确地相互联系，它们推动了一系列的相互作用，由它们的发源点向外运动。从设计角度来说，我们正是需要把这种思考的方式作为联系当代发展中的城市形式去发展设计概念的基础。

这幅画并不是异想天开、随心所欲的产物。它是一个艺术家—哲学家—科学家经过长年累月艰辛而训练有素的工作，试图在一个画面上获取科学所释放的各种新的力的成果。

右图引自克莱的笔记，它们只不过是整个构图研究系列的一小部分，这些研究导致他创作“扬帆的城市”。通过这样的分析研究，我们可以找到一个关键，使“实现、表现和理解”重新进入和谐境界，并构想、建成无愧于我们所处时代的城市设计。

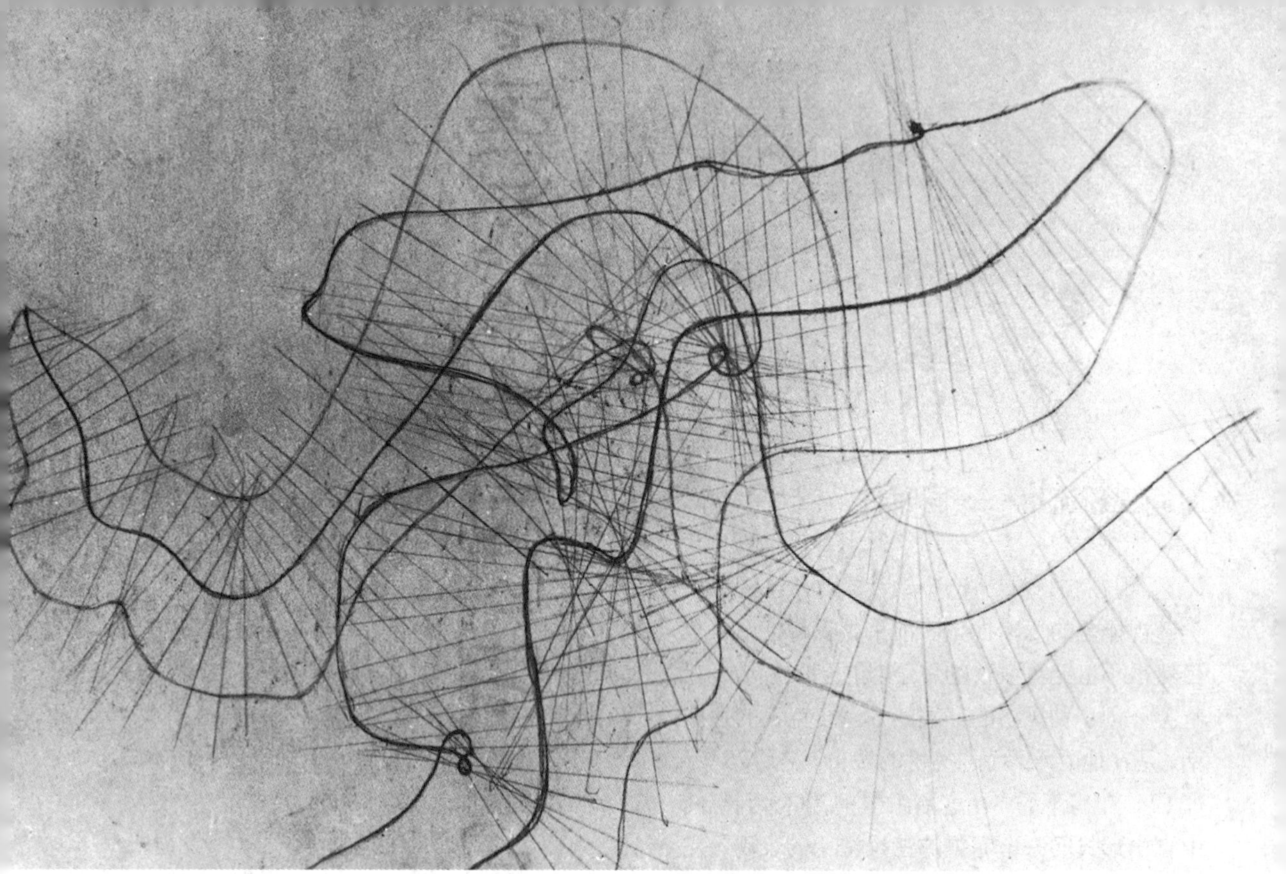

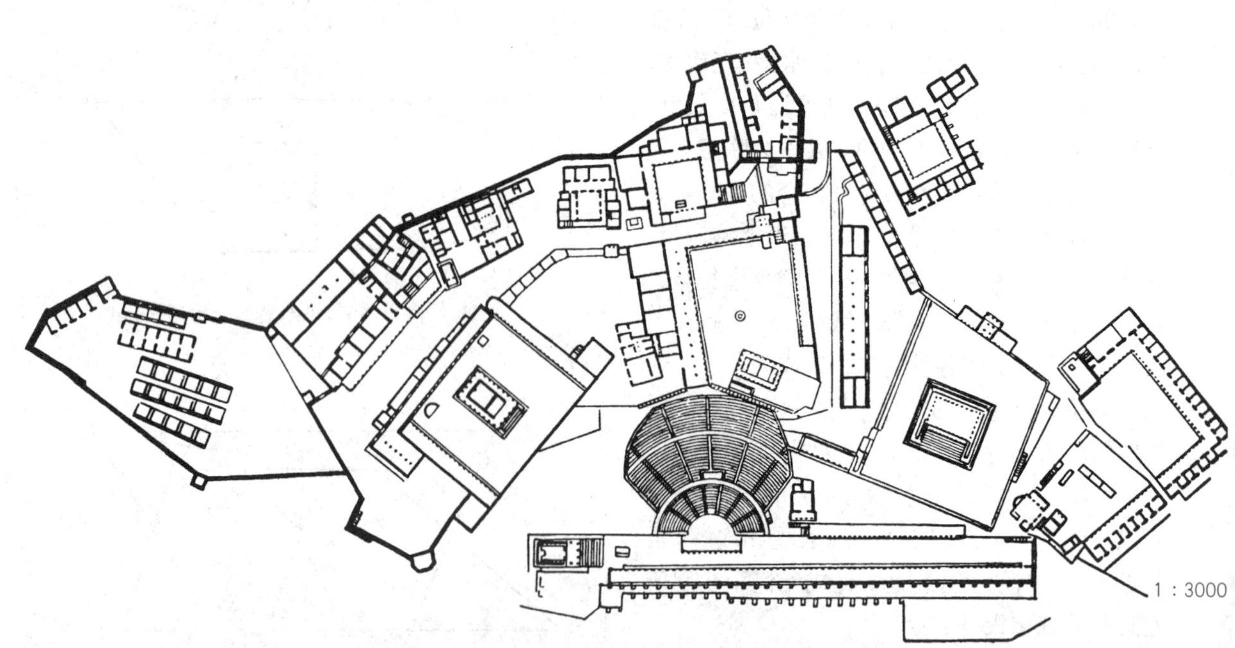
1 : 3000

内力在起作用

第62页上幅是保罗·克莱的一幅作品，下幅是小亚细亚帕加马(Pergamon)卫城上古希腊和罗马时期的作品，两幅图之间的相似性纯属巧合，除非所有有机的东西都是有联系的，因为很难设想克莱绘制图时脑中会出现帕加马卫城。

把这两幅图放在一起的意图，是要表明通过克莱那样艺术家的眼光，古代作品如何能用新的眼光去审视。透过关于矫饰主义的表面的现象，我们今天可以更好地理解在创造往昔伟大的作品时起作用的内力。这些在今天仍然如同当时他们构想设计的那个时刻那样令人感到清新。

保罗·克莱明确地指出，艺术家的实验室只要到主要的规律哺育发展的地方，到在空间和时间中运动的中心器官(心脏或头颅)——激发全部创造功能的地方就能找到。他所作的这幅画就表现了这条规律，运动的中心线呈曲线型并交叉穿透空间。发展线由中心线垂直向外延伸，形成密集程度不等的地区和在曲线环抱之中许多交叉线的节点。帕加马卫城的平面蜿蜒曲折，绕入曲线型的小山，我们看到类似的运动中心线，由此延伸出垂直的次一级运动，形成次一级中心焦点、节点和特性不同的地区。

下面一幅图是我的一位学生，希腊的萨兰蒂斯(Sarantis Zafiropoulos)，对步行通过费城中心区后的反应而作的，表明了存在于城市现实中的运动、韵律、符号、质感、容积、时间、设计的主宰权，这预示着形成设计结构的一条新的途径。

一个运动系统的概念

设计结构发出的能量，倘若不经过调谐的仪器去接收，就是无效的。当然，这个仪器就是城市人民的感知能力。

对设计刺激的反应能力因人而异，甚至，在不同国家和不同历史时期，公众反应的水平也会千差万别。因此，北京紫禁城的红墙要是没有在它面前移动的服装、旗帜和配备瞬息万变的交响乐组成的色彩的庆典，简直是不可想像的。人们穿着方式和对服装色彩联系环境不断变化的作用的感觉，是一个与今天西方世界完全不同的现象。

我想我们之中很少有人站在帕提农神庙前，不会为希腊市民所曾具有的反应敏感的广度和处于20世纪的我们失去这种敏感而深感痛心的。

在漫长的过程中，设计者能够以他作品的力激发个人对新领域的觉醒，但这种效果只是缓慢的，而且方向也不肯定。此外也可以通过房屋的建筑形式，通过精心安排的运动路线和停留的点，使人们的运动纳入一定的渠道，从而影响人们的反应。

人类运动渠道最光辉的历史典范之一，就是古希腊的Panathenaic行进行列。它每年举行一次，而且成为雅典城市生活中的一件大事。其中每四年一次的内容更为丰富。这个行进行列(作为帕提农神庙额枋的主题图示如上)，沿着一条标志清晰的路线穿过雅典城Dipylon门、城区，顺卫城山坡而上，终止于雅典娜女

神塑像。由于这条路线由雅典市民在他们日常生活中作多目的的使用，其作用必定曾随着他们所有的人早在孩提时期起就亲历其境的光辉而美妙的行进行列而提高。这个行进行列在雅典集体意识中所达到的程度，在Aeschylus的Oresteian三部曲的结尾中可见一斑。这里演员和观众联系起来形成了最后一个场面，他们走出剧场，沿着Panathenaic Way下到雅典城。

这个行进行列本来就不是为了提供一个给人看的宏伟景象，而是一个许多人可以参加的重大活动。这样，市民既是演员，又是观众；既影响这个集体的重大活动，又受它的影响。

从古代初创之时起，Panathenaic行进行列及参加的人们的感觉，就赋予雅典的发展以中心主题。从此以后，建筑方面主要集中的精力，都是为了在这个运动系统的感受中提供一些重点，为了给前辈们形成的韵律增添一个音符。但是，倾注心血形成这个序列感觉的构思者、倡导者、建筑师和建造者，他们的行动本身就是沿Panathenaic Way运动积累效果的产物，因而也就自动地和它已积累形成的韵律的要求协调合拍。

简单的中央运动系统穿城而过的简洁性，对纪念价值和形式呼应的理解——这些基本点一经建立，我们现在就不能把Panathenaic行进行列仅仅看作人和动物和谐运动的宏伟景象，而要看作雅典城建筑和规划发展的中心组织力。

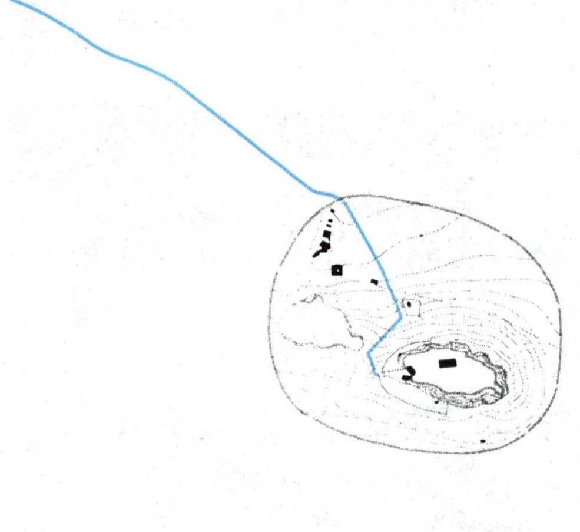

600—479 B.C.

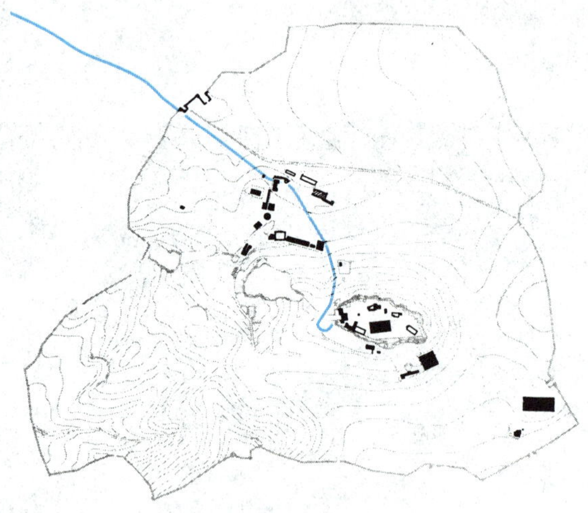

478—339 B.C.

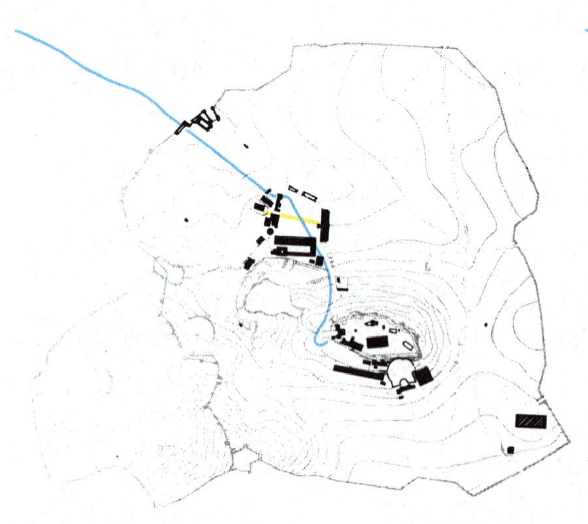

338—86 B.C.

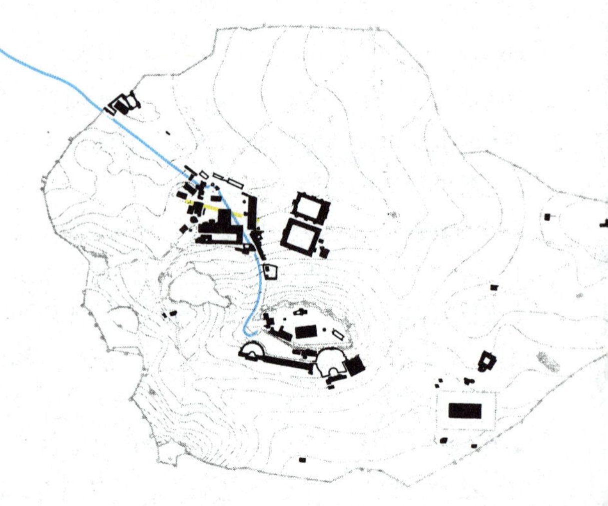

86 B.C.—287 A.D.

1 : 25000

希腊城市的成长

雅 典

正如我们所看到的，第66页图中Panathenaic Way远不止是一般城市街道，而是一个区域运动系统的一部分，它联系着希腊的几个最神圣的地点。从最早的时期开始就联系着一条路线，它来自希腊农村那边神秘的Eleusis洞穴，经过Daphnae关隘通到雅典的Dipylon城门。由于它继续斜穿过城市广场或市场有独创性的不规则的空间，朝卫城顺坡而上，经过Propylaea到达雅典娜神像，因而它既是圣道，又是雅典的主要街道。它是一条中心主干道，沿着它出现了主要商业、工业和政治活动中心，构成了城市生活。的确，只有联系沿整个Panathenaic Way依次行进所见的景观，才能理解帕提农神庙的地位和尺度。

第66页图表明雅典城市形式的发展。Panathenaic Way的路线用蓝色表示，出自赫菲斯托斯(Hephaestos)神庙(The Hephaisteion)的空间甬道的延伸用黄色表示，相应发展的主要建筑用黑色表示。由此可以看出，广场形式的发展与雅典的设计和开发汇成整体。

赫菲斯托斯神庙绝妙的定位——意愿的审慎行动的产物，它位于毗邻Panathenaic Way的长长的山脊以上一段路，但不在最高点；它使一条空间甬道投入运动，并在与Panathenaic Way交叉处树立起一个空间中的点。这一点成为以后广场发展中重要的设计要素。

赫菲斯托斯神庙本身的设计经过透彻的构想，产生了足够强的力，使在它周围所发生的全部活动充满生气。在上图神庙左侧第一柱间空白处的一块蓝天，加强了神庙结构和垂直山脊的空间甬道之间的连锁关系。

设计向下一个度量发展的动力学

保罗·克莱在探讨设计的首要要素时宣称:“我从所有的画面形式开始之处，即从一个点进入运动状态之处着手。点，运动开去，而后，线就形成了，这是一维要素。(1)如果这条线移动以形成一个平面，就得到一个二维要素。(2)平面向空间运动，它扫过的空间即成为(三维的)体。(3)如上图所示。

动力学的概括: 使点运动形成线，线运动形成面，面运动形成空间的度量。

建筑设计的精髓，从一个城市的尺度上考察时，存在于各种动力精巧地相互作用的巨大范围之中。这些动力竟是如此简单，就像克莱的图画和刚引用的话的要旨所描绘的一样。

单幢，或者事实上常是几幢相互关联的建筑的设计，发展到如此高的程度，以致有关这些力的相互作用，竟有大量的、复杂的、尽人皆知的词汇。可是，探讨的领域转移到单体建筑设计与整个城市规划的抽象概念之间尚未可知的范围时，重温开宗明义的原理，自由地使用简单类比方法和基本概念，我认为是至关重要的。长期以来，我们对建筑和城市规划关系这一级设计要素的认识曾经是盲目的，而且也曾假设大尺度的问题只要机械地套用小尺度的概念就能加以解决。如果要取得进展，必须重新建立起这样的认识: 设计恰恰存在于这一级上，而它正是建筑和城市规划中最重要的一个方面。

“线运动产生面，面运动形成体。”

保罗·克莱的这句话，重申了前页表明和讨

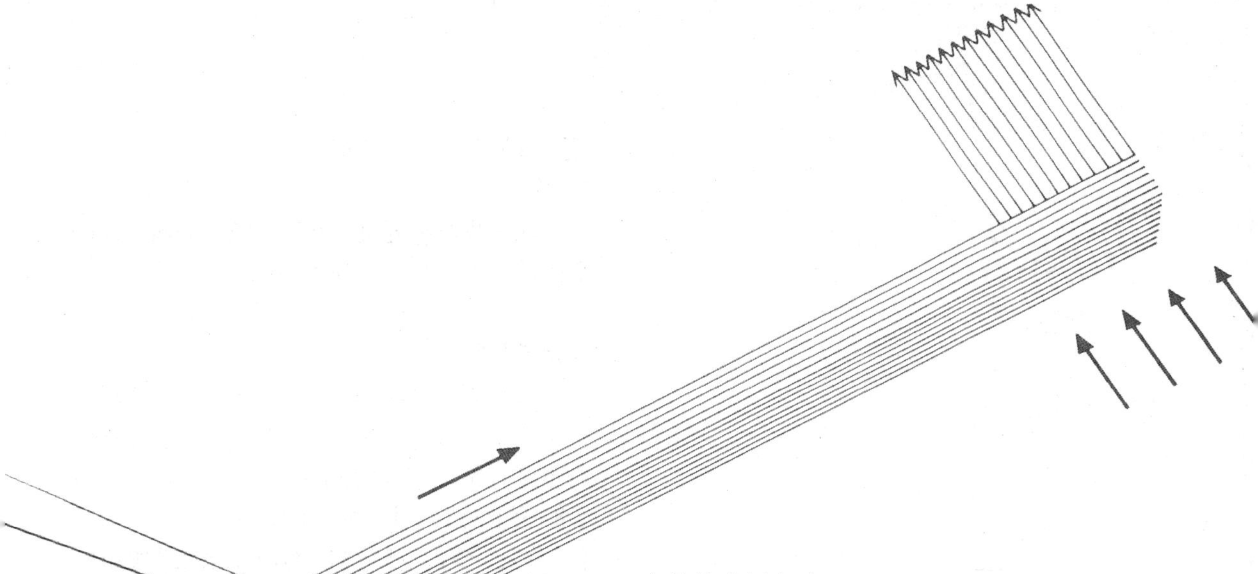

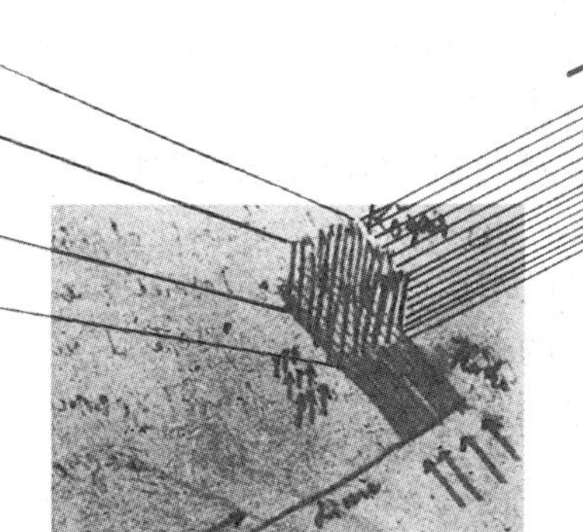

论过的原理，读者或许要问，“体运动时，又会产生什么?”

将运动变换到另一个阶段，答案即可取得。其中包含一条很重要的建筑原理：体缩小为点，重新启动它运动的历程，并进入下一个度量的范围之中。

这种动力学的逻辑上的延伸，就是把“点的运动产生线”与一座建筑向前的挺伸作比较；这座建筑向空间伸出一条能量的甬道。然而，并没有实际的物质，只作为设计的力而存在，这种空间的活力，可以成为建筑构图中的主要影响力，就像在雅典的发展中所看到的那样。

而且，在这个最佳杰作中，空间甬道被精确地限定，这样就确立了一条对一切将与之有关的形体的设计和定位的要求的戒律，同时推动一股强大的力，冲击着那些在它的范围内或它所影响的空间中往来的人们的情感。

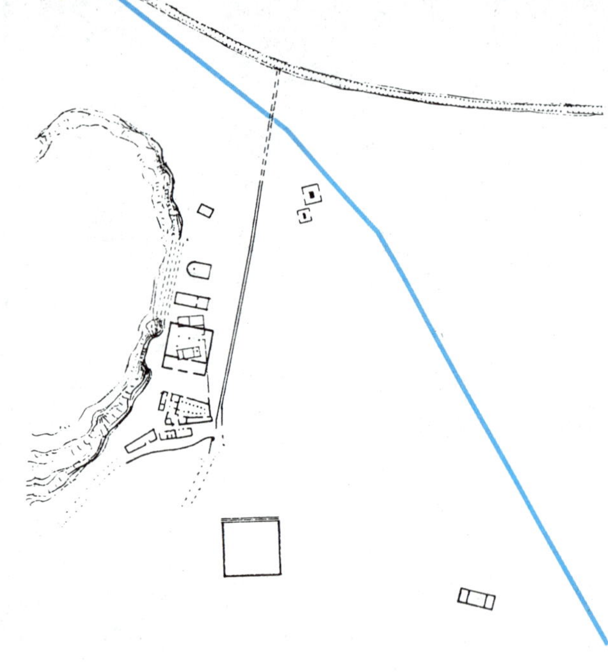

在运动中的空间甬道

现在我们来观察由赫菲斯托斯神庙伸出的空间甬道对雅典的广场发展所产生的效果。

公元前500年

Panathenaic Way，用蓝色线条表示，斜穿有点不规则的市场，并经过几幢行政管理建筑，沿着山脊底部迳直向西。向南是古老的元老院议事厅(bouleuterion)，一座内部有5根柱子的方形结构；而向北则是3座小的庙宇。

这本页和下页边缘上的图是以John Travlos有关雅典由最早的时期一直到现在为止的发展的作品为基础的。

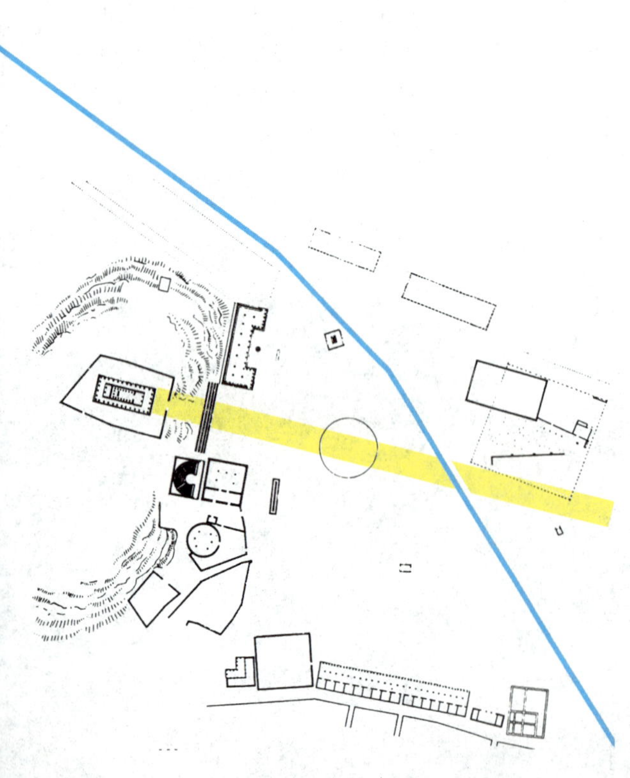

公元前420年

第二幅图表明的是赫菲斯托斯神庙建成后不久广场的发展。这里，由赫菲斯托斯神庙推动的空间甬道(如黄色线条所示)，开始使人感到它作为支配因素的影响。新的议事厅及其半圆形的台阶式座位，建筑在山腰内，在老议事厅后面，圆柱体的圆形神庙(Tholos)推动垂直方向的影响，并平衡着水平方向的空间甬道。宙斯柱廊在山脚下摆开一条长长的水平基线，宽阔的一段台阶为这座神庙提供了一个优美的视觉基础。当广场有活动时，这些台阶就作为观众的座位。图中圆圈表示戏剧演出时乐队的位置，直到在卫城斜坡上建造起剧场之前，演出一直在那里举行。

由于Panathenaic Way具有指向性，限定广场空间的第一座主要建筑物南部柱廊，必须建造在它现在所处的位置，面向人流前进的路线，并有力地加强沿着这条线运动的人们的感受。这似乎是很自然的。

广场空间边缘的界限依然保持不规则形，但是，现时已清晰地建立起来的设计结构的影响继续起着作用。

希腊化时期

这张平面图中的广场是处在它发展的完全成熟阶段。老议事厅现在已由metroon所代替，后者提供了一组长长的水平柱廊基线，补充向北的早期宙斯柱廊。在赫菲斯托斯神庙前面的地段，由于阿波罗(Apollo)新神庙而显得拥挤，但是从它伸出的空间甬道依然受到尊重(如第69页模型所示)。

南部柱廊已经根据一个不同的角度而重建，并且已经增加新的中间柱廊，因而广场的空间组织得更好。阿塔流斯(Attalos)柱廊跨过Panathenaic Way，建造得与之垂直，并限定了广场东侧的空间。这两座建筑为雅典城市生活的心脏提供了一个强有力的建筑框架，并一同建立起横跨广场空间的视觉上的相互联系，如第72、73页图所示。通过设计中高光和长方形阴影的韵律，使空间充满气魄和质感。

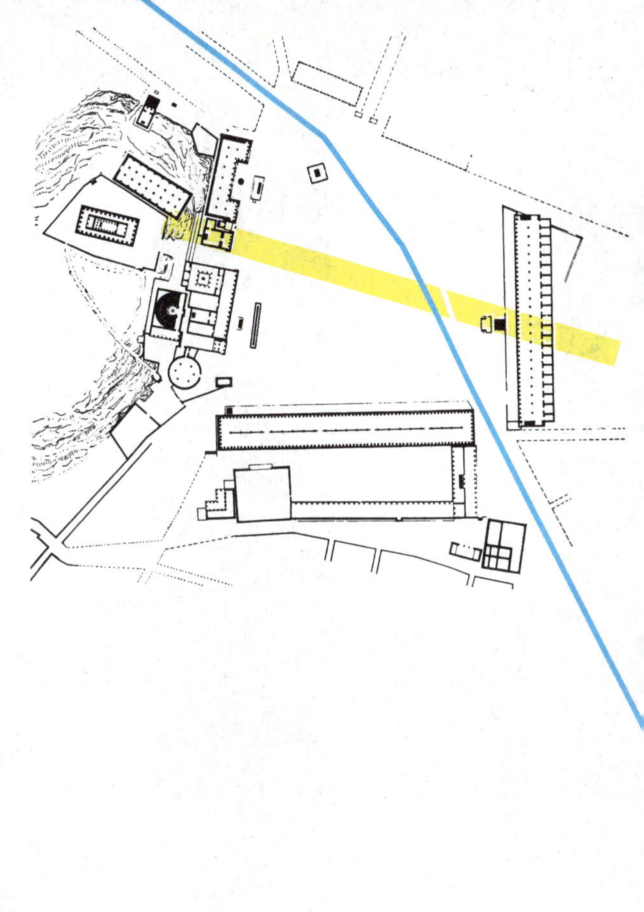

公元2世纪

在这里所表示的广场的空间，随不断增长着的城市生活施加的压力而作了修改。新的Ares神庙穿插安排在广场空间中宙斯柱廊前；在平面中还增加了无数的喷泉和雕像，早期那种匀称而开阔、空间有条不紊的素质一去不复返，留下的只是一片混乱。

即将到来的建筑上的灾难性征兆，是音乐厅那巨大的、笨重的结构，这个音乐厅是一座可以容纳大量听众的室内会议厅。它那笨拙的体量使早期精细、敏感的建筑群失去了尺度感。音乐厅与赫菲斯托斯神庙之间的空间关系同样受到影响。后者作为一种设计的力的支配地位将日见减弱。

从这一时期以后，广场日渐衰败，直到它在公元267年毁于Heruli人。无论如何，广场的形式作为一个概念是如此有力、如此清新，以致在广场创建2000年后的今天，一再激发人们去廓清它的空间，并在限定空间的结构中至少重建一幢，以使保留下来的古代建筑的设计力可以外伸，跨越历史的空间，从而找到呼应。

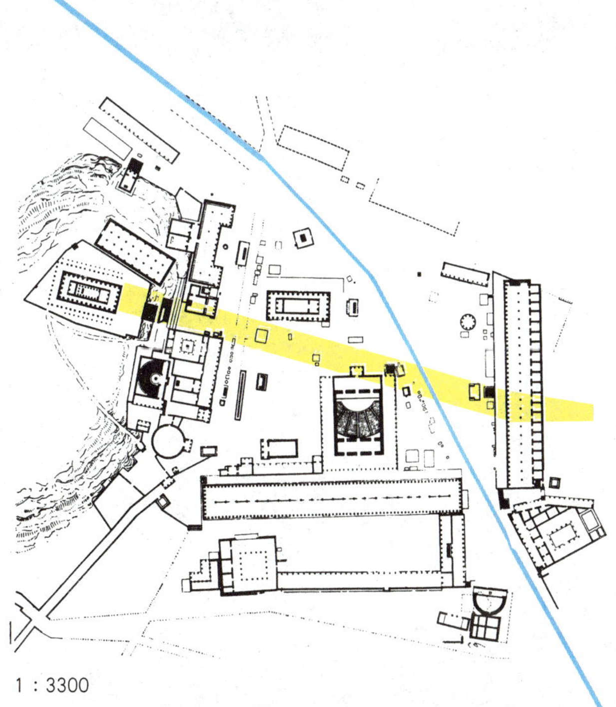

1：3300

建筑相互紧密联系

建筑实体向空间外伸、作用于在空间中往来流动的参与者的力，若不是和他们对建筑提出的特殊要求有关系，是不可能取得完全的效果的。这一点可以用这些摄于赫菲斯托斯神庙内的照片来说明，在画面上方，视线穿过广场，可以看到阿塔流斯柱廊。它是于公元140年，即在赫菲斯托斯神庙建成后300年作为雅典市民受保护的集会场所而建筑的。画面左侧一定距离外是Dipylon城门。Panathenaic的行进行列在赫菲斯托斯和阿塔流斯神庙之间通过广场，绕上卫城的山坡。帕提农神庙可以在画面右上方看到。这些照片

表明，经历很长时期按一定章法发展的建筑，如何与特殊的城市问题有着联系的。这就是建筑的相互紧密联系；建筑越过空间伸向另外一些建筑，每一座建筑都是牢固地根生于它所定位的空间中，并建立起相互联系和内在的张拉力。前景的韵律在背景中得到了再现；卫城神庙与广场有顶柱廊一样包含着同类型的韵律格局。

这些有助于启迪我们当前面临着的问题：温文的建筑却缺少必要的相互作用的因素。每座建筑作为它自身存在的发展，常试图建立新的风格模式，倾向于摒弃而不是引起与其他建筑的相互呼应。更坏的还在于那些根本毫无特性的建筑开发，那些既不伸向空间又不将空间引入建筑内部的玻璃幕墙建筑，以及那些枯燥无味、激发不出愿望也引不起反响的建筑。

现在我们所需要的设计上的新政策，并不是一项依靠风格模仿的政策，而是一项融合前面展示的各项素质的政策。如果我们要跨越城市空间运动，建立一种建筑间的张拉力，把在快速道路上快速运动的要求与沿着 Panathenaic Way 运动创造一种和谐的要求相比较，我们应当如何更加审慎才是啊！

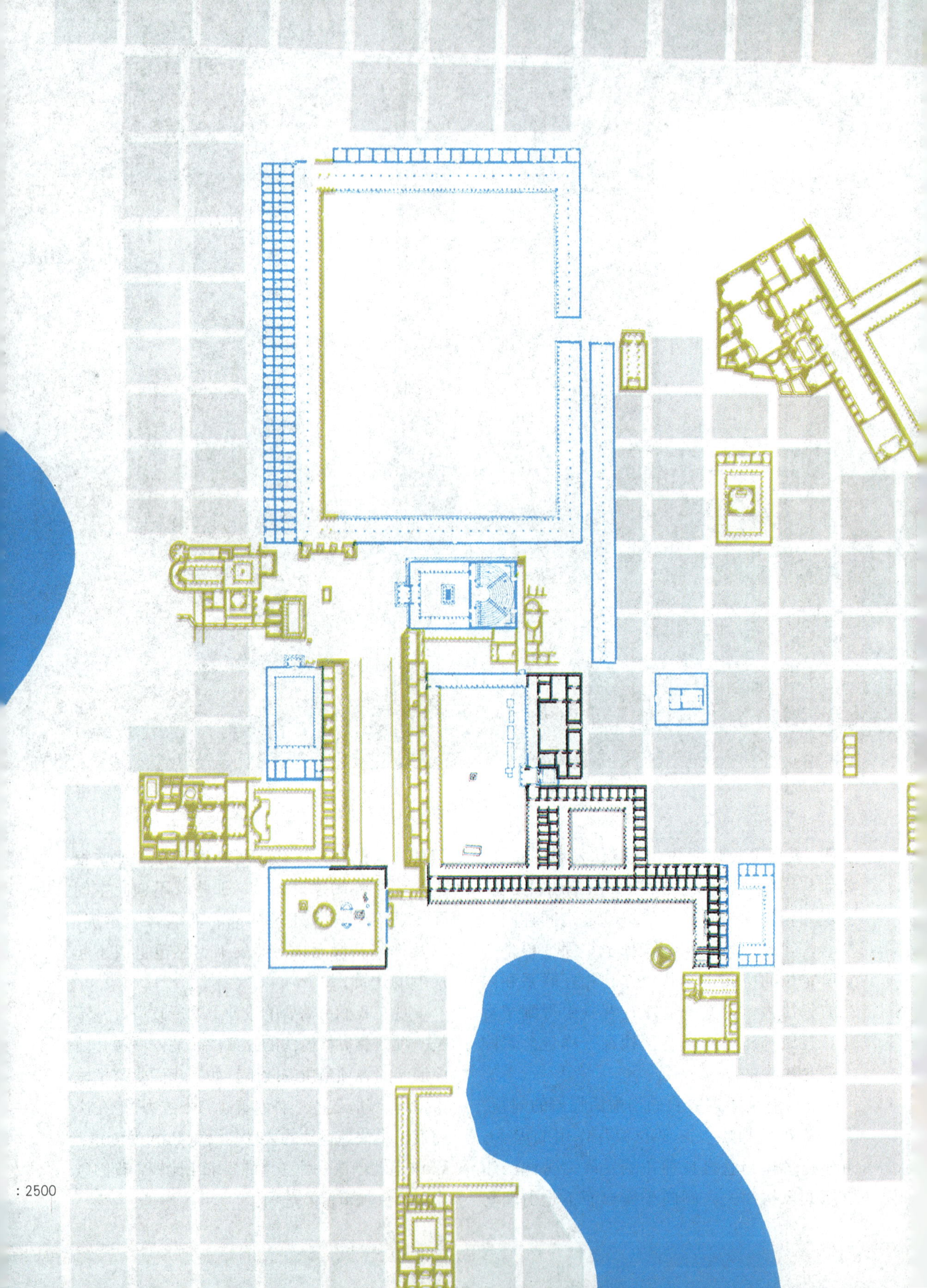
: 2500

米利都城的发展

米利都城(Miletus)，受伟大的希腊城市规划大师希波丹姆斯(Hippodamus)的影响，是历来所作的最杰出的城市规划之一。它表明如何可能发展依照严格方格路网规划，而又具有巨大动力学素质的城市形式。组成城市居住区规划的矩形街道多次重复的模式形成了一种韵律，它是城市各公共部分包括神庙，体育馆，以及向内面向广场、向外朝向港口柱廊的构图基础。而且，在这个韵律之内有可能按3种截然不同的设计方法在3个相隔很远的时期内进行构图：在第74页图中，公元前4世纪末希腊人的作品用黑色表示；Hellenis人于公元前2世纪中叶的改建用蓝色表示；罗马人于公元2世纪开始的作品用黄色表示(北端朝下)。

右图宾夕法尼亚大学学生所作的3个模型表示米利都城的中心区，上图为希腊时期，中图为希腊化时期，下图为罗马时期。

各时期哲理的差别通过建筑体量和旷地的不同形式得到引人注目的表达。希腊建筑包含人的使用空间、连结广场与港口岸线之间自由流动的空间、为建立柱与柱间组成的韵律所需要的最低数量的结构，但并不封闭或限定空间。希腊化时期的建筑，较之希腊时期更广泛，重点是使建筑对称地排列，使市政旷地带有更为正规的性质、建筑体形突出于空间之中，限定而不封闭空间，成角的形体指向不同方向，建立起动力的相互作用。罗马时期，所有的伸出部分都被合并到柱廊中，并将庭院完全地包围了起来。空间划分为单独的单位，每个单位都是矩形，这反映罗马时期将生活划分为不同的宗教仪式的哲学思想，每个单位都有其特殊的空间和建筑表达方式。公元5世纪的建设全部溯源于希腊城市规划大师希波丹姆斯的有韵律的方形街坊的基本设计。

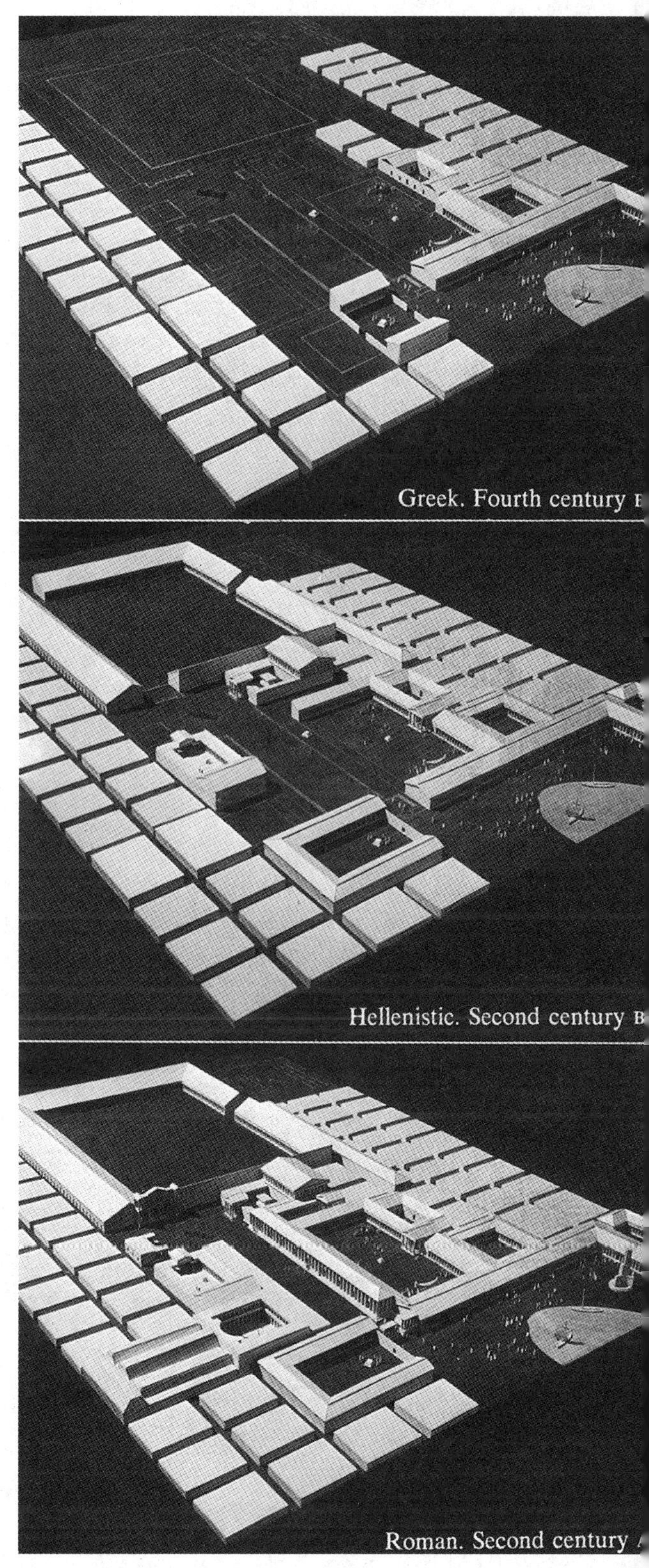

Greek. Fourth century

Hellenistic. Second century

Roman. Second century

得洛斯城

得洛斯城，希腊人在爱琴海得洛斯岛上修建的城市，由大量彼此之间及与自然地形之间以一种特别自由而有序的方式组成的有内在法式的形态。这些内在联系激动人心之处，大多不能以二维地图表达出来，必须进行实地感受。

城市中心被希腊城市广场(Agora)和神庙紧紧夹住并通向海湾，其空间是内向而独立完善的。一条成角度的、从城市中心引出的街道向上通至山边剧场，并连接地区的不同部分。街道继续通向系列台地和神庙，俯瞰城市广场，体型的严谨使人联想到城中心的设计，在最高山丘的顶部以一座神殿作为绝顶高潮。

规整而自由布置的几何形的运动场和体育用地，在得洛斯岛另一侧以最小的努力建立起人为的法式，并为感受自然空间的整体性提供了一个优势点。

得洛斯城规划与哈德良(Hadrian)别墅规划(如第90～91页所示)以及路易十五时期巴黎地区规划(如第 194～195 页所示)有着共同之处，但在得洛斯城长方形部分与向不同方向线型挺伸之间的联系中，不依靠哈德良别墅那样的弧形实体，也不依靠巴黎那样的直接视觉联系，而是通过思索的眼光，各个不同部分完全被连绵的乡域断开了。

所有的建筑形态，均基于简单的几何造型。这里既不试图以人为形态模仿自然，也不试图模糊人为与自然之间的界限。然而这里对布置一项要素联系到处于自然背景环境中的其他要素有着极度敏感性。正是通过这座城市表现得如此明晰，希腊人取得了人与自然之间的和谐。

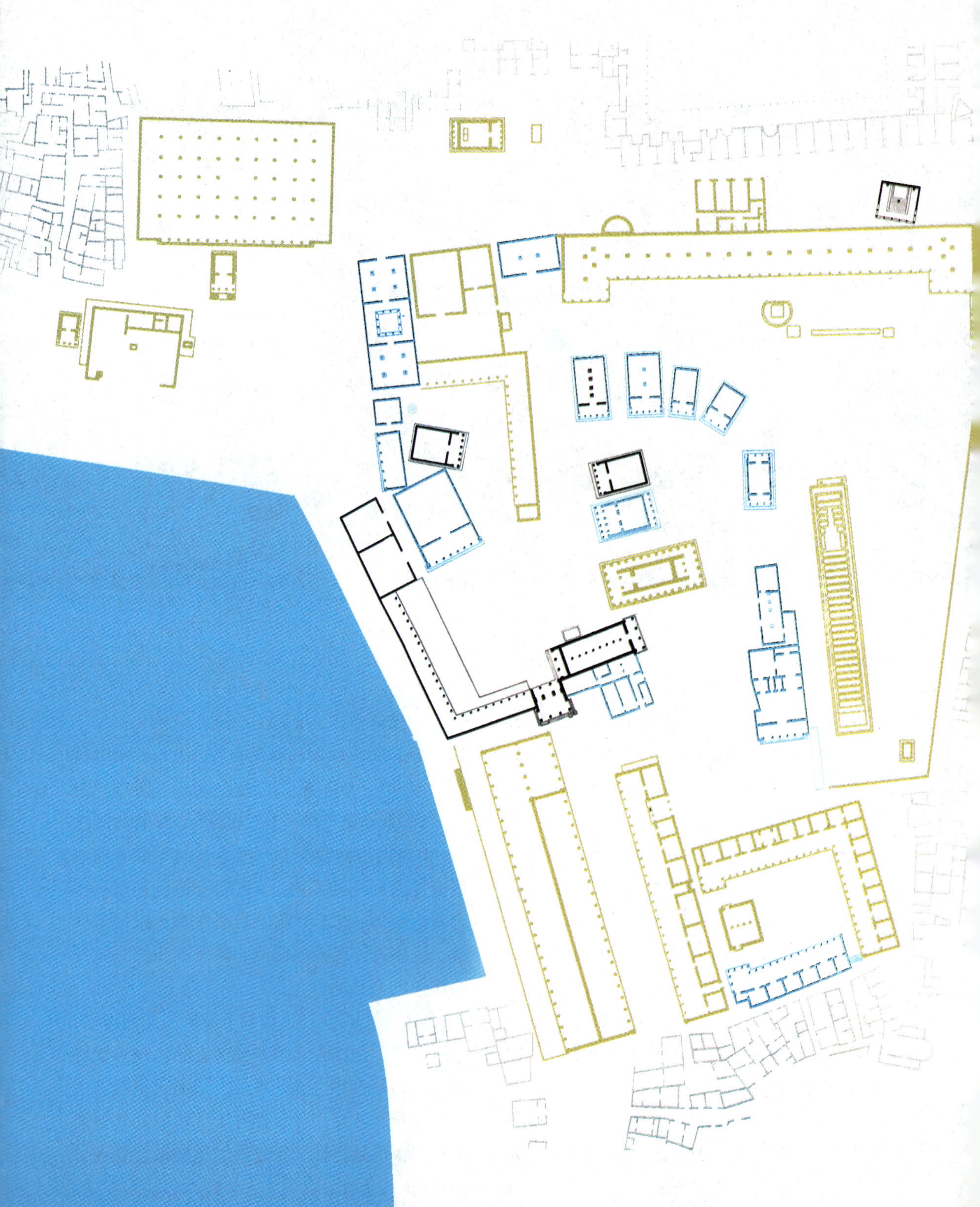

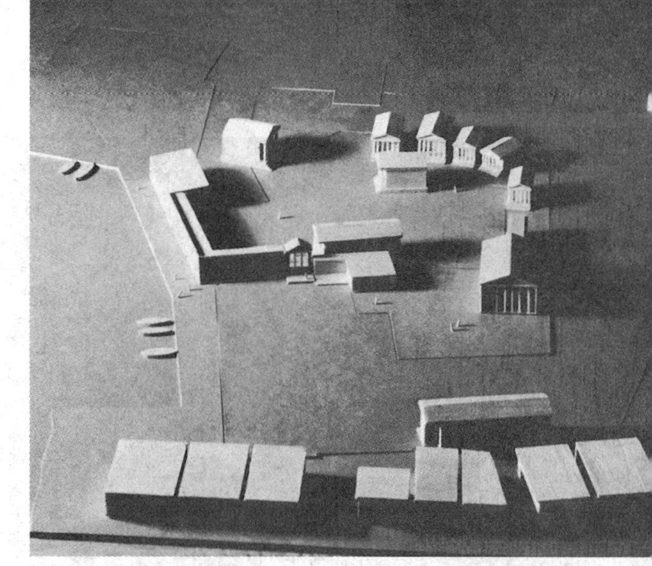

得洛斯城市中心，如上页总平面和本页成长模型所示，表明了形态的演变。黑色表示公元前6世纪希腊的建设，蓝色表示公元前417～314的建设，黄色表示所有后来的建设。这个总平面表明城市对人口增长压力方面的应对。这里我们看到了一种能够随成长增量而扩展的设计方法。在这个过程中，还会以不断增长的尺度重新取向、重新整合。L型建筑的形态彼此成角度的关系所产生的富有动感的剩余空间，已经为城市中心提供了非同凡响的丰富性。在这个方案下，古神庙被保护下来并保持了它的特性，尽管新的形态已经包围了它。扩展的规划不乏果断与宽容，然而传统的亲和感却坚持了下来。

沿着海湾的两幢建筑巧妙地成角布置，是人为法式的强有力的说明，对向山坡挺进的城市形态具有推动作用。离开沿港湾开阔宽敞的铺砌地，经过有控制的建筑限定的系列空间，就到达城市广场的入口。这个规划历经岁月，以适应城市结构扩展的尺度要求，而图顶部尺度巨大的意大利的城市广场，作为达到高潮的空间，依然舒适地坐落于较早时期作品的一旁。

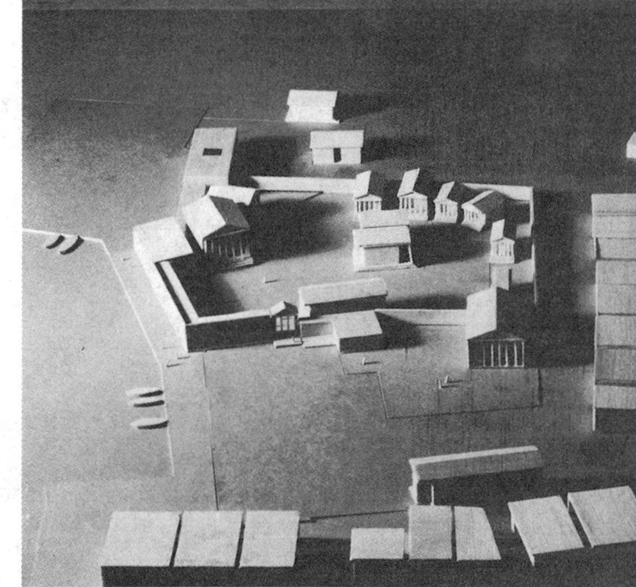

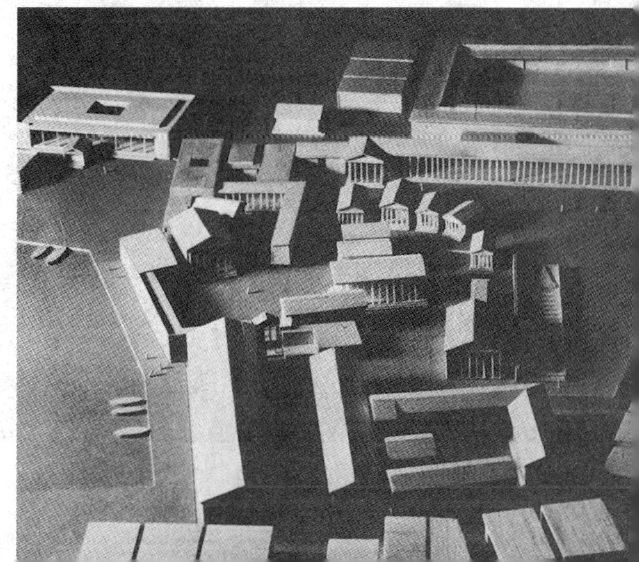

宾夕法尼亚大学学生所作的模型

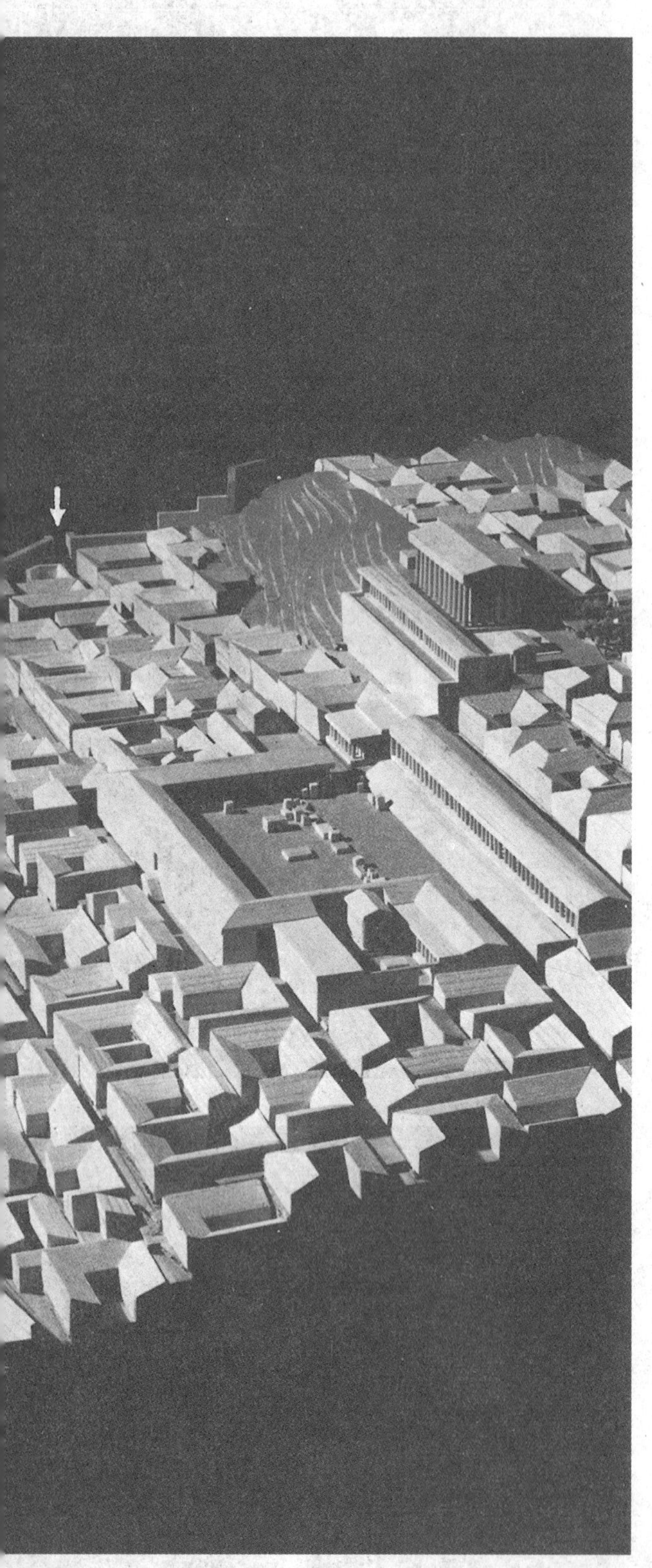

一个设计师设计的城市
——普里安尼(Priene)城

在古希腊，当一个社会决定它的社会、政治秩序不是建立在某一个人或某个小集团暴政统治下的，而是建立在古希腊民主制度的基础上时，社会的成员就要被迫去考虑是否具备足够有力的领导在人性自由的制度下去发展秩序这一问题。

这些篇幅中所表示的是希腊殖民者在小亚细亚开发的两个截然对比的城镇。正是在希腊殖民城市中，古希腊民主概念得到最纯粹的表达。普里安尼城或许代表着迄今所能找到的单一的设计概念支配整个城市的最佳范例，中央运动系统——主要街道，从城市的西门逐步引上斜坡(如图中白色箭头所示)，到坡度急变处连通广场，一个沿路的、平整开阔的、经过整理并呈几何形的被限定的空间。市场的活动受到雅典娜神庙的支配，这座神庙坐落在广场西北的显要位置上。北部柱廊与市场毗邻，有着49根统一的柱子、极长的平台和台阶，为耸立在城市上方蔚为奇观的峭壁，提供了坚实的基础。

神庙本身与运动系统相通，它平行于主要街道，但比它高些，贴近剧场通道。这两个不同高度平面的系统由石级连通，作为一条小路的一部分垂直于中心主干道而伸展开去。

普里安尼城最值得注意的事，是建筑和规划的整体和谐，它全面体现于城市总体造型和建筑的枝微末节的细部处理。当一个人坐在大会堂石座上时，就可以感知每块石砌块的形状、位置与整个城市设计之间一种强有力的、直接的关联。

多个设计师参与设计的城市
——卡米鲁斯城

罗得(Rhodes)河上的卡米鲁斯(Camiros)城，是与普里安尼城形成强烈对比、在建筑上几乎同样美丽的城市，纯矩形和清晰的几何形的法式，为矩形的成角的复杂的相互关系所代替。在这里，单一的发展概念被许多年的建筑的逐渐积累所替代——由于这些年限太长了，超乎任何个人的直接控制。

城市用地是碗状形态，坐落在山上，俯视着大海。城址底部一块宽阔的空地原来是作为广场和祭祀圣地的，神庙和公共建筑都建在那里，采取具有突出、退入和互相联结的正交格局。遗留下来的城墙和大石级，可引导到主要街道的较低部分，它与广场呈斜角的位置，创造了连续变化的系列关系。街道变换方向通向山上，每每形成新的广场景观。

公元前2世纪，卡米鲁斯的居民在山顶上增建了一座长柱列拱廊，它建造在为整个城市供水的蓄水池的上方，这一新的因素吸引人们向上走，直至最后出现戏剧性的高潮。除了在山顶上建造着大量经过规划的建筑之外，柱廊提供了一个可以俯视城市和大海的场所。在柱廊的每一个尽端引向一个纵深山谷的宏伟的景观，这就从视觉上把城市和支撑它的乡村联系了起来。

当有着一个统一的设计概念去综合许多建筑时，就像普里安尼城一样取得成功。如果一开始就没有单一的主导思想，城市的形式会受单个设计者创作积累效果的影响而决定，像在卡米鲁斯那样：只要每个设计者个人对这种方法的特殊章法都是敏感的，那么，一项伟大的作品仍然可以产生。

照片由希腊皇家空军拍摄并提供

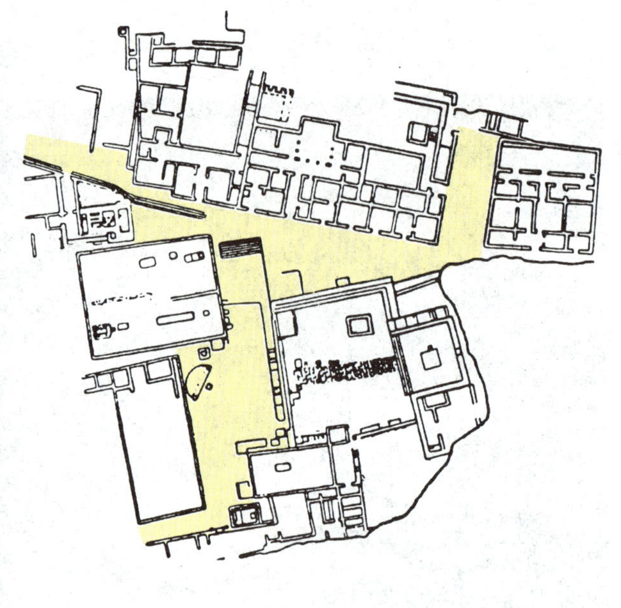

设计发展的方法

用增建的方法发展——以空间联结

这是希腊设计者得心应手的一种方法。每一幢在内部环绕一条轴线安排的新建筑，在布置上与现有建筑的关系是建立一个成角的空间，由此将两者联系起来。通过成角空间两边建筑之间的张拉，保持建筑群的内聚力。空间的高雅和美感建立起来了，如这里所举卡米鲁斯城的例子，广场建筑经过规划处理，相互关系变化无穷，提供了一个可以应用于现代城市设计的原则。

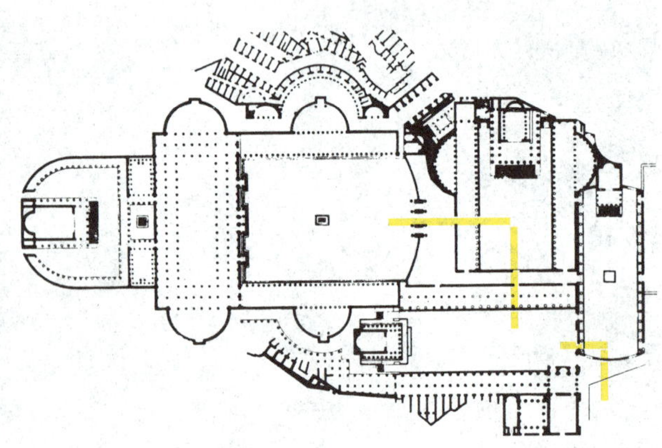

以轴线联结

当希腊人的“敏感”为罗马人对法式和逻辑的“崇尚”让路时，一个新的因素被引入大规模的设计中，这就是相互联结的轴线。这里5个“新的”罗马广场，由皇帝们一个个相继建成，一个紧挨一个，相互之间很少甚至没有空间。每座建筑的中轴线恰恰安排得与上一座建筑垂直，形成一个统一全局的交叉轴线的体系。由于具有相互联系，建筑群的设计，即使本身是规规矩矩甚至是单调乏味的，却也创造出一种总体的动态效果。

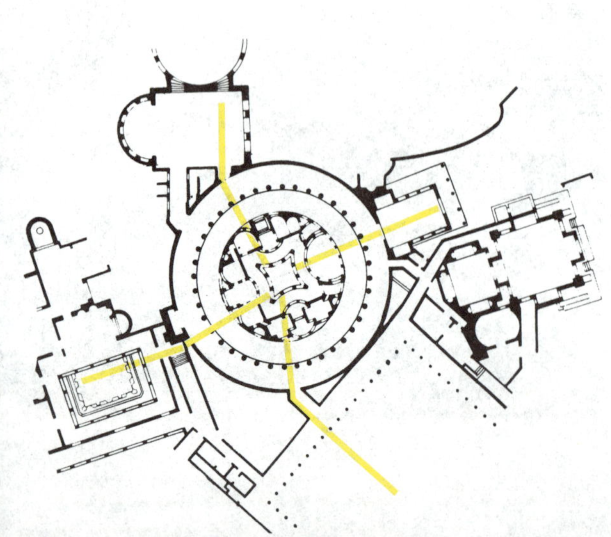

以建筑实体联结

在罗马帝国后期，主要是哈德良(Hadrian)时期，设计上一种新的自由风格渐渐地形成，这就是回复到基于多种多样的成角关系的大规模基地规划设计。罗马人比希腊人发展了远为丰富多变的建筑形式，呈曲线形的结构如半圆厅、圆形大厅及圆柱形柱廊，提供了范围广阔的成角的次轴，它们能将构图的各部分紧密联结起来。这样，在罗马人的建筑中，如左边的哈德良别墅，正是用曲线形建筑实体将一个多向成角构图的不同的部分联结在一起。

用增建的方法发展——以连锁空间联结

中世纪时期，甚至15世纪前，城市通常围绕方形空间而发展。由于单个建筑都建造在周边，才渐渐采取这样的形式。在意大利的托迪(Todi)，通过两个连锁的棱状体型搭角布置，以创造一个强有力的空间的概念，取得了特殊的效果。通过建造两座高塔楼在联结处产生一个垂直的力，强化和突出了空间。在中世纪城市的许多造型中，可以看到这一原理。

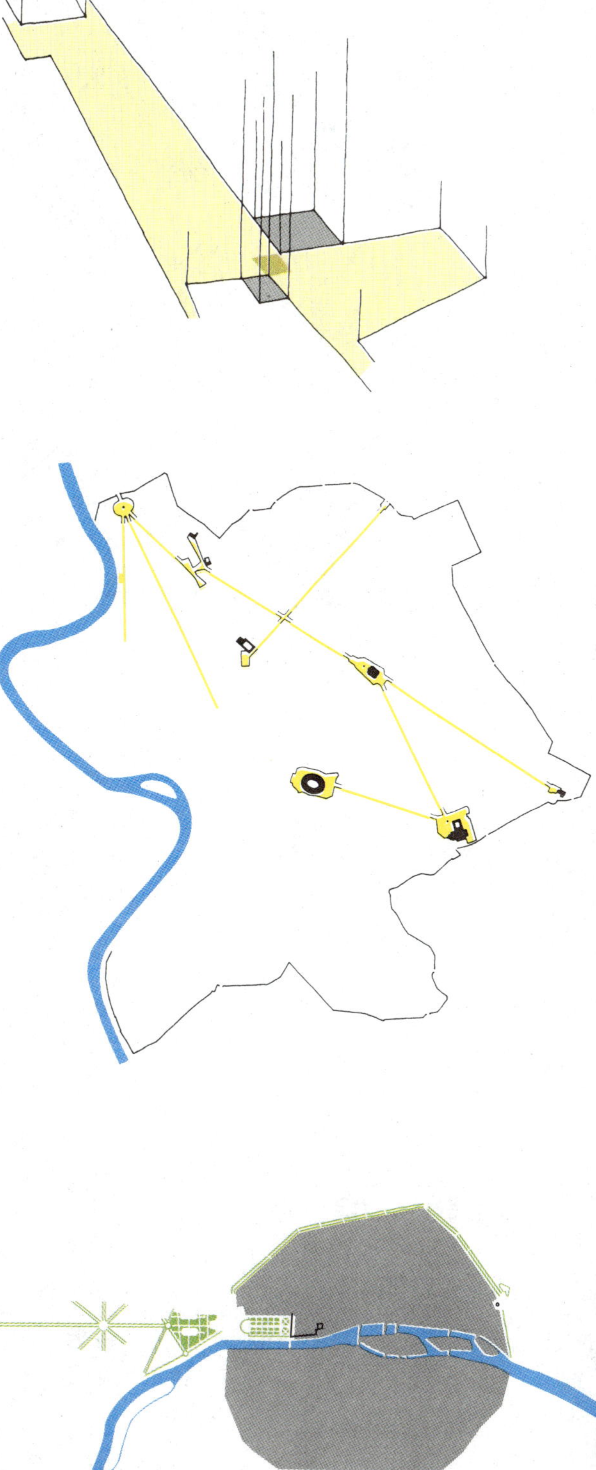

用建立张拉力的方法发展

在巴洛克时期初期，罗马城市发展的支配性原理是在古城不同的里程碑建筑之间建立张拉力线。这些力线的相互关系及其与古老建筑的相互作用确立和推动了一系列设计力，从而成为沿线建筑发展的支配要素。这里结合的因素与其说是空间形式，不如说是力线。

用延伸的方法发展

一个更不同的概念是一条力线从城市发源点延伸出去，建立起一个贯穿毗邻地段的支配原则。巴黎的Champs Elysées大街戏剧性地说明了这一点。那里，在中世纪构想的Tuileries宫花园的延伸中，人们可以追溯推力线的轨迹；它越延伸越远，直到进入巴黎周围乡村。这个为首的挺伸结合一系列类似的挺伸，形成一个设计系统网络并可以延伸至无穷无尽。

城市发展还有很多模式，上面讨论过的6个概念却是反复重现的主题。

古罗马的设计法式

鉴于古希腊产生了西方文明的生活主流(flow of life)作为整体有机统一性的最高表达，并相应地建造了他们的城市；古罗马人则取得并保持一种合理的秩序，这种秩序只有将许多功能分成独立的单位才能成立。希腊人的原则基于在周密权衡的平衡中张拉力的相互作用，是极不稳定的，也的确只持续了短短的几年。正如以历来众所周知的最稳固的政府为首的庞大的罗马帝国，是建立在分散的、独立的、各自为政的城市和省份的基础上，古典时期的罗马本身不是建立在一个整体的设计结构之上，而是建立在自给自足的建筑综合体的逐渐积累的基础上。其中每一座建筑都是为一个各自独立的功能而设计的，而每一座建筑又与其四邻建筑相互联系。整个设计通过单体建筑的纯体量而结合在一起，通过彼此之间由于城市不断发展所导致的压力而结合在一起。

比较雅典Panathenaic Way和罗马的凯旋游行路线或许最能洞察基本的区别。这里人们或许会意识到：运动系统不再需要贯穿一个城市，而是在专门为这种目的而设置的空间—— Circus Maximus之中绕成一个单一的、无所不包、自成一体的回路，见下面照片的左侧。事实上，按照古代的传统，围绕这个Circus许许多多圈后，凯旋行列到达卡皮托利诺(Capitoline)山，胜利者在那里，在Jupiter神庙中，放置他们的武器。然而，这在胜利游行中是次要的，而不是首要的表现。

通过积累体量大而自给自足的建筑单元，每个单元都紧挨着已建成的单元，每座建筑都因强有力的挤压而被牢固地定位，这种发展方法被证明对发展中的城市的规模改变是能够适应的。几何形体的纯粹性，如运用圆柱体、半圆柱体、半球和椭圆棱柱与矩形对比产生一些有伟大建筑激情的地段。这些形体由起统一作用的柱与楣组成的柱廊，以及尺度类似的一行行的拱的韵律而联系在一起。甚至运用高拱券的地方，尺度完全不同于老的加横梁的神庙，拱券内的空间为重重帷幕般的柱楣结构所穿插，从而使建筑尺度减小，与罗马其余建筑的韵律取得和谐。要是没有这种建筑表现上模式化的统一性，古罗马时期那些沉重的建筑体型将会相互排斥，最后一片混乱。

古典时期的罗马——凝聚

比较罗马城两个发展时期基本的设计方法是富有启发性的。古典时期的罗马的设计结构如上图所示，反映了公元3世纪的情况；规则几何造型的庞大的纪念碑式的建筑，一个挨着一个，相互之间由它们体量的纯粹的惯性联系着。形体发展得很庞大，尺度之大足以对整个地形的广度赋予质感和丰富感。但是，不存在与整个空间成比例的基本设计要素。早先的罗马城是聚集着和谐的因素，以其相似的主题而产生统一效果的范例。Via Sacra大道构成一个运动系统，由凯旋门加强并以一系列优美景观为特征，但这并不影响设计格局的基本形式。由弗拉米尼亚(Flaminian)门引出来的古代弗拉米尼亚(Via Flaminia)大道(现在为Via del Corso)，那一段也曾是罗马城一条重要的中心运动的路线，它有着一系列不同时期建造的拱门，但这丝毫不影响总的设计发展以其过大的体量而主宰城市的建筑体形，并影响着周围的大片地区。它们被定位得足够紧凑集中，以使秩序的韵律感能够穿越建筑之间混乱的空间而表现出来。

巴洛克时期的罗马——张拉

约1300年后的巴洛克时期的罗马，代表着一个背道而驰的极端。这里建筑本身比之古罗马的大浴池、运动场、马戏院和集会广场的尺度一般要小得多，但总的设计的影响是伟大的。我们可以看到一个全新的概念在发挥着作用，通过方尖碑的垂直体量的矗立，在空间中建立起点，并在这些点之间限定张拉的线。就像在古典时期罗马的Via Sacra和弗拉米尼亚中拱门的设置那样，运动线的联结并不是任意的，而是由古建筑、教堂、大门和公共广场位置引导出来的张拉力的交点而决定的。

当我们察看公元3世纪基本的设计概念，并将它们与1300年后西克斯图斯五世为罗马所作规划中表达的概念作一番比较，就会感到面临着挑战，并会去客观地考虑究竟什么是今天全城规模的基本设计概念。西克斯图斯五世时期及以后消逝的近400年的岁月中，展现了大城市发展的全然不同的规模，并具有更大的复杂性和更快的运动速度。尽管这个20世纪的概念将包括某些既是古典的，又是巴洛克的设计发展方法的要素，但是若要取得效果，还必须包含某些全新的成分。

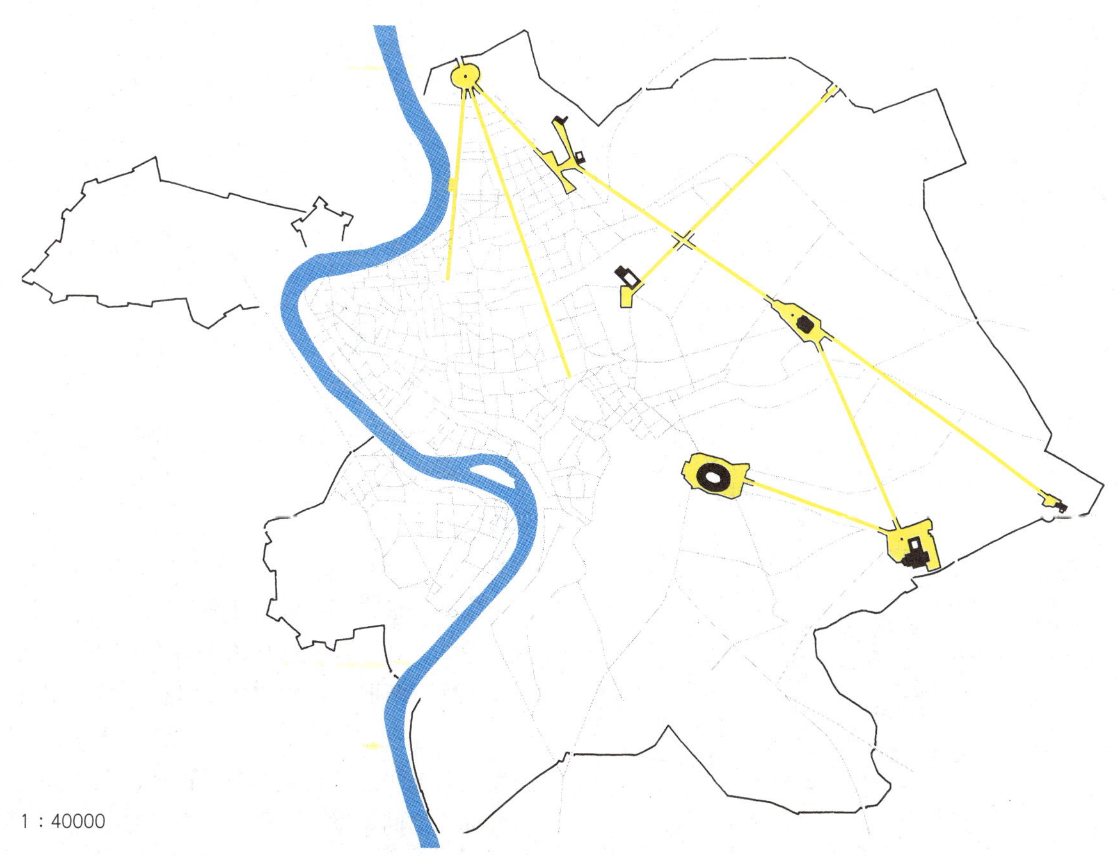

1：40000

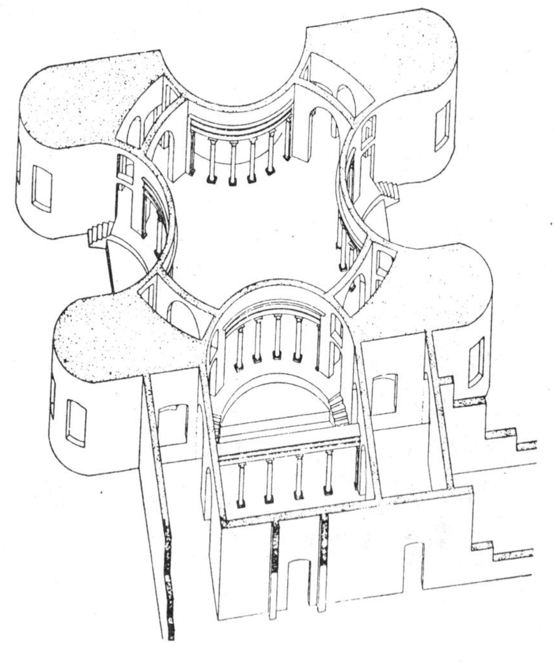

学院的亭子，如左上图所示，是选自Heinz Kähler关于哈德良别墅一书中的一幅插图，说明了适用于当代设计者的建筑表现范围的广阔性。建筑内部以四条轴线为对称轴，由空间中圆柱体型的正面和反面表现，巧妙地相互穿插组成。建筑外部，作为对比，表现三种全然不同的建筑影响。图的顶部(这里实际看不见)的立面，以凹形曲面处于平面之后，表现空间的被动的接纳。两个相邻的立面以其两个外推的曲面体量，表达体量的支配和建筑向它面临的空间外侵的运动。对汇聚于建筑的空间的组织方面，这座建筑能够而且确实在起一种综合的、外侵的和统一的作用。由于多种多样的建筑形式作为这种创造性的成果而发展起来，在更大的空间的组织方面，一系列可能性得以扩展和丰富，远远超乎以前存在的任何实例。

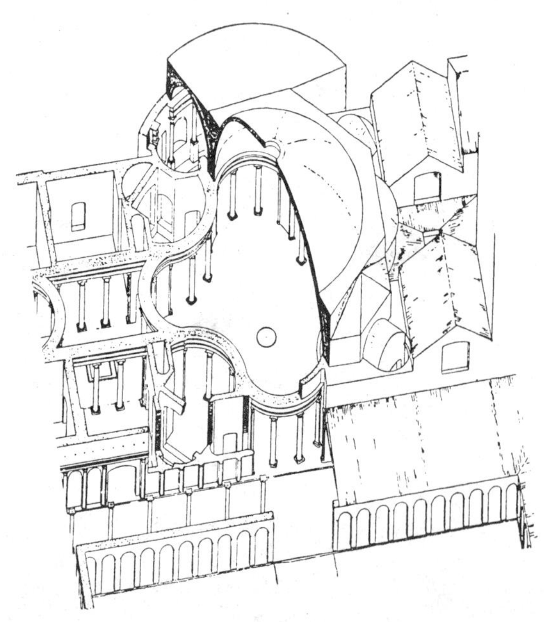

Piazzo d'Oro的亭子，如左下图所示，也选自Kähler的著作，说明当时在罗马精通空间的塑性设计已是事实。剖切在柱子高度的建筑平面，将出现一个联结矩形走廊和曲线型房间的错综复杂的体型。这将与剖切在柱头以上穹窿处的平面大不相同，后者主导的体型是一个完全的圆，遍及整个别墅的极其丰富的体型，与当代某些最富创造性的建筑体型是惊人地相似。例如，在曲线型的作为天穹收头的半圆龛与勒·柯布西耶在Ronchamp教堂中所采用的形式之间存在着引人注目的相似性。这座别墅的体型至今仍然为建筑本身的设计，也为建筑与外部的空间关系，提供了一个思想宝库。

哈德良别墅

哈德良罗马大帝在蒂沃利(Tivoli)的伟大的别墅设计,预示着独立的要素重新汇聚成一个较大的、全城规模的设计结构,如以下两页的平面图所示。这座别墅始建于公元117年,完成于公元138年,正值大罗马帝国末期。用化整体为一个个单元的方法区别对待每个单元,通过这种办法去解决一个不断膨胀的问题只能解决到一定程度,超过这一限度,就要求在规模上重新聚集,这正是在哈德良别墅所发生过的事。这座别墅的最初的部分由比较小的、合理的、内视的几何形的体型组成,而地形也能够轻易地加以改变以适应它们(如上面的照片所示)。随着这些要素的规模在起伏的地面上扩展,倘若要达到某种程度上的统一,就得构想某些支配性原理。

随着罗马帝国的发展,生搬硬套简单几何体型的做法为建筑造型上日新月异的创造性和巧妙构思所代替。在哈德良罗马大帝的治理下,这种建筑形式上增添的华彩开出了丰盛的创造之花。第88页图中选自哈德良别墅众多实例中的两个作品,表明设计者运用新形式的自信,通过熟练运用曲线体型而能达到的建筑创作上的自由,提供了在哈德良别墅所建立的模式的基本要素。

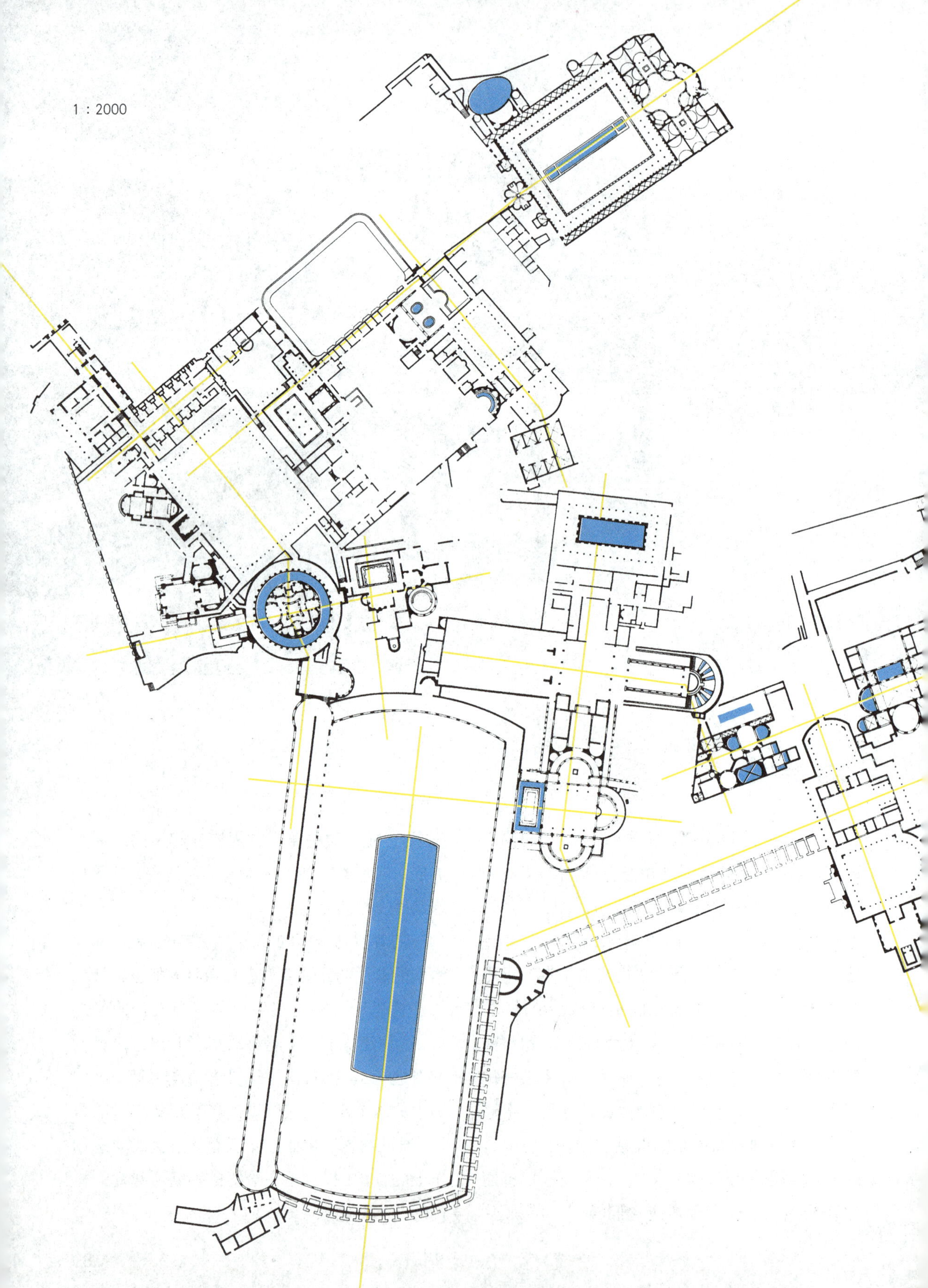
1 : 2000

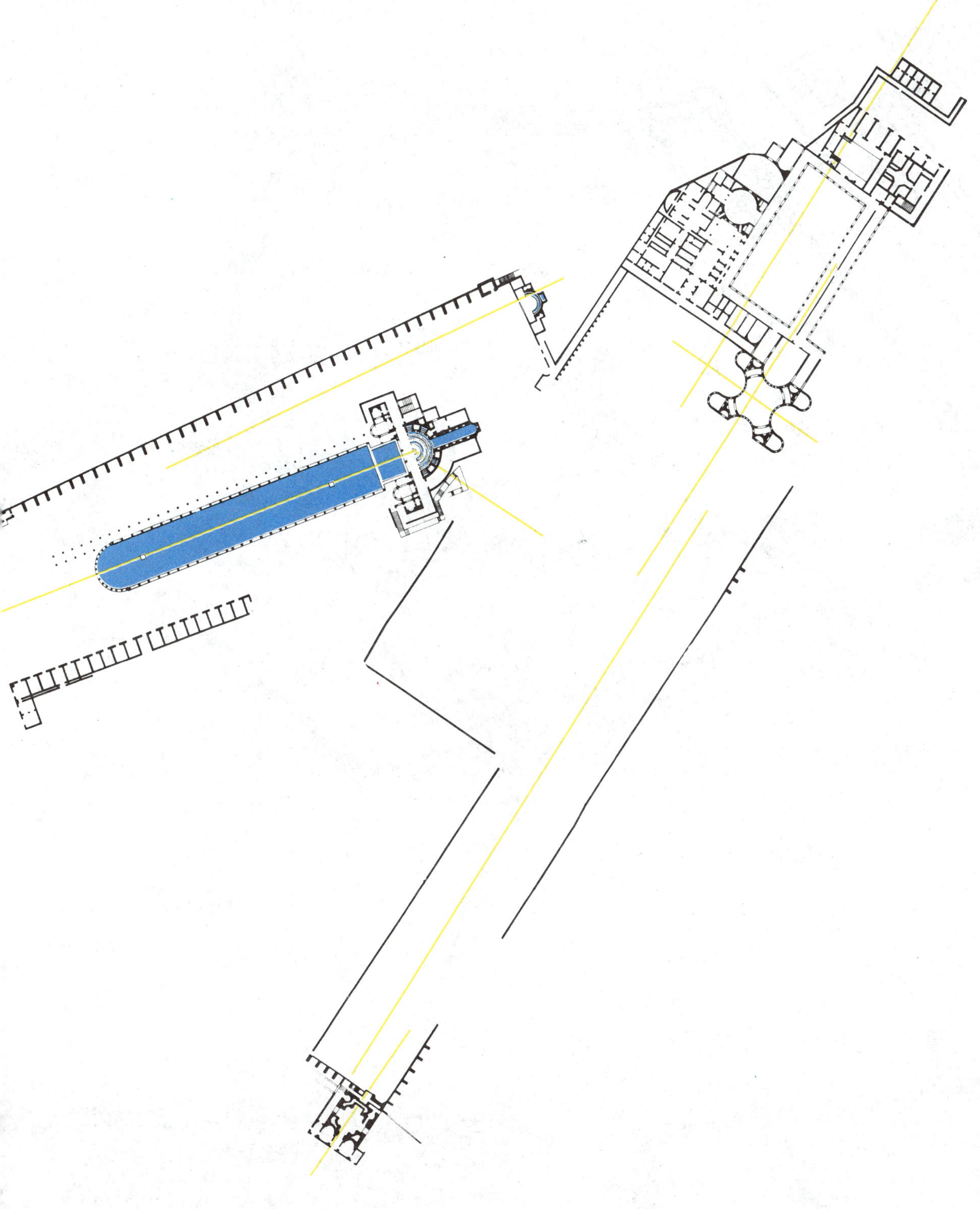

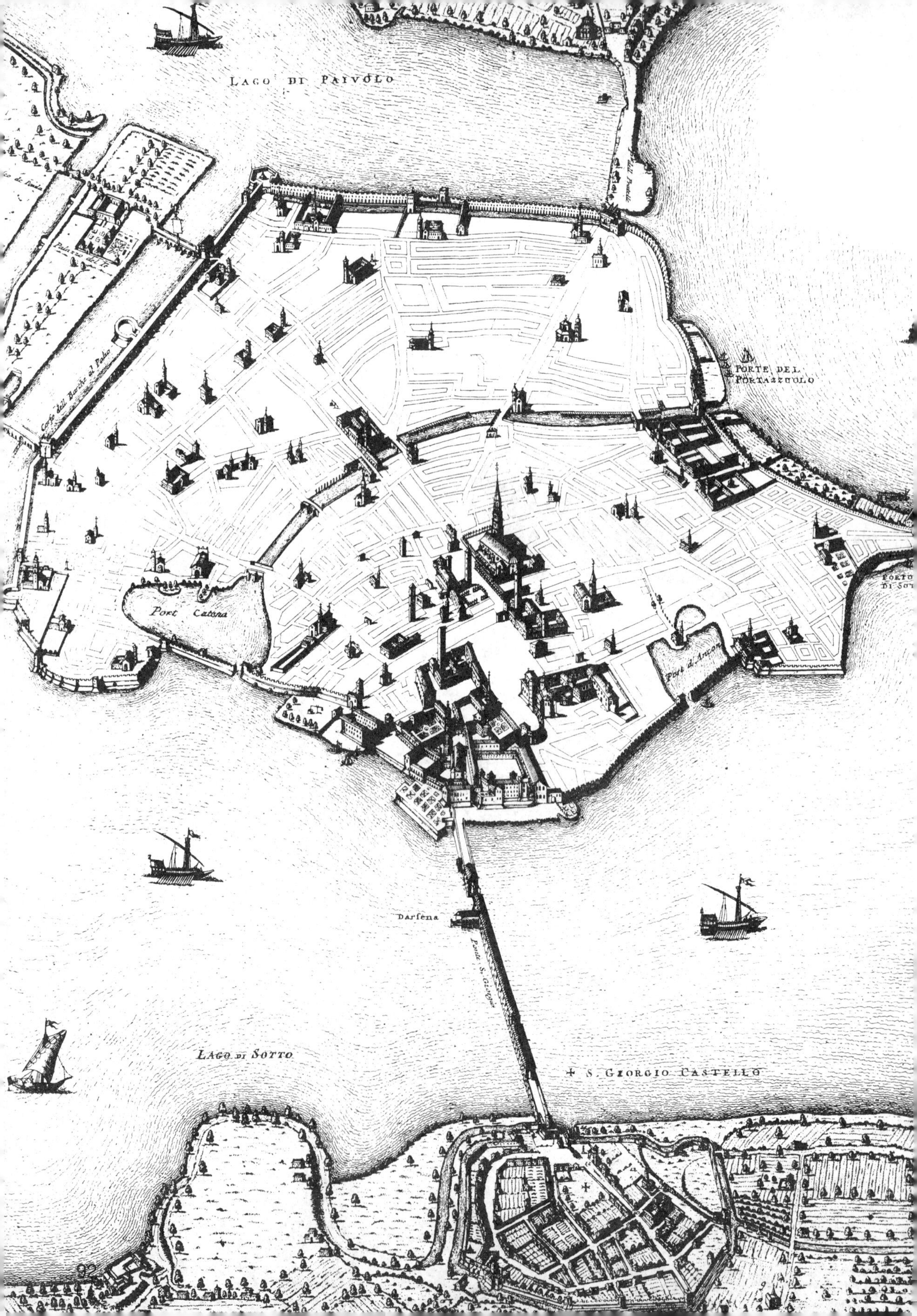
LAGO DI PAIVOLO
PORTE DEL PORTAZZUOLO
Port Catena
Darsena
Ponte S. Giorgio
LAGO DI SOTTO
S. GIORGIO CASTELLO

中世纪的城市设计

随着罗马帝国的陷落，古典主义时期的罗马在哈德良别墅所用尺度的建筑从西欧视野中消失了。一种新的设计理解逐渐出现。它在中世纪小城市中历经数百年而达到高峰，产生了基于理性原则的城市设计。

上面这幅安布罗焦·洛伦泽蒂(Ambrogio Lorenzetti)作于1340年前后的托斯坎尼(Tuscany)小山镇的作品，表明艺术家认识到应该把城市作为一个有机的统一体。这幅绘画的技巧表明了视觉表现的一大进步，因为艺术家已具有将整个城市的形象从鸟瞰的视点投放在一张画面上的能力。通过早于科学透视法许多年的轴测投影法的表现，我们可以看见城市空间和体量彼此相互关联。最重要的是这座城市看来是一个统一体，就像当时这类城市为它们的市民包括为曾改造、扩充它的建造者们所看见的一样。这种整体的形象正是中世纪城市设计最重要的贡献之一。

第92页曼图亚(Mantua)的版画，表明当城市向外扩充时这个形象如何得以整体保持。这里，城市作为一个整体由教堂尖塔表达的象征性形象，得到遍布全城的教区小教堂和市政建筑的尖塔的呼应。按照这种分散设计的方法，取得了邻里的尺度与城市的尺度之间的统一，建立起了一种设计上的呼应，它给城市带来了极大的丰富性。威尼斯就是这样一个光辉的典范。

1 : 1000

广场的结构

在中世纪建筑作品中，引人注目的是托迪城两个相互连锁的广场的设计。其中较小的一个广场中央，有着一座Garibaldi塑像在俯视着起伏的翁布里亚(Umbrian)平原，并把乡村的精神融入到城市中来。曾经把它设想作为一个空间，一角与中央广场德尔·波波洛广场的主体搭接，从而建立起两个广场之间的一个公共的特别强烈而有影响力的小容量的空间。上图最右侧所示德尔·波波洛广场塔楼和Palazzo dei Priori塔楼位于这个抽象限定的空间两侧，并提供在设计的最强烈位置两角的垂直的力。

代表公共生活中两项主要职能的建筑的位置(黄色表示市长，蓝色表示主教)在平面设计中和在竖向关系方面，都是精确地加以确定的。德尔·波波洛广场和教堂的入口平面都被抬高到公共广场以上它们各自的层面，经由一大段台阶而出入。总体设计是如此简洁，以致身处其中的市民们从来不会失去城市设计的统一感，并感到他们正在参予行使自己作为教会或政治社会一员的职能。

米开朗琪罗主张凿去多余的大理石，把存在于他的构思中的塑像的本体释放出来，在某种程度上与米开朗琪罗的概念相反的是托迪城市民的集体构思。他们必曾想像到作为抽象的统一体的两个广场的空间容量，然后通过许多年间建造单体建筑，逐渐限定边界，形成广场。

前页J·H·阿伦森(J.H.Aronson)所作的引人注目的绘画，受到现代技术的影响，运用多灭点透视方法，试图以一种与洛伦泽蒂截然不同的方法来表现城市的整体画面。如果你把这幅作品缓缓旋转360°领略一番，必然会更加自得其乐。

通向广场

在托迪城就像在许多其他中世纪城市一样，设计的能量并不随中心广场的完成而终止，而是向外伸展到城市的界限，终止于城墙；或者相反，由城墙向内穿透，这样就把城市的心脏和周围的乡村联系起来。

在托迪城，就像在雅典一样，整个城市形式十分明晰，当一个人从城门来到广场，空间感受的渐进过程是一目了然的。当从东南方向进入时，渐次展开的景观和感受是特别神妙的。街道弯弯曲曲，一个人先看到一条狭狭的甬道空间，视线焦点集中在教堂中央一跨上(如左图所示)。视线移向中央跨右面一跨，当空间开阔时，视线(如下图所示)又移回。在进入较小的广场，见到越过田野的宏伟景观的一点，德尔·波波洛广场下方拱廊的空间开始起主导作用，并加强了上部塔楼体量向下挺伸的感觉。

到达广场

当一个人进入广场的时候(街景完全被封闭，因此在广场内举行的市民盛会，丝毫不会受到干扰)，沿着广场北侧的一大段台阶拾阶而上，通向教堂隐隐呈现的景象，成为构图中支配的因素。走上台阶向左看就能一览乡村景色。广场(外部空间)的感受由于教堂内部空间的感受而相得益彰，教堂后部巨大的半圆龛将设计的力转向折回广场内。

当一个人走出教堂时，广场全然是另一番景象。这里看到两座塔楼作为支配的因素而浮现，通向德尔·波波洛广场平面的大段台阶此时仅仅能让人感受到它的存在，而把人们的注意力引向中央广场，然后再向上折回。

这是一个历经岁月发展起来的、由退隐的面、透入纵深、着天、接地、升与降等诸多设计要素充分地相互作用的实例，这在前述瓜尔迪的绘画中已见一斑。

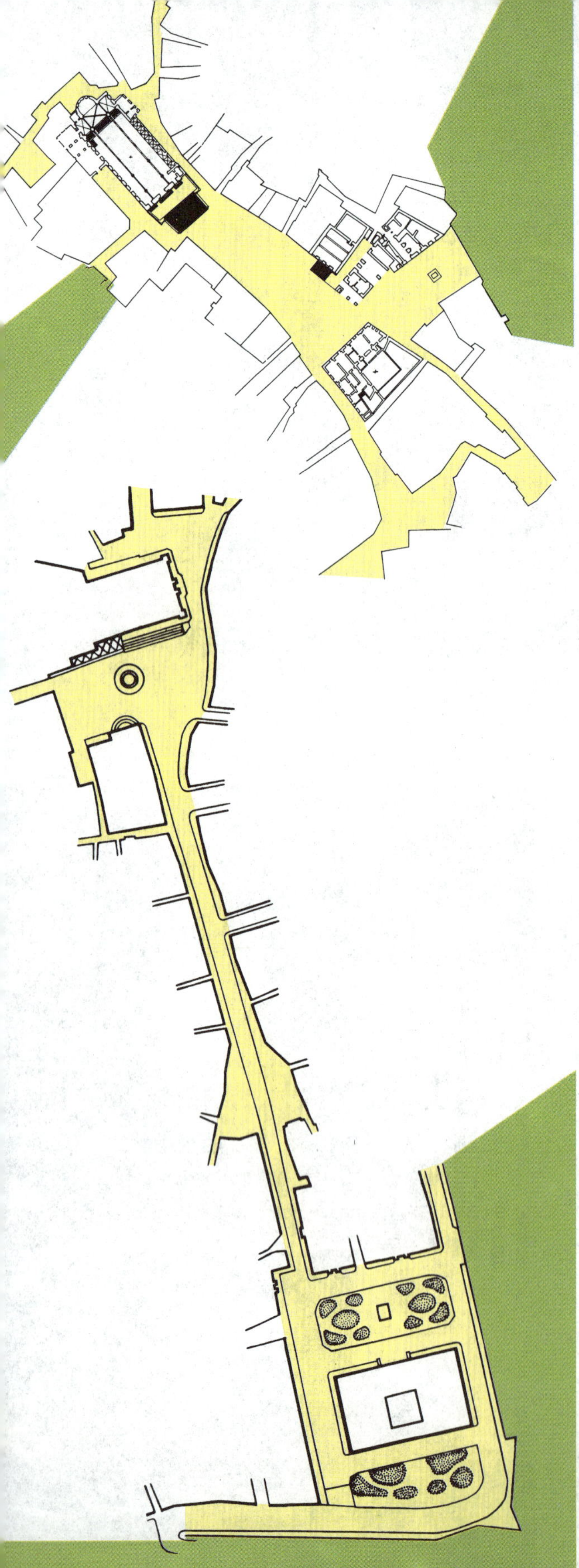

基本的设计结构

在意大利中世纪和文艺复兴时期的城市中，有一个反复重现的主题，其中总有一个直接的有目的的设计由中心广场延伸到外面某一点，牢固地固定于地区的力的一种表现上。这里所附的4个例子按统一的比例绘制，它们的基本概念是惊人地相似。

托迪城

左上图强调表明两个相互连锁的广场，它们明确地布置在两处观景豁口之间，可以从不同方向纵观翁布里亚山丘的景色。纵观建筑围合的中心广场，环顾之下，那里建筑立面层层叠叠，毫无疑义地形成了城市中心的特征；再从两端豁口处看乡村的绿化景色(如绿点所示)，狭窄的一端通向教堂前上层平台，宽的一端通向小广场开阔面，向广场内饶有趣味地展示景色。城是城，乡是乡，各自保持独立，并被鲜明地限定在构图的某个范围内。

佩鲁贾城

佩鲁贾(Perugia)城，另一个中世纪翁布里亚山区小城镇，体现出托迪城所表现的同样的设计原则。中心广场的古老而可爱的喷泉(如圆圈所示)，如此匠艺高超地与一侧教堂的设计和另一侧市政厅的设计相互联系在一起，并接受另一端从俯视乡村的广场引来、并由街道限定的空间的挺伸。教堂作转向布置，以宽的一面接受空间运动的影响，这对哥特式教堂是非同寻常的。

在连接中心广场的街道另一端，两个广场在同一座公共建筑的两侧开发，步行道沿外侧转角的城墙伸展，从而得以领略周围乡域的辽阔景观。

1：3000

佛罗伦萨

佛罗伦萨的中世纪广场Piazza della Signoria原本被设想为一个完全自给自足的城市中心，从来也没有想到过要在设计中包含支撑这座城市的区域力的表现。美狄奇乡间别墅娱乐场(Cosimo de' Medici)颇具匠心的行动之一，就是在一片杂乱的地区劈出一条通道通向阿尔诺(Arno)河，并委托Giorgio Vasari设计乌菲齐(Uffizi)宫，作为城镇中心与阿尔诺河之间实用的和建筑学上象征性的联系环节。宫殿置于拓宽街道的两侧，一直通向河边。Vasari以高超匠艺满足了他的业主的愿望。宫殿与古代的纪念建筑——Vecchio府邸、教堂的穹窿，以及Piazza della Signoria的雕塑在视觉上相互联系，并将由来自广场的垂直方向的运动与沿阿尔诺河流向的运动融合，从而使河流的存在戏剧化。

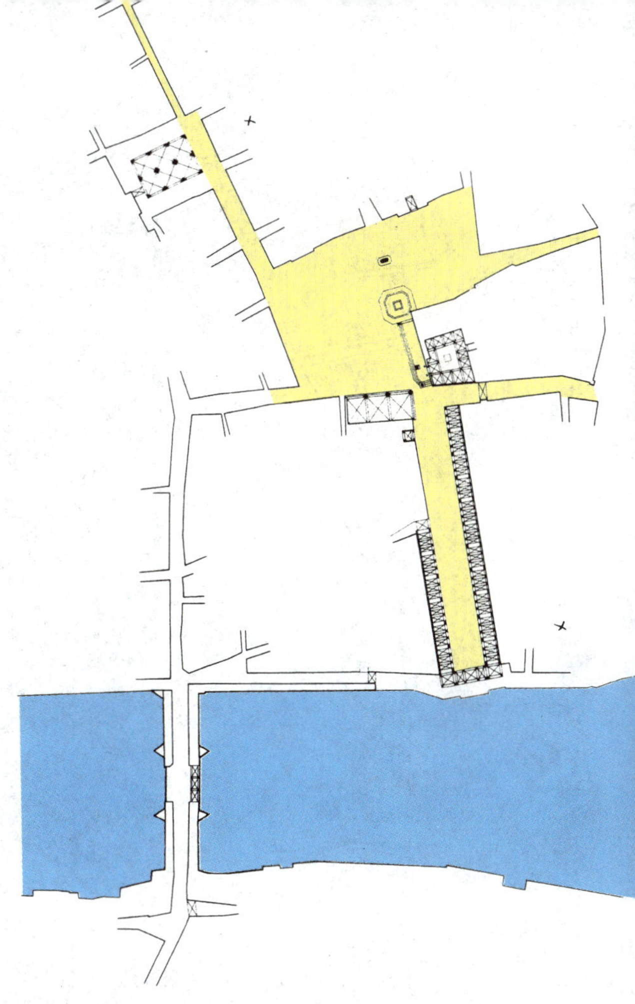

威尼斯

威尼斯圣马可广场的基本形式与佛罗伦萨的Piazza della Signoria是相似的，但发展的历史却不同。在面向港口的城市威尼斯，现时小广场的旷地是原设计的一部分，它引向圣马可教堂前稍大一点的空间。这里的旷地主要作为大运河岸边空间的展开部。今天众所周知的圣马可广场是中心旷地很多年以后的一个扩展，是城市统一体的正规化的表达。

在上述所有范例中，基本的设计主题是建立一个城市统一体的明快而有力的表现，并与表现地区自然力的某些特征结合在一起。

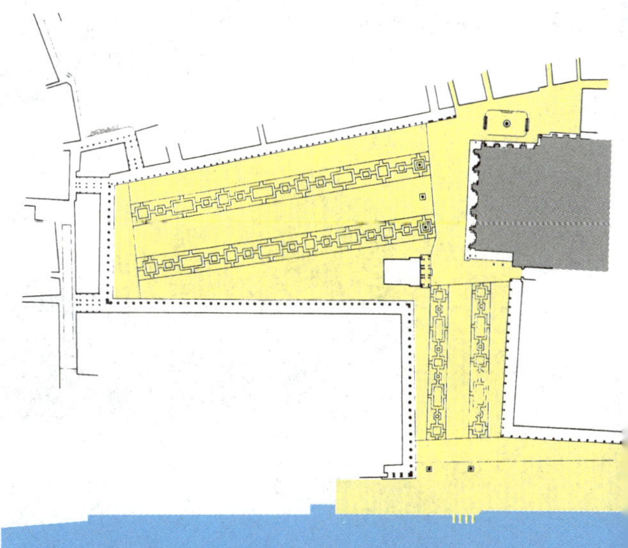

1：3000

Canaregio
Casino de Spiriti
Sacca della Misericordia
Le Fondamenta Nove
Riva di Biasio
Canal Grande
Sacca di S.ta Chiara
Isola di S.ta Chiara
Canal Grande
Piazz. di S. Marco
Il Broglio
Dogana da Mare
Riva delle Zattere
Canal della Giudeca
Redentore

威尼斯——主题的全局支配与局部支配

下图威尼斯的版画表示在城市中心的基本的设计运动。沿着大运河的商业流，同经过圣马可教堂和道奇(Doge)宫立面之间空间的挺伸交叉处，牢固地确定了城市中心在区域中的位置。

威尼斯是第92页曼图亚的版画所表达的原理最清晰的范例，这个原理就是建立一个主要的城市中心和与居全局支配地位的中心相呼应的次中心系统，市民为城市所有这一切而感到自豪。他对圣马可广场的认同，正是城市整个市民生活的一种表现。而通过聚集着教堂、咖啡馆、水源以及纪念建筑的地区广场周围的日常活动，他感到在他的邻里中反映出整个市政的宏伟。也可以反过来说，当他辨认社区中孩子游玩的亲切的广场时，他就有可能从自己个人的感受上升到与整个城市公共生活的感受认同；从概念上说，这是更为艰巨的一种认同。

支配性中心和分散的次中心的原理在第319页将从现代的角度加以讨论，在上页图中从城市的组织作了表达，在以下两页图中将表明建筑、广场和纪念碑的详细布置。下图版画中从三维建筑形式加以表达。为数众多的教堂楼尖塔与圣马可广场钟楼呼应而不会喧宾夺主。

圣马可广场的发展

第102和103页的插图意在表明广场的序列和圣马可广场作为关联的空间如何联结在一起，每一个空间只有与其他的空间关联才能被理解。这幅插图具体地展示了铺砌风格、台阶的设置、教堂丰富的立面、小桥、水源、纪念碑、旗杆，还有的确要包括在内的咖啡馆，放得恰到好处的餐桌和相应布置的盆栽，说明所有这一切都如何有助于感受的统一，而且通常

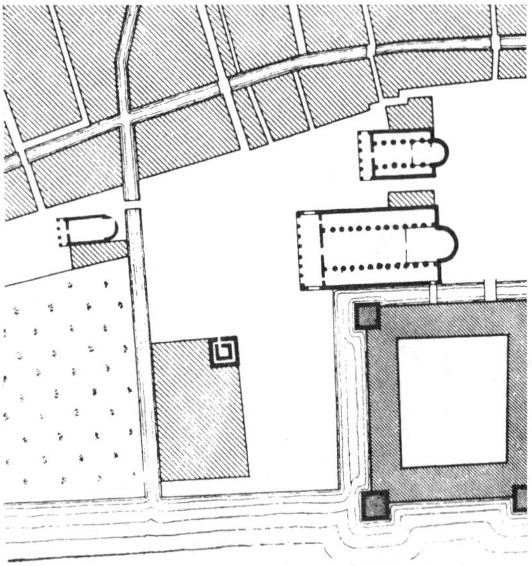

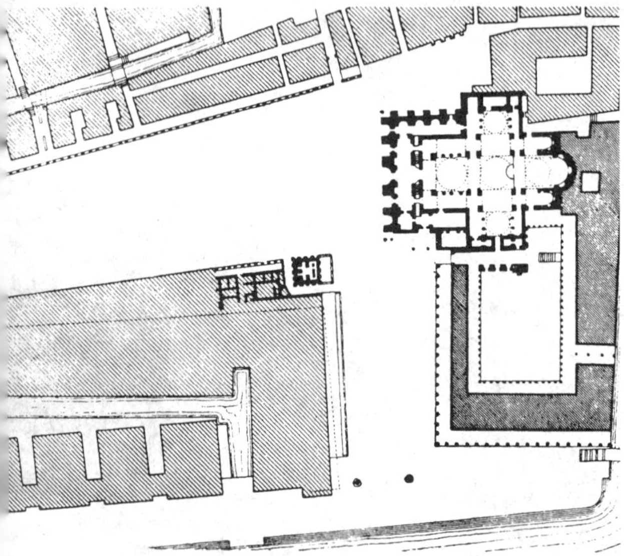

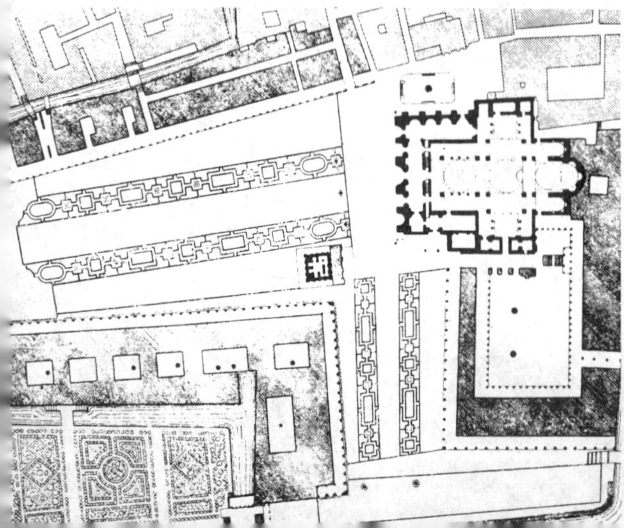

是一部分联结着另一部分。

圣马可广场本身的发展由第104页左侧3幅插图表示，说明经过这一时期的空间设计是一个半自觉的过程，而且是一长串以坚定不移地完善广场为目的的"痛苦的决定"的结果。从第2图过渡到第3图，整个广场的南墙被全部拆除南移后重建，(这样就将旧钟楼基座与建筑脱离，以使它能矗立于环绕它的空间之中)，这表明政府行为以尊重美学为前提。

下面，由建筑师路易斯·康(Louis Kahn)复制的一幅画，强调了一个关于广场的经常被忽视的事实。画面中央由两根独立的柱子形成的面，接受沿大运河运动的挺伸，在画面所示的这一点由桥栏干限定和定向，当它正面碰撞在圣马可图书馆突出的体量上时，这个挺伸折向圣马可广场纵深。这里，一位具有罕见洞察力的建筑师帮助我们理解一个往往只从表面的、罗曼蒂克的角度议论的而在构图中实际起作用的原动力。

文艺复兴的兴起

文艺复兴的到来，使城市在规模上有了新的发展，也带来城市扩展的新的能量、新的概念和新的合理的基础。正是在佛罗伦萨，这一点第一次得到完全的表现。

1420年，由建筑师伯鲁乃列斯基设计的佛罗伦萨大教堂中央的八边形墙上修建起了一个穹窿。这远不止是建筑工艺学的一项光辉成就。它赋予佛罗伦萨一个心理的、视觉的中心，并成为此后许多作品的导向点。

当苦行僧们决定通过他们所拥有的地产由大教堂到最神圣的安农齐阿(Annunziata)教堂设计一条新街道的时候，也可能就在13世纪的后半叶，他们发起了一个有秩序的扩展城市的过程，并以安农齐阿广场作为高潮，这是正在出现的文艺复兴思想最伟大的表达。伯鲁乃列斯基为育婴院拱廊所作的设计确立了一个建筑佳作的水准。这个水准由以后广场周围建筑的设计者继承下去，从而为更早一些时期由大教堂出发的运动系统创立了一个壮丽的建筑终端。

本页的地图表明大教堂圆顶是向外放射的点划线线条的汇聚点，也表明安农齐阿广场以及由Signoria广场至阿尔诺河的乌菲齐宫扩建两者和教堂之间的直接的形态关系。这张图表明了相互联通的街道广场网络；以黑色表示主要的教堂建筑，使人想起在一个新的规模、新的概念基础上全城性设计结构的开端，这个概念在以后罗马的发展中达到完美而壮观的程度。

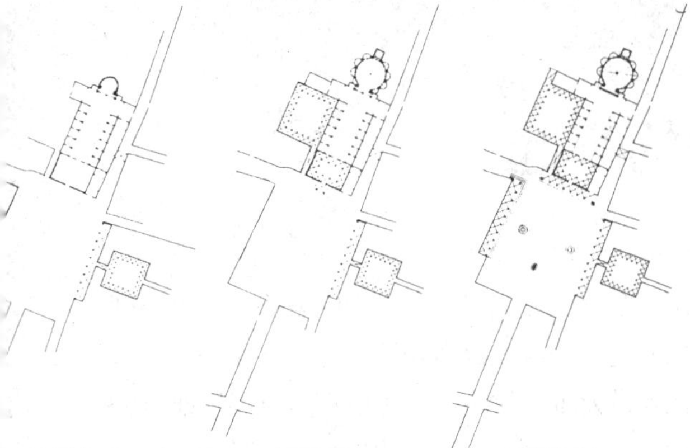

1427 年

1454 年

1629 年

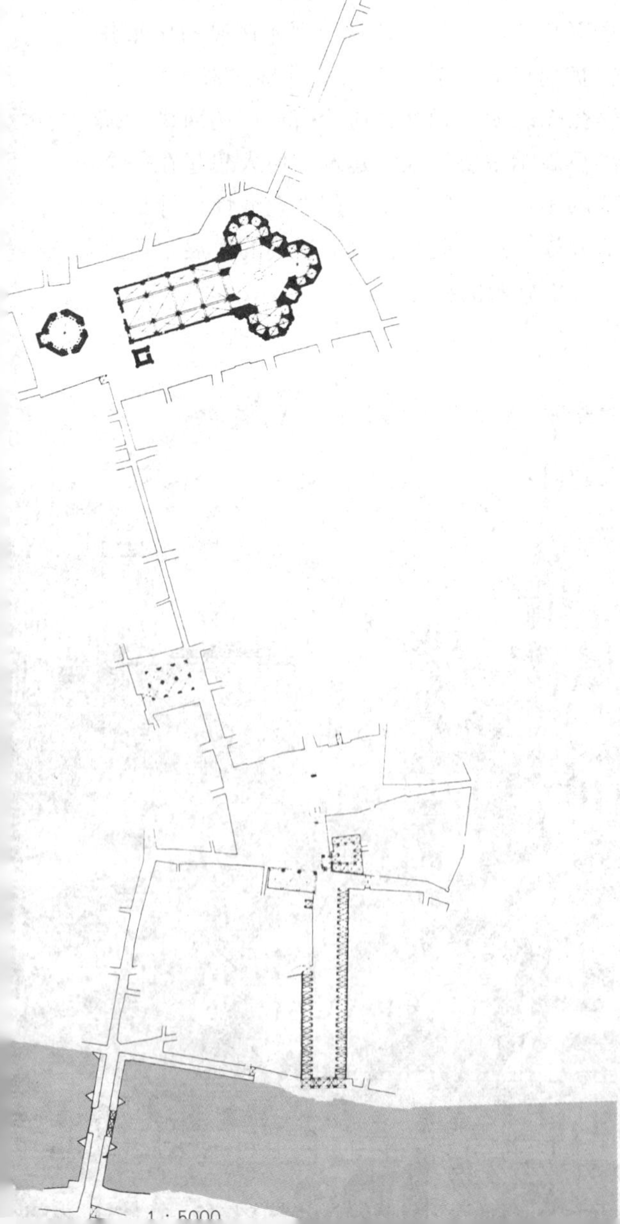

1 : 5000

后继者的原则

任何真正伟大的作品的内涵，能以一种原作者未曾设想到的方式影响着周围后继发展的创新力，伯鲁乃列斯基设计的育婴院宏大、优美、具有高雅之感的拱廊(如右上版画所示)，在最神圣的安农齐阿广场其他建筑中都得到了表达，而不论伯鲁乃列斯基原意是否如此。

1427 年这个拱廊完成后，广场中第一个重要的变化就是最神圣的安农齐阿教堂中央跨的改建。这一部分是1454年由米开罗佐(Michelozzo)设计的，它与伯鲁乃列斯基的作品是协调的。然而直到1516年为止，对广场形式仍然举棋未定，这时建筑大师安东尼奥·达桑迦洛(Antonio da Sangallo)和巴乔·达尼奥洛(Baccio d' Agnolo)受命设计伯鲁乃列斯基的拱廊对面的建筑。桑

迦洛作出伟大的决定，克制自己，不作自我表现，而是几乎一成不变地追随当时已建成89年的伯鲁乃列斯基的设计。正是这样一个设计确立了最神圣的安农齐阿广场的形式，并在文艺复兴的思想序列中形成了由几幢设计上相互联系的建筑形成空间的概念。由这一点可以形成“后继者的原则”：正是后继者决定了先行者的创造是湮没还是流传下去(在斯德哥尔摩的实例中，可以看到同样的原理)。

为梵帝冈中庭所作的规划，很可能是圣加洛作为伯拉孟特(Bramante)的门生，在从事文艺复兴在建筑空间规划方面所作的第一个伟大尝试 当时，他对面临的抉择是胸有成竹的。他所作抉择的效果见上图版画。左面是桑迦洛的拱廊，中央是喷泉和Giambologna所作的费尔南(Ferdinand)一世大公爵骑马雕塑(模仿米开朗琪罗在罗马市政广场(Campidoglio)所作Marcus Aurelius雕像，作为一个方向性的加强处理)。在这以后是建筑师卡奇尼(Caccini)对米开罗佐设计的中央跨所作的扩建，形成了最神圣的安农齐阿拱廊，并于1600年建成。

第108页图表明该广场联系佛罗伦萨设计结构发展的三个阶段。

这个广场的质量首先来自完美无缺的建筑表现，其中伯鲁乃列斯基完成了第一个杰作——因诺森特(Innocenti)拱廊，但广场得以成为现在的形式却真要感谢桑迦洛。他开创的这条连续性的道路以使此后广场的设计者们继续走下去。

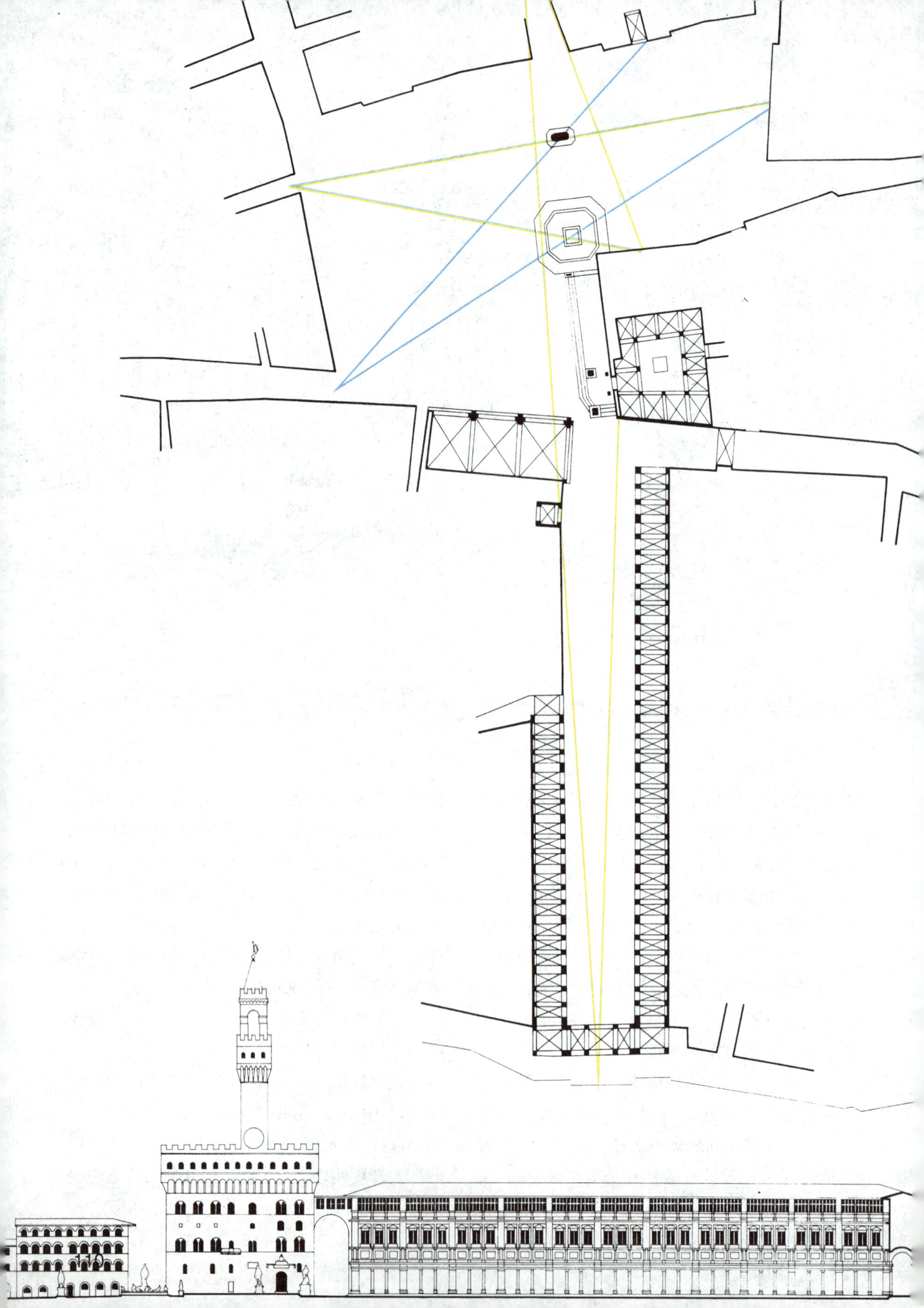

法式的强加

从任何一处进入Signoria广场，都会面对一组完美的、有组织的设计构图，这得益于雕塑所限定的空间中的点与其后部中世纪和文艺复兴时期建筑立面之间的相互作用，一种中世纪广场中文艺复兴空间法式所起的作用。

如果人们由广场西北角Calimaruzza街进入，并朝东望去会看到右上图景观(如第110页图中绿线所示)。Bartolommeo Ammanati魁伟的白色海神雕像，由Vecchio宫背阴的北墙衬托出轮廓，而Giambologna所作的科西莫(Cosimo)一世深色骑马雕像，在阳光沐浴的Mercanzia审判宫中央轮廓鲜明、屹然挺立。从东北角入口看到的景观，显示了狭窄街道两侧勾勒出垂直陡峭的Vecchio宫及其塔楼的构图(如第110页图上部黄线所示)。骑马雕像与海神像身形几乎重叠，形成一种空间中的面，它强化了由此进入广场的运动方向感。

下图展示了由广场西南角Vacchereccia街入口处眺望广场的开阔景象(如蓝线所示)。海神像现位于Mercanzia审判宫立面中央，而科西莫一世雕像则移至广场北侧宫殿雕琢丰富的立面中央。广场南侧的Lanzi府邸起着与乌菲齐宫联接处支点的作用。110页下幅图表明Mercanzia与Vecchio宫以及乌菲齐宫一侧的景观。

当一个人在广场上漫步时，位置各异的雕像组合依其背景建筑及相互之间的关系，给人以向不同方向运动的感觉，从而将观景者带入连续不断的定向、顿失方向又重新定向的状态中，以致达到一组新的位置关系。

纵深设计

建筑的功能之一就是要创造空间，使生活的戏剧富有表现力。第110页Giuseppe Zocchi所作卓越的版画，即从自身设计和与佛罗伦萨的关系的角度表现了乌菲齐宫最富有戏剧性的一点。

关于后退的面和纵深设计的原理，由下图克莱图解说明，右图是侧视图，左图是沿视轴纵深看空间中几个简单目标的正面图，与佛罗伦萨实例比较，大的点代表阿尔诺河，粗线方块代表乌菲齐宫的拱门，小点代表佛罗伦萨大教堂穹窿上的灯，其余的方块代表后退纵深的许多不同的面。由乌菲齐宫墙限定，以端拱为视觉框架的空间甬道把这些面串联起来，并指向教堂穹窿，其后果是甬道空间的重要性也被引入广场。

第110页这幅版画有效地表现出Signoria广场最值得注意的一点。从Hercules、Cacus经过Vecchio宫入口右侧，到Michelangelo大卫像的复制品，以及Ammanati的海神喷泉，终止于马背上的科西莫一世全身像，这条雕塑线在空间中确立了一个面，从自然形态意义上说是有始有终，但在精神方面则向每一个方向伸展，对广场各部分施加非同寻常的影响。

二维内部容积，线条渐次加深，对应于由远及近，由背面到正面

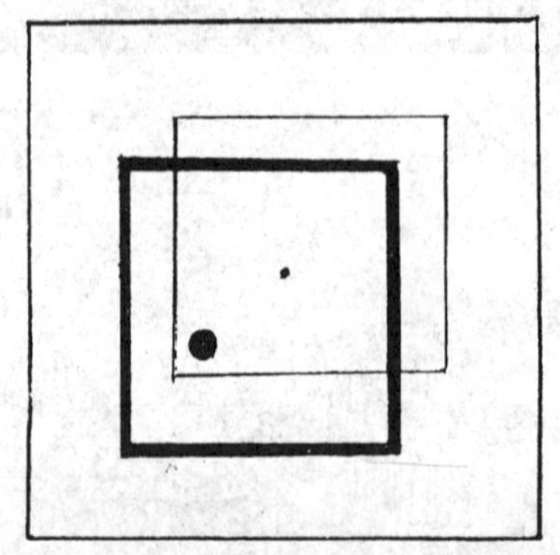

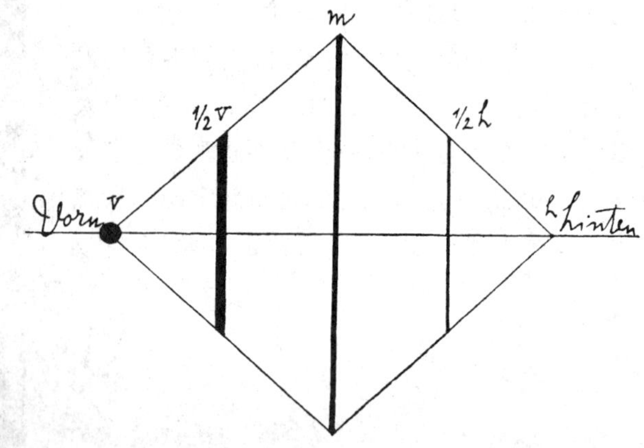

米开朗琪罗的意愿行动

只有通过将议院山复原到米开朗琪罗来工作之前的状态，才能使我们理解创建罗马市政广场在艺术上所取得的巨大成就。这一杰作构成了佛罗伦萨在文艺复兴早期城市设计的表现与罗马伟大的巴洛克发展之间的联系。

左面，J·H·阿伦森根据当时画家不同的手稿所绘制的作品，试图重现1538年米开朗琪罗开始工作时这个地区的面貌。它描写了顶部的议院宫和右侧的艺术宫。同一时期Van Heemskerck的画稿(如下图所示)，提供了该场地混乱的真实景象。议院宫(如左下方所示)与艺术宫(如右下方所示)之间不求形式而且未经规划的关系，被土堆、列柱和一座方尖碑搞得越发复杂化了。艺术宫入口那两侧还设有两座罗马河神雕像。这，就是米开朗琪罗在勉强地接受教皇保罗三世指令创建市政广场作为罗马中心时的实际的环境形态。

米开朗琪罗所采取的设计方法产生了或许是历来最伟大的杰作，这位艺术家创作的基础实际上是一个智力上的伟大创举。仅仅通过一项简单的意愿行动，他在议院宫轴线上建立起一条力线，这条力线的效果是成为聚乱成序的组织要素(如图中黄线所示)。

保罗·克莱的绘画(如本页左上所示)与米开朗琪罗为市政广场(如第119页所示)最终规划设计的基本形态相似。这里我们看到了何等纯正的由箭头指示的定向力，由一个成角的格局图式中引出法式。

在讨论罗马市政广场两座侧翼建筑的夹角，以及联系到透视学上视线灭点原理或明显增加距离感时，古建研究学家似乎无视这个夹角是早在米开朗琪罗开始工作之前就已经决定了的。米开朗琪罗所做的只是重复艺术宫已形成的角度，并将它对称地设在议院宫轴线的另一侧。接受此一角度的离散点，他开始处理由它所塑造的空间。米开朗琪罗所作的决定是引人注目的，因为它同时包含着两种观点截然矛盾的要素。

一方面，米开朗琪罗保留了基地上他所发现的两座历史建筑的基本结构，并将自己的努力仅限于设计建筑新的立面。另一方面，他所做的却是创造全新的效果。我们试想一下，像他这样一位如此求索法式和美学的大师，大可以拆光旧建筑以让自己的创造力自由发挥。或者反过来看，对历史如此谦恭，会不会导致一个妥协的大杂烩？米开朗琪罗已经用事实证明谦恭与权力在同一个人手中可以并存，可以创造一个伟大的工程而不毁坏已经存在的史迹。

根据教皇的命令，依托米开朗琪罗的建议，马库斯·奥雷柳斯(Marcus Aurelius)的雕

像由拉泰拉诺(Laterano)的San Giovanni迁至市政广场，并坐落于米开朗琪罗为之设计的一个基座上。描述市政广场建设初期的绘画(如第116页图所示)，表明实施的第一步就是设定这一雕像，这样总概念的整合也就建立了。它表明议院宫正面所表现的极无秩序的状况，需要多大的想像程度才能建立最终的法式。最直白的开端——新的大台阶已经建成，Van Heemskerck的绘画中斜躺的河神雕像之一，已从原先位置移至台阶之前的它的最终位置。

上图表明发展又进了一步。左侧Aracoeli的圣玛利亚古教堂之下，是带有壁龛的挡土墙，现设有Marforio的一座雕像。这堵墙成为按米开朗琪罗原意为完成广场空间构图而规划的一座宫殿的背面。

这幅画表明在这个混乱的建筑环境中，议院宫大台阶的建成和马库斯·奥雷柳斯雕像的设置，在两个建筑要素之间建立起空间联系。上述举措中每一项都是审慎而适度的，然而法式感的力度已呈现，走向更大法式的趋势已不可逆转。

米开朗琪罗曾为那个不对称布局的中世纪的塔做了一个全新的设计，但当1578年塔被拆除重建时，这个方案却被一个拙劣的方案所替代。

将这幅画与次页版画进行比较，即显示出米开朗琪罗在广场空间引入全新尺度的令人敬羡的才华。他通过建立一条界定基座的强有力的线条，来调整议院宫的立面，在这之上他还设置了一组纪念性的哥林多半柱。它们与两侧翼建筑二层粗犷的法式巧相呼应，后者由基座至檐口整齐地挺立。

法式用于议院

罗马市政广场构图最伟大的贡献之一是土地的调整。要是没有椭圆形及其二维星形铺砌格局和巧妙设计的呈三维突起的踏步围绕着它，恐怕不会达到设计的统一性和内聚力。铺砌范围以其质量作为一项要素，达到的效果是形成一个椭圆形的竖向的空间甬道，它极大地加强了3座建筑限定的较大空间的价值。

上面这幅版画作于米开朗琪罗去世之后，它表明罗马市政广场当时处于未完成状态。它进一步强调概念的显著威力，这种力足以推动后来的营造者和建筑师去修建所需要的宫殿，使之更趋完善。最后的成果就是产生一个空间，这个空间除去自身的美以外，还作为罗马象征性的心脏。

罗马市政广场设计于伯拉孟特制订他那伟大的梵蒂冈中庭规划之后约35年；20多年以后圣加洛为佛罗伦萨最神圣的安农齐阿广场第2组拱廊所作的规划又追随这个设计。罗马市政广场包含了这些先行的作品中每一项设计概念，在建筑、雕塑的布置和土地的调整等方面集中的程度上，又超出了前人。甚至，它比以前的范例更有力地说明空间本身可以作为设计的课题。从它的形式的丰富性来看，市政广场预示着巴洛克时期的到来。

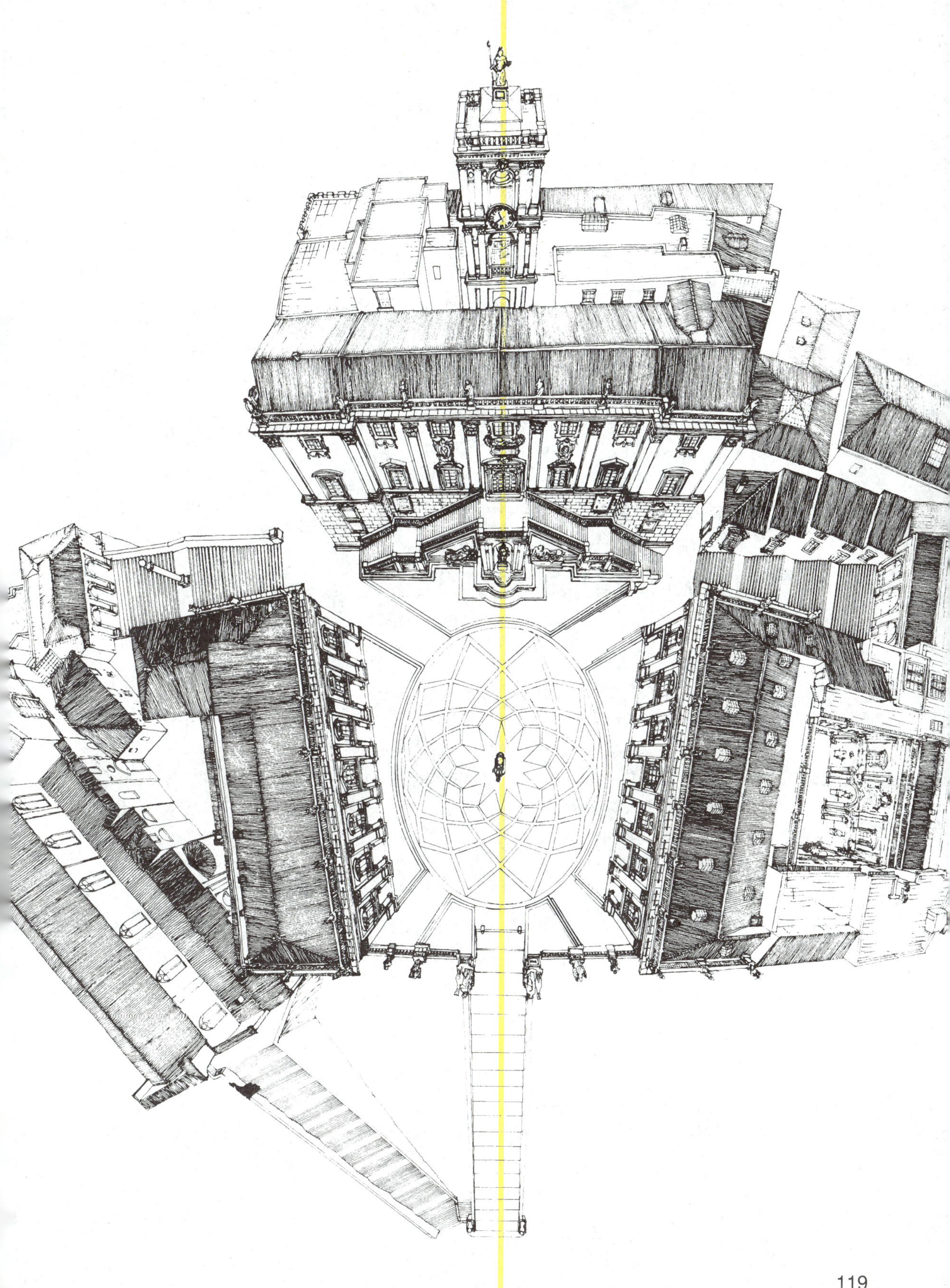

新的城市憧憬

上一页的绘画作品是15世纪后半叶巴尔托洛梅奥(Neroccio di Bartolommeo)所作的，它清晰地表明旧的方法为一种还没有完全被掌握的新技术所取代时的设计问题。我相信这种情形可与现时相比较。通过透视，艺术家巧借数学的精确性，以方块排列调整出基础平面，却又在平面上随心所欲地布置他那六角形结构，以致在边缘产生设计混乱，同时出现不成型的偶然的多余空间。

上图和下图是引自该画的细部。巴尔托洛梅奥竭力想从他所发现的经典模式所提供的伟大的新财富中找出法式——一种模式经证实成为单体建筑设计的统一力。一座城市应当作为一个整体来考虑，古罗马留给艺术家们的印象是一种形式不协调的景象(如上图所示)。每一项单体分别设计，完全无视整体环境的和谐共生，一座城市混乱地将建筑实体矗向天空；设计处理优美而有机的中世纪城市，就像一堆废弃物一样立于魔鬼身影下。

艺术家按新的文艺复兴理念设想城市作为统一体的惊人的努力，表明对当时城市总的问题的理性的把握的不完全性。它与今天建筑主导思潮极相类似，并且在我们追随发展摆脱困境，进入宽度有力的、随巴洛克而涌现的城市设计理念的过程中，增强了我们对未来设计的信心。

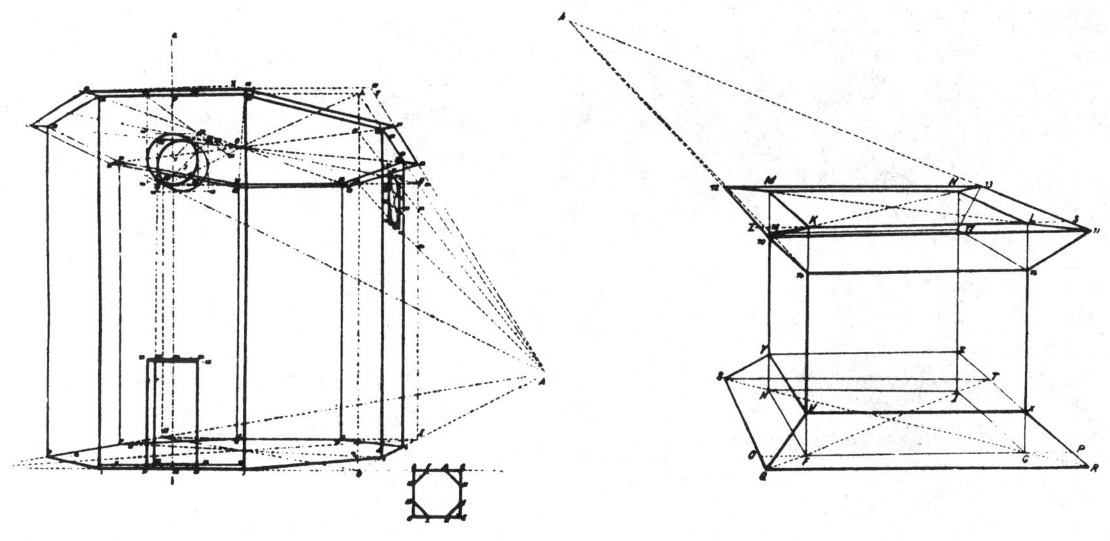

激动人心的新法式

引向新法式系统的第一个启示，来自于艺术家运用科学透视学这一闪光的工具。我们已经看到，透视学理顺了直观感受，引向中世纪时期有机的城市设计，并且如前页所示，中世纪城市如何倡导乱中求序。

上一页，在生活在15世纪上半叶的画家安东尼奥·皮萨内洛(Antonio Pisanello)的绘画作品中，我们看到了一种新的设计理念的萌芽。如同应用于本页上部弗兰切斯卡的画中所示，透视科学被用来表现实体。实体与灭点之间的空间，不过是为确定实体侧轮廓视线角度提供了方便。当然，在皮萨内洛的画中，他被强烈地吸引的不仅是实体的形状，而是空间的形态。他创造了一条空间的隧道，由一系列后退着的面来表现，通过这些面，画面随着灭点的拉伸而引向纵深。

这就带动了建筑设计的思想，不是由于表现实体的运作，而是表现沿着通过空间运动轴的感受。这是上面弗兰切斯卡的画所代表的一种全新的思维。这也正是由同一基础科学技术所提供的，但却以一种不同的方式运用并导致设计者思想的解放，并且在城市设计中促成了一种新的法式原理。这此后200年间，人们看到这个种子思想包含在连续的成长与发展中，为设计者所接受并广泛应用于实际的建设中。

单一的运动系统

现在我们通过文艺复兴4个阶段来观察轴向运动的作用。在文艺复兴时期，艺术家的试验，特别是在舞台设计中的试验，为城市建筑提供了基础。

早期文艺复兴　CA.1470 年

左侧的建筑细部取自巴尔的摩(Baltimore)的油画“理想城市”，它受到阿尔伯蒂(Alberti)作品的影响，表明艺术家们开始热衷于表现空间。支配绝大多数油画的表现体量的先入为主之见，在这里已由两个后退的平面交叠所代替。这里既没有系统化的空间甬道，也没有运动的意识，但是这里有纵深空间。

盛期文艺复兴　CA.1500 年

这里，盛期文艺复兴思想大师伯拉孟特引用和发展了“理想城市”中所表达的理念。两座拱门退向纵深，而垂直的空间甬道得以清晰地限定，形成一种向画面纵深运动的挺伸。然而，建筑规划也许是指一个机构、一所学院或是一座寺庙的计划，而城市还未在设计者的范围中出现。

矫饰主义　CA.1530 年

大约30年后，矫饰主义者巴尔达萨雷·佩鲁齐(Baldassare Peruzzi)强化运动并将设计与城市作为一个整体联系起来。这里，新的被释放的伟大的力得到激动而混乱的表达。概念虽被提出来，但设计还没有成熟。

（应当注意的是：佩鲁齐照抄了伯拉孟特上面的画以便为自己的作品提供中心要素。）

巴洛克的预演 CA.1560年

有独特风格的建筑师、画家及剧院设计家弗朗切斯科·萨尔维亚蒂(Francesco Salviati),在他上面这幅画的细部中，在其对理想城市的抽象憧憬中，使概念完全成熟，这预示着巴洛克思想的产生。空间甬道向内的挺伸被明确地限定，通向画面纵深。圆形的建筑使人联想到交叉的运动和一个运动系统网络的延伸，而不只是一条单一的轴向的路径。端部的建筑起着支配的作用，阐明它面对的空间，赋予城市这部分地区以个性，并为走向这座建筑或在它外面活动的市民提供清晰的空间感受。

内外联系

17世纪初以前，设计者的精力都集中于应用所发现的文艺复兴原理，来解决建筑内部形式以至立面处理的课题。直至17世纪，即在试验近200年之后，设计者的注意力转过来了，设计的活力开始溢出建筑，倾注到它周围的城市街道。掌握了建筑内部课题的设计者这时把眼光投向建筑环境，在异常欢快的设计潮流中，花费特别的精力为他的建筑创造环境。这一点和萨尔维亚蒂的绘画中表现的原则是背道而驰的，在那些原则中，一幢建筑的设计者只考虑符合别人已创造的环境的要求。

在保罗·克莱所作的这幅画中，能量线由一个中心源以近似巴洛克设计的方式向外放射。设计的能量终止于城市的纵深，终止点本身形成一种形式，如一个广场连接一座巴洛克式的教堂。由这一点出发，在整个城市的基础上，产生一个深思熟虑的设计能量线网络的规划，为已建房屋设计能量的传递提供渠道，并且同时开创出新的基地，要求未来的建筑提供新的设计能量。

正是在巴洛克时期，掌握设计技术，激发信心，带来特别的活力，产生了建筑与环境之间伟大的相互作用。这一点在Pietro da Cortona的作品——罗马帕切的圣玛丽亚教堂和广场中得到阐明，见次页图。第161页，拉古齐尼(Raguzzini)的罗马圣Ignazio广场，有着反映圣Ignazio教堂中央通廊和侧通廊的三个相互靠近的椭圆形柱状空间，也表现出这种相互作用。在西克斯图斯五世为组成城市设计结构把设计能量点联结成一个总的系统的罗马规划中，也表现了类似的丰富而有力的城市设计语言。

下面西奥多·丁·穆绍(Theodore J·Musho)所作的一幅画是从圣Ignazio教堂内部向广场观看的情景。它显示一种新的通透性、连续性和同时性。

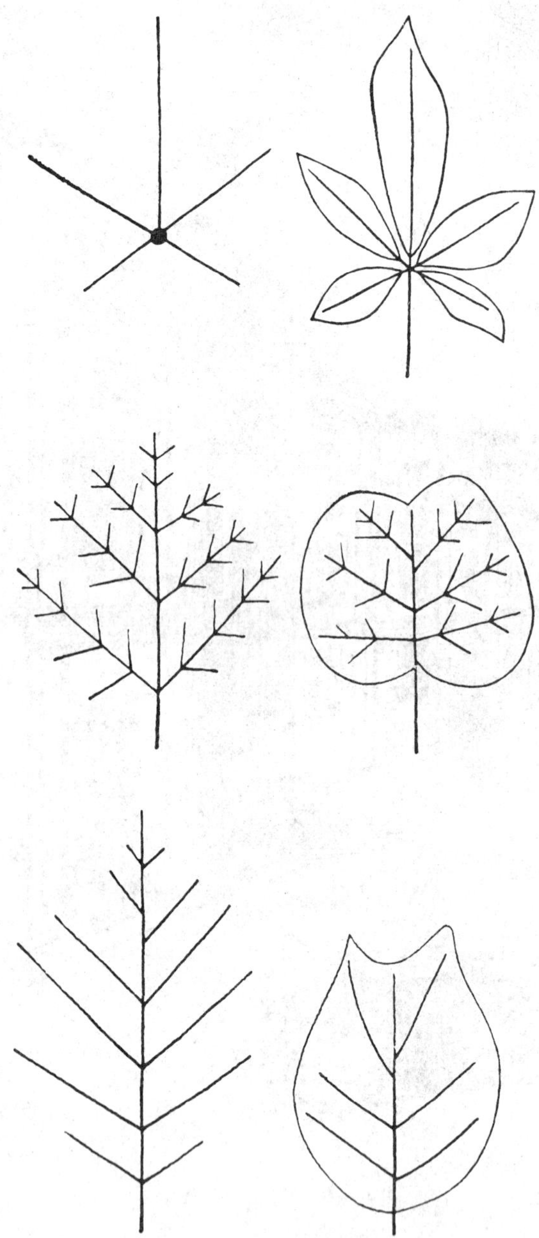

克莱论运动系统

如同在自然界一样，在繁花硕果的形式得以产生之前，设计的生命力必须自由地流动。本页根据保罗·克莱的作品而作的图解，表明能量线沿着叶脉和支脉由叶梗向外放射的流动，叶汁也由此向外流动。这种能量的流动终止于空间，终止的点决定叶子的形式。

树的生长，恰恰是同一原理，虽然更为繁杂，却也表达得很明白，形式是由种子入地及生长能量终止的位置而确定的。我伟大的导师伊莱尔·沙里宁(Eliel Saarinen)向我解释过，这一点是生长的开创性冲动与相互关系的限制性要求之间的平衡点；而这种要求就是：把土壤中营养性化合物传输到最外侧的叶子的需要。

下一页克莱的水彩画，描述了为城市内结构性能量运动增添另一个度量，从而在运动系统汇聚各点上形成“质量场”的情况。鉴于一片叶子的脉络或一颗树的枝条可以比作城市中人和货物的运动渠道(如第34页所阐明)，我们看到有机结构形式与城市运动系统，它们对在系统中运动的人们的情感的序列效果，以及对城市毗邻地段外貌特征产生的效果之间的类似性。

在这幅画中，我们看到正是运动系统决定“影响场”的外型。这些“影响场”向外发散，相互搭接，随着运动的程度而变化其强度。

巴洛克时期罗马的设计结构

西克斯图斯五世为努力把罗马城重建得与教会相称，清晰地意识到必须采用运动系统作为一种概念去建立一个基本的设计结构；同时必须以积极的自然形态去保留、结合它的不容易挪动的某些关键性的部分。他找到了运用埃及方尖碑的可喜的方法，这种方尖碑在罗马拥有相当数量，他把这些方尖碑建立在他设计结构中许多重要地点。

这个思想的力量表明于以下6页中。这里可以看出在1586年西克斯图斯五世建立方尖碑，到完成伯尼尼(Bernini)柱廊为止，各个阶段圣彼得大教堂实际发生的变化。西克斯图斯五世深思熟虑的行动的设计影响，是在他死后80年才为人们所认识的，因而并不是他生前直接行使任何权力的结果。方尖碑在空间中标定的点，开始成为此后建设中的决定因素。因为方尖碑存在的事实代代相传，在人们的头脑中成为思想的力量。有人认为西克斯图斯的思想在今天是行不通的，因为他的成功归功于他的专制的权力，而今天并不存在这种权利。显然，这种观点是荒谬的。西克斯图斯统治的5年中取得的实际的建筑变迁，远远少于今天任何民主的市政府所能取得的。恰恰是他的思想包含的力量而不是他的政治影响引起他身后一连串的大事。

西克斯图斯死时的实际成就实在少得可怜，这一点从前页选自梵蒂冈Sistine图书馆的两幅画中(如第144、154页所示)可以看出。上面的壁画表明在西克斯图斯开始起作用之前可敬的圣彼得教堂紊乱的西立面，下面的绘画表明他逝世时方尖碑矗立起来后广场的面貌。这很难说是令人印象深刻的市政成就，但秩序的概念已根深蒂固了。就像右图克莱的草图表明的，空间中一个单一的点可以成为一股强烈的设计力，从紊乱中理出秩序。

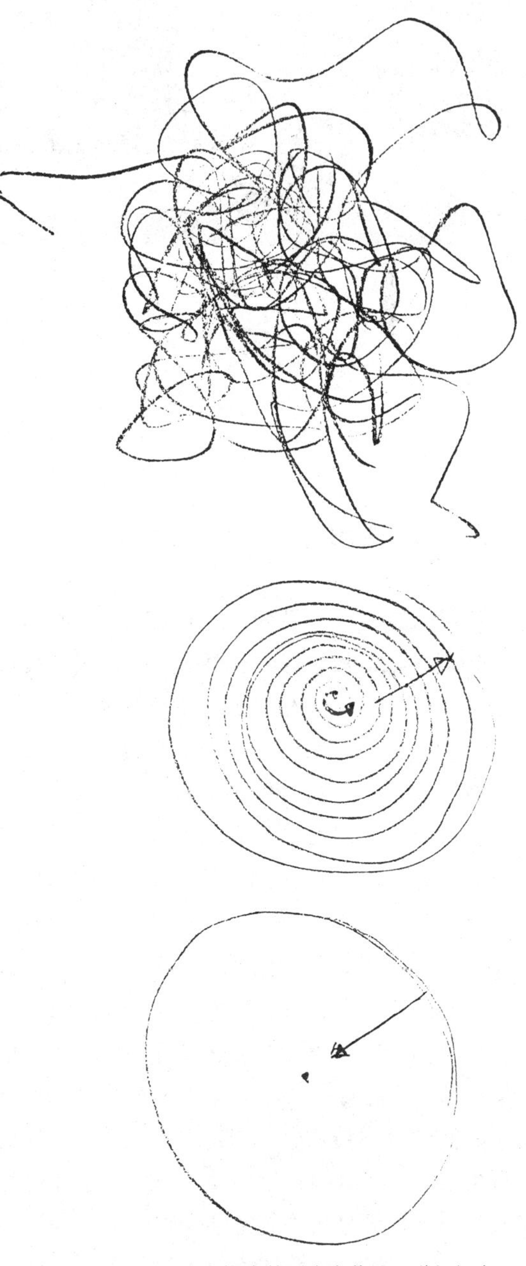

空间中的一个点作为一种组织力

组织力起作用

伊斯拉埃尔·昂列(Israel Henriet)作于1640年前后的版画(如上图所示)，表明圣彼得教堂及其周围广场在设置方尖碑以后的变化。米开朗琪罗设计的圆柱厅上的穹窿已经完成。圣彼得教堂中央通廊和立面也已经建成，但却没有按照米开朗琪罗或伯拉孟特的思想，而是根据反对以穹窿为中心四边对称形成宏伟壮丽之感的建筑师卡洛·马代尔纳(Carlo Maderna)表达的巴洛克新思想建成的。从图的右侧看，相当多的新建筑已经在梵蒂冈建成，但在广场上教皇宫仍然显得相当粗糙。当中是两层的伯尼尼塔楼，建筑师设想作为马代尔纳立面上升起的两个对称结构之一。完成后，由于工程计算失误，下部结构开始出现裂缝；当圣彼得教堂一个主要部分结构稳定性受到的威胁变得明显时，这个庞大的塔楼不得不被拆除了。这座塔楼的柱子被运到波波洛广场去完成第155页上表示的伟大的巴洛克构图。它们至今仍然作用于双教堂的立面中。

关于对当时职业实践的态度需要说明的事实是，委托伯尼尼设计灾难性、耗资巨大的圣彼得教堂塔楼的罗马天主教会，20年后又委托这位建筑师设计大广场而不顾其在失败的塔楼设计中工程上不称职的表现。全世界都从这个非凡的决定中得到益处。

第133页这幅从圣彼得教堂穹窿顶上俯视的水彩画，是由伊斯拉埃尔·西尔韦斯特雷(Israel Silvestre)作于1642年的，它表明不管圣彼得教堂立面法式如何，前广场旷地依旧杂乱无章、不拘形式。古老的喷泉和方尖碑同广场没有联系，而总的效果也毫不动人，这种状况还将保持20年。

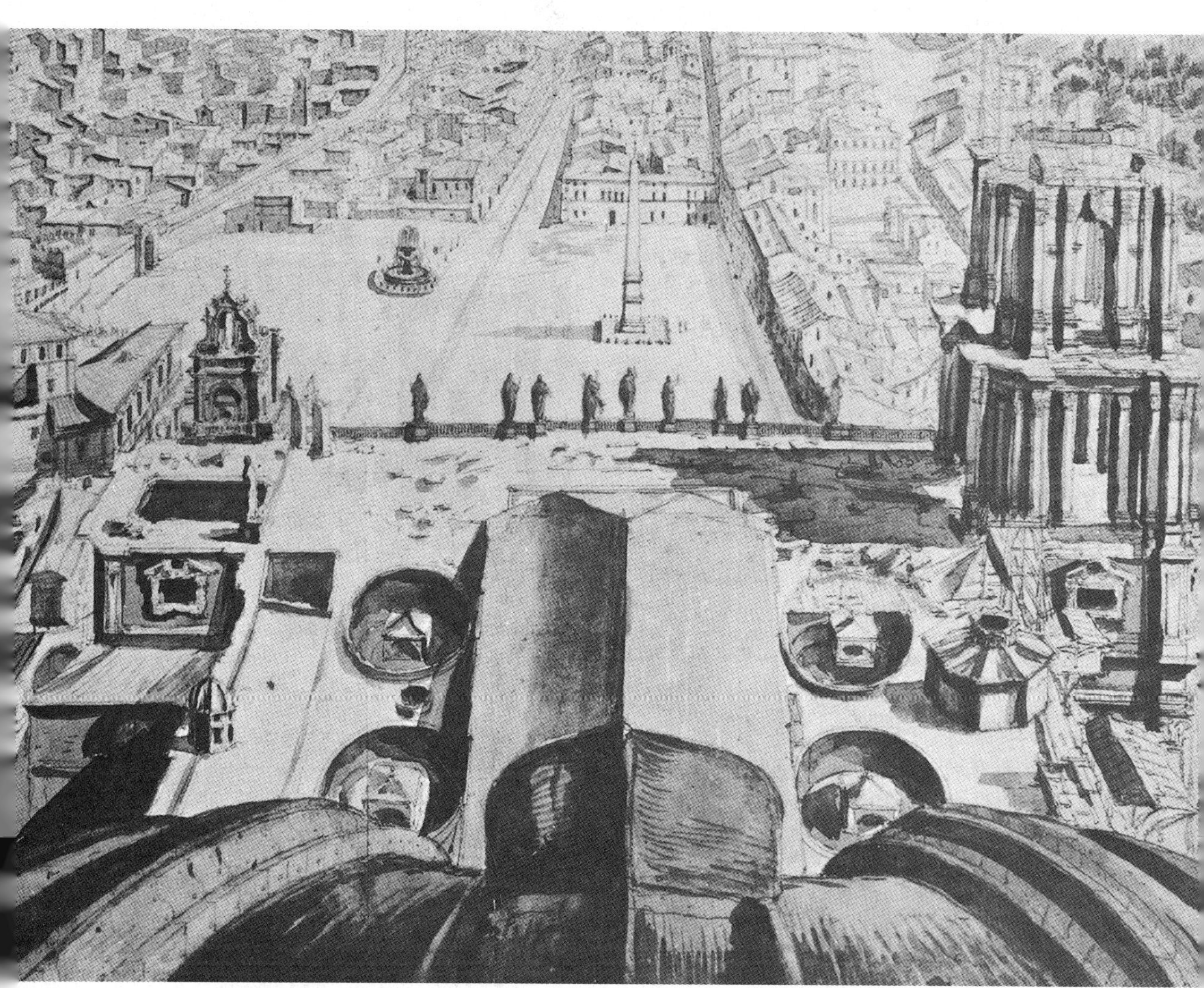

推动得以实现

在詹尼蒂斯塔·皮拉内西(Giambattista Piranesi)所作的这幅卓越的版画中，有一部分已经移动过，我们看到方尖碑位于伯尼尼巨大的椭圆形柱廊形成的基地之中。然而，正是预先存在的方尖碑决定了伯尼尼的设计，古老的喷泉被搬到一个新的位置，并建成一个新的喷泉与之平衡，柱廊的屏蔽对一个雄伟宽阔的空间赋予外形，限定空间边界，从而取得了秩序。就体量而论，方尖碑只是整体中微不足道的一部分；就概念而论，它居于支配地位。

本书强调一个主题，就是注意求助艺术家，帮助我们看清楚周围发生什么事，了解事件的本质。皮拉内西所作的这幅版画就是一个杰出的例子。在画中，作者技艺高超地传达了方尖碑作为整个建筑综合体起组织核心作用的感觉。他表明它不只是一个静态的体量，而是一种活生生的力，就像克莱在第131页画中以一个点表现的意义一样。

这里，方尖碑在空间中确立的点的影响所及，联系处在支配地位的圣彼得教堂，恰如其分地说应当是一个小范围。它的能量终止于伯尼尼的椭圆形广场，依我看，墨索里尼试图通过他那俗不可耐、考虑不周的Via della Conciliazione去扩展它的范围是错误的。伯尼尼原来的规划提供了一段附加的柱廊把椭圆形广场限定在两个端亭之间。正是他的思想十分肯定地完成了这个空间自成一体的特征，并排除了恰恰是墨索里尼建造起来的那种类型的轴向延伸。

在罗马的其余部分，一个杂乱无章的地区散列着6座奉献教堂，西克斯图斯五世意识到需要一种全新的设计方法。他在位5年间，设置了另外3座方尖碑作为空间中的点，确定着他那运动系统各段落的节点，并确立它们之间张紧的力线的终端。这样，方尖碑不仅影响其周围的建筑，而且沿着联系道路全长施展它们的影响。

1
2
3

运动系统与设计结构

“当时瓦沙里和米开朗琪罗每天在一起，有一天早上教皇大发慈悲，给他们假期，可以骑马去访问7座教堂(因为那年是圣年)，并共同接受赦免礼。由此，当他们从一个教堂走到另一个教堂时，进行了许多关于艺术和创作的有意义的美妙的谈话。”这些谈话由乔治·瓦沙里(Giorgio Vasari)记录于1560年，以清新明晰的笔触表达出由一个奉献教堂走到另一个奉献教堂的善男信女们的感情，这位作家是《画家生活编年史》的作者，佛罗伦萨乌菲齐宫的建筑师，同时也是一位画家。著名的安东尼(Antoine Lafréry)于1575年所作的版画，复制如下，十分精确地表示了古罗马城墙和它的某些纪念物，并以放大的比例描绘了受参拜的7座教堂。这里表现的是西克斯图斯规划纲要中未经引导、未经区分的交通现象，它是弯弯曲曲的，不会诱导参拜者形成有明确组织的、有意图的序列建筑印象，而只是一连串分散的住宅、教堂、起伏的乡野的落寞景象。

除米开朗琪罗为圣彼得渡口所作未完成的文艺复兴式鼓筒形建筑的设计外，这里的建筑都是罗马式或拜占庭式，并附有早期遗留的古典建筑遗迹。

在运动系统中作为控制点的方尖碑

上面这幅引人注目的版画，发表于1612年，显然是以37年前安东尼的一幅画为基础的。在后来一幅画中，我们看到在两幅画之间所经历的时期内建筑上发生的变化，而其中最具体的就是西克斯图斯五世新设置的4座方尖碑。两幅画的比较为人们提供了一种视觉上的感受，它既包括在新概念影响下建筑形式的成熟，也包含方尖碑作为设计要素的外貌。运动系统作为一个总的设计概念而出现，并以方尖碑设在它的各个节点作为标志。

最左面的，就是西克斯图斯五世设在波波洛港附近的那一座方尖碑，圣玛利亚教堂和它毗邻，在两幅图中都能看出其规模不大。较古老的喷泉只出现在较晚期的画中，显然由于新的方尖碑才唤起版画家对它的注意。这座方尖碑与7座教堂中任何一座都没有关系，它只是当游客通过主要城门进入城市时的一种欢迎标志。

下一个方尖碑在大圣玛丽亚(Santa Maria Maggiore)教堂西端，距波波洛港约2公里。它标志着原意要连接两座方尖碑的斯特拉达·费利亚(Strada Felice)大道或轴线(下同)的终点。双穹窿清晰可见，在设计方面主要与方尖碑的点相互作用，右边的一座穹窿是西克斯图斯五世建成的。

中央两座方尖碑中靠下方的一座，也就是在圣彼得教堂前的一座，图中是与已完成的Maderna教堂立面和穹窿在一起的。上方的一座是西克斯图斯五世建成的，位于拉泰拉诺的圣乔瓦尼(San Giovanni)教堂前方，现在拥有一个由教堂左侧新建宫殿和教堂本身两层的拱廊构成的环境。上述两者，都是西克斯图斯五世的建筑师和建筑、城市规划设计顾问多梅尼科·丰塔纳(Domenico Fontana)的作品。

以上两页所描绘的是在一定时期中反映一定设计概念而导致的形式变迁。

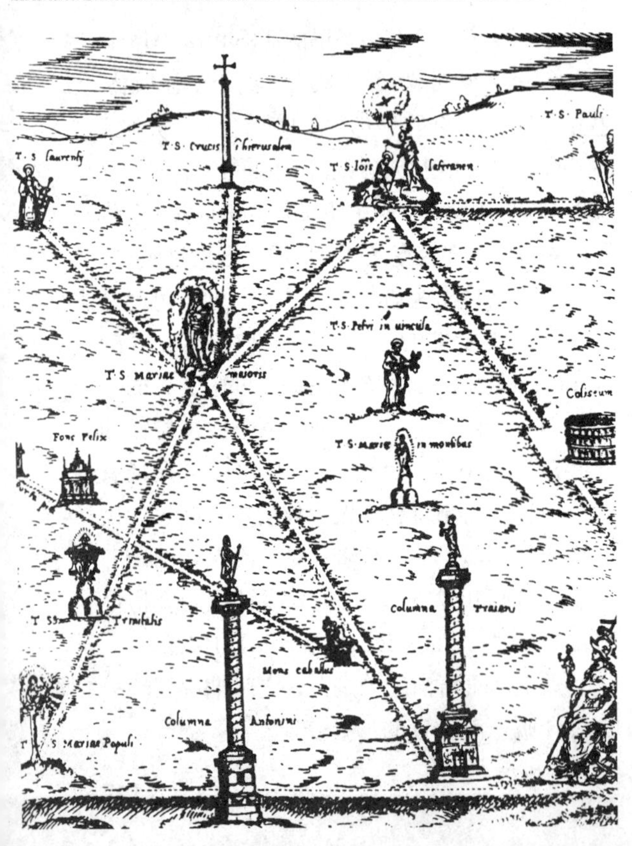

节点的分散

这里我们再次求助于艺术家，看看在一个设计大概念的影响之下，公众心目中罗马形象的演变。左上是巴尔托洛于1413年所表现的罗马城；左下是博尔迪诺于1588年所作的版画，而次页保罗·克莱的草图，选自《思索的目光》，当然是现代的。

在巴尔托洛的画中，罗马由一系列古代的和中世纪的标志性的建筑，联系着城市的不同的地区，强烈而清晰地分为几个部分。这些标志性建筑包括：安东宁和图拉真柱，潘松神庙和竞技场，Quirinal山上的Dioscuri(Castor和Pollux的骑马雕像)，以及右上部的Marcus Aurelius骑马雕像(后来由拉泰拉诺的圣乔瓦尼迁至Capitoline Hill)。散列在这些古典时期罗马遗迹中的是许多中世纪的教堂和塔楼。就在Dioscuri的下方，可看到Trevi喷泉及其3个水池的早期形式。所有这些纪念物都按照通常的方式分布在城市的适当部位，但却没有经过仔细的定位，也没有关于设计相互关联的暗示。这些情况可以和克莱上面的一个图解作比较，它表明空间中的点显然是任意分布的，因而根本不产生任何形式。

下方一幅博尔迪诺的版画，作于西克斯图斯五世让位于教皇统治之后3年，它表明发展迅猛令人惊异的空间组织思想变得尽人皆知。这里表示了在巴尔托洛的版画中同样的一些标志性建筑。两根记功柱就像竞技场一样可以清晰地识别。大圣玛丽亚教堂由圣母画像表示，而Dioscuri位于Quirinal山上，就在图中注明"Mons Caballus"字样的上方。但是每一个节点的形象，都是精确地定位并且通过笔直的连接街道的设计系统与另一个节点形象相联系，尽管有些街道在当时还未完成。作为确定设计方位因素的运动系统的概念，在博尔迪诺思想中是如此强烈，以致成为他的版画中的组织特征，而由于它作为一种传播媒介的存在，把这种概念根深蒂固地铭刻在其他人的脑海中。

节点的连接

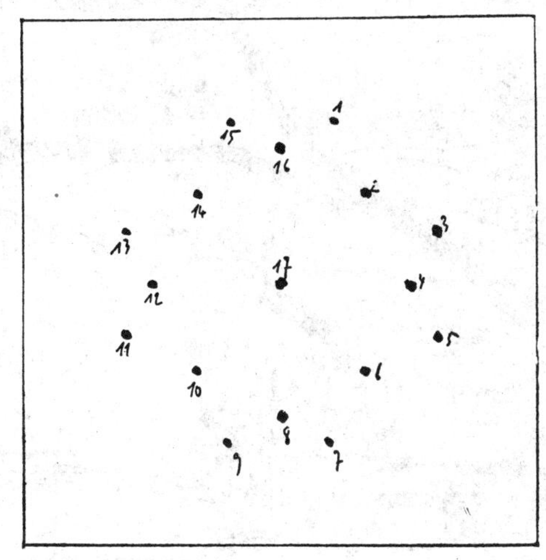

当保罗·克莱发展右图中的概念时，他未必知道西克斯图斯五世为罗马所作的规划，更不用说他与此有何关联。把上页丰富的表现画面和克莱这个简单的图解放在一起是有趣的，因为Sistine罗马时期起作用的基本设计力在今天和在16世纪同样会起作用，只要我们考虑的是它的基本性质而不单单注重形式外表。

空间中的点的建立可能与过去存在的纪念物或建筑有情绪上或精神上的联系(罗马的情况就是如此)。它们既可以是区域或经济中的生产点，也可能是旧区中社会更新的中心。用能量的渠道或力线把这些点连接起来的概念，如克莱在下方图解中所示，不仅可以创造出自然形态美学设计的统一体(就像西克斯图斯在罗马所做的一样)，而且可以在各种独立功能分布杂乱无章(如上图所示)的情况下产生一种结构关系的意识。

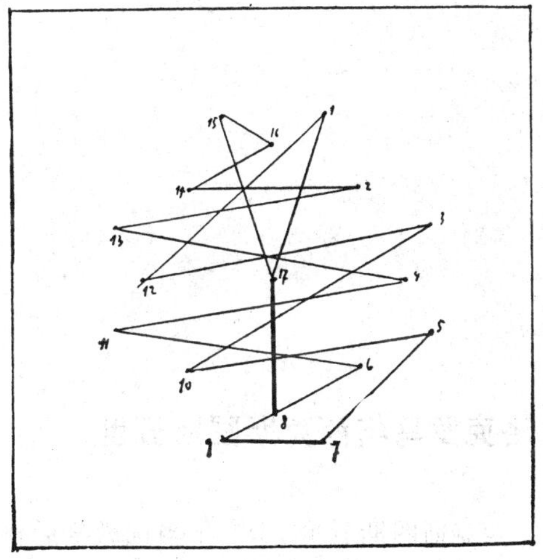

美学的设计统一体和功能相互关联成为体系的概念，两者都是同一基本法式的表现；如果我们要想在一个城市的规模上解决当代问题，就要求将这两者结合起来。现代建筑和城市规划思想中用一个无人区把这两个领域划分开来，以保证各自特性一脉相承的流行的做法——即：使两者都分别赋予完整的职业情趣，这对于努力解决现代城市问题带来了严重的损害。

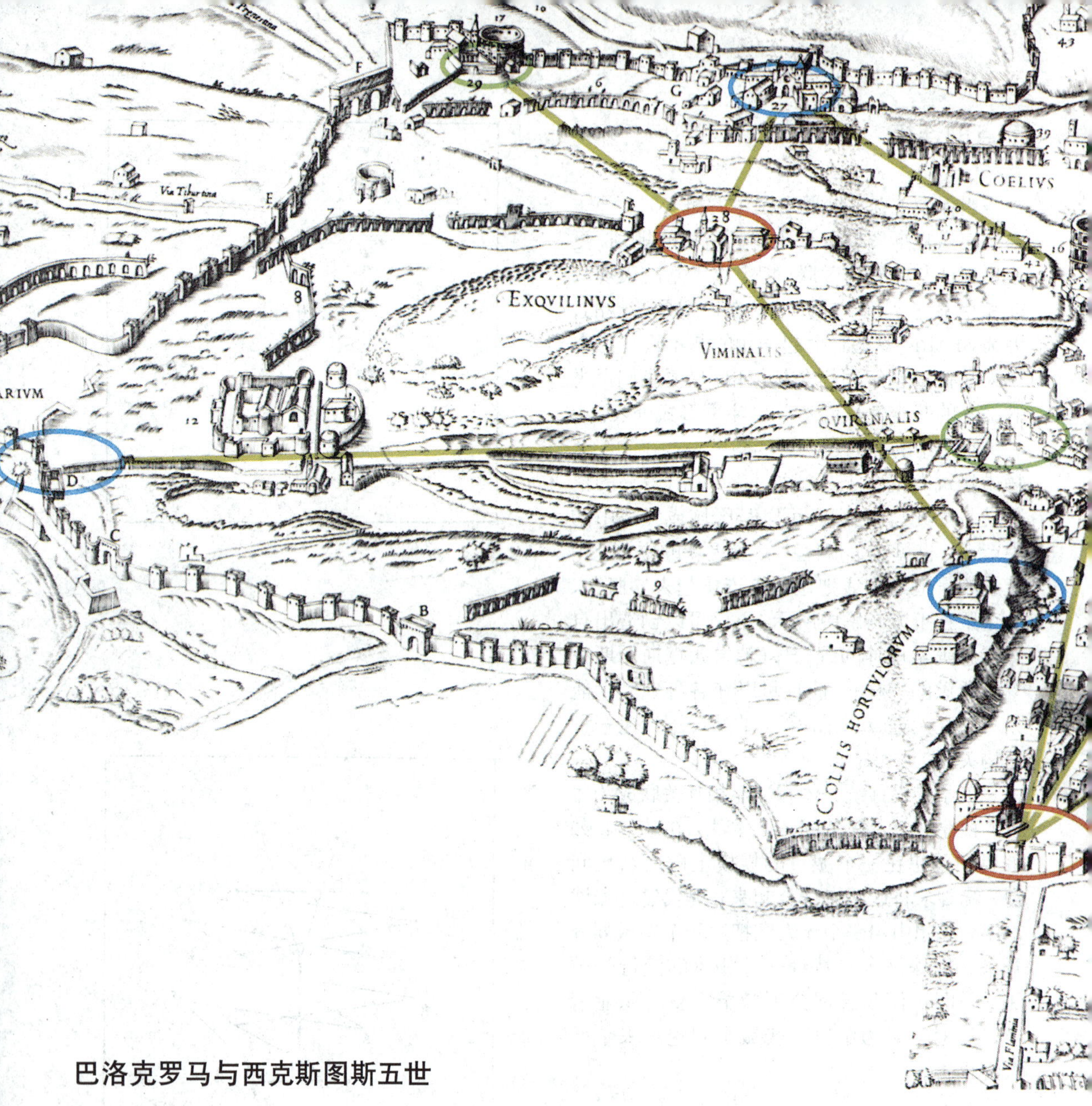

巴洛克罗马与西克斯图斯五世

西克斯图斯五世1585年当选教皇后将目光投向罗马城时，他考虑的是如何将乱摊乱建的城市造就成相称的教都，整个城市中从设计意识上试图将不止一幢建筑联系起来的、具有现代意义的尝试，就是米开朗琪罗那三座建筑组成的朱庇特神庙，如1561年Antonio Dosio所示。剩下的就是拥挤而杂乱的中世纪城市，古Aurelian城墙大约占去1/3的空间，此外就是散布在葡萄园和荒地中少数几座教堂和历史遗迹废墟。

西克斯图斯在担任大圣玛丽亚教堂红衣主教，受敌对的教皇冷遇并在教堂附近别墅中渡过的挫折的岁月中，筹划了他对更新罗马的设想。当他一朝进入一个可以实现他长期梦寐以求的愿望的位置时，他的设想便形成了罗马城一个清晰的规划。

从城墙北端波波洛港向前方展开着3条相交的街道(如红圈范围所示并标注A)，其右侧

通向Tiber河上的Ripetta港(如绿圈范围所示)。西克斯图斯以其理智的目光，增设了第4条街道——斯特拉达·费利切，直接通向大圣玛丽亚教堂(如红圈范围所示并标注28)。只有从San Trinità dei Monti(如蓝圈范围所示)起的一段已经建成，这里以黄线表示并与老斯特拉达·皮娅(亦如黄线所示)相交。它联系着Quirinal山清晰可见的Dioscuri(如绿圈范围所示)与米开朗琪罗的皮娅(Pia)港(如蓝圈范围所示并标注D)。

从大圣玛丽亚教堂分出 条新路通向Santa Croce(如绿圈范围所示并标注29)，另一条通向拉泰拉诺的圣乔瓦尼(如蓝圈范围所示并标注27)，本图中这条路线以黄色表示。从这一点起，另一条路线引向大角斗场。

这里表现的是大罗马规划的种子思想，在混乱环境中理出法式的一项巨大的理性业绩。

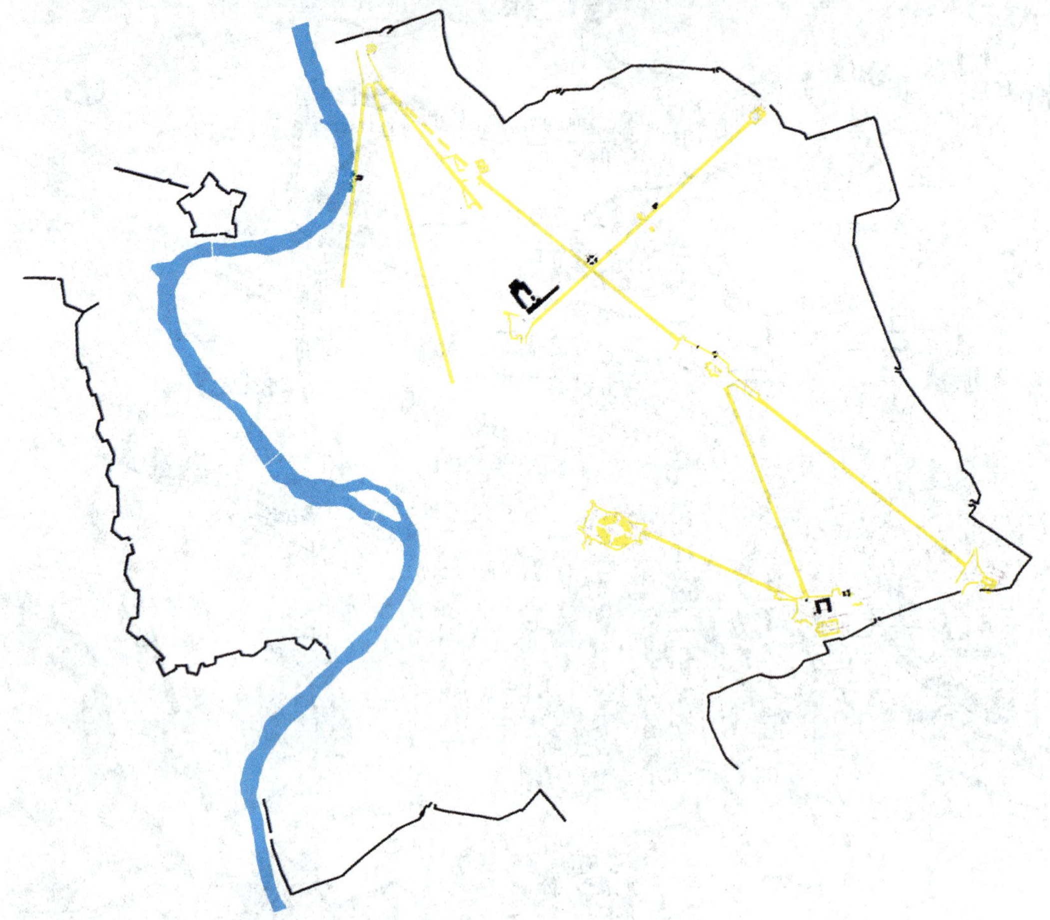

西克斯图斯五世思想的影响

这里表现的是历史中一个最引人注目的设计展开过程，即西克斯图斯五世思想在他去世后很久对业主和建筑师思想的冲击。他的思想的影响，从为本书特别绘制的以下图解式规划系列中可见一斑。其中，以颜色线条表示时间，不同时期的版画并列则表示历时3个世纪的时期中罗马城市形态的变化。

上图提出了图解的图例体系。红色的建筑表示西克斯图斯五世开始工作之前已经存在、并对形成他的设计理念富有影响的重要建筑；黄线表示西克斯图斯五世的主要运动系统网络，其中包括某些早已存在的街道，如交汇于图顶部波波洛广场的3条街道：左Flaminia路居中(现为Corso路)，由波波洛港通向市场及罗马市政广场，南侧的Ripetta路通向河边，以及北侧的Babuino路(如图右侧所示)。第四条街道以淡黄色表示，位于Babuino路北侧，是一条费利切街从未建成的延伸段，费利切街与之连接处位于其北西班牙台阶上部圣三一教堂前拿破仑方尖碑对景点。

另一条预先存在的街道是皮娅街，由Quirinal山通向皮娅港，并与费利切街直角相交。但在这里西克斯图斯让人们感觉到他的影响，因为他将标高降低4英尺(约1.2米)，某种程度上试图在两个终端的纪念物之间建立视觉联系。

从圣母玛丽亚教堂(图右侧中央所示)处，西克斯图斯的运动系统里Y形分叉延伸。北支(如上方黄线所示)引向圣Groce，而南支(如下方黄线所示)止于拉泰拉诺的圣乔瓦尼教堂，在此与已设计的公路相连接并折回圆形剧场(如红色所示)。

这个图解(如黑色所示)加上了西克斯图斯五世在他短暂的教廷统治期间建成的实际建筑结构，它们全都与他的运动系统清晰地关联着。它们是如此简洁，这正是西克斯图斯为罗马所创作的基本设计结构，他为罗马做出了一定贡献。

当时的罗马

上图中，1590年西克斯图斯五世逝世后建成的主要建筑，都以蓝色表示。这些建筑直接受他创立的总设计结构的影响，同时又是它的补充，这项工作总的范围也许并不使人产生深刻的印象，但它对地面的影响确实非常伟大。这是因为许多建筑环绕大片旷地布置，并处于支配地位。由于这些空间是由一个运动系统设计结构所提供的有控制的序列感受的一部分，单体建筑的影响构成一股强大的力，而与其关联的框架支配着罗马很大一部分地区的视觉形象。

在城市北端(如图顶部所示)，波波洛广场中西克斯图斯五世方尖碑那个黑点已经为限定这一区位的建筑所围合，并同连接第伯尔河与Pincio宫高地花园的交叉运动系统汇合。第伯尔河边的圣Girolamo degli Schiavoni教堂，前有Ripetta港，与Flaminia相交道路一端形成对景，而另一端则是西班牙台阶。西班牙台阶也作为费利切街设计的向北延伸；接受了费利切街向北的挺伸，引向下方标高较低的Babuino路平面，并由此通向波波洛广场，这正是西克斯图斯五世设计的目标之一。这组大台阶正是在两个标高平面中发挥功能的系统的三维壮观连接。

Barberini宫(如蓝色所示)，连同Barberini广场和伯尼尼Triton喷泉，都很受其位置的影响，临费利切街而设计，这个广场是向位于皮娅街交叉口的4组喷泉行进序列中的韵律要素。Quirinale广场(如图中部所示)的规整化和方尖碑每一侧的Dioscuri的重新设置〈建成于18世纪〉，展现了古老的皮娅街的丰富性。大圣母玛丽亚教堂的重建是西克斯图斯规划直接影响下的又一变化，所有这些作品显示出建筑与城市规划相互联系起来的重大贡献。

从功能到设计结构

西克斯图斯五世的规划不是一项任意的格局，而是适应特定需要的功能的形式。上面这幅画，选自梵蒂冈西斯廷图书馆，表现越过开阔地形走向大圣玛丽亚教堂的一个朝圣行列。下面这幅画，也选自梵蒂冈西斯廷图书馆，表现西克斯图斯为使这一运动规格化而作的规划，因而它的内容和方向都在他的波波洛广场方尖碑(如图中左下所示)到他的大圣玛丽亚教堂方尖碑(如图中右端所示)之间笔直的通道内，他称之为斯特拉达·费利切。经过重建的、相交的斯特拉达·皮娅是清晰可见的，同样，在图的最右端的Quirinal的宫殿和Dioscuri，交叉口的4个喷泉以及西克斯图斯建造的阿夸·费利切三连拱喷泉也是清晰可见的。从图的左上方也能看到Aurelian城墙中米开朗琪罗的皮娅港。

右下图是由大圣玛丽亚教堂向西班牙台阶延伸的平面图，其中4个喷泉位于中途，右页上图是西克斯图斯在世时由古斯特拉达·费利切(现Agostino Depretis路)所见的情景。有顶马车预示着新的交通模式，方尖碑象征性地标志着为它服务的运动系统。西克斯图斯的小教堂穹窿在尺度和设计上与中世纪古老教堂半圆龛截然不同，这意味着文艺复兴精神的出现。新的设计力已经处在适当的位置，而相应的作用即将产生。

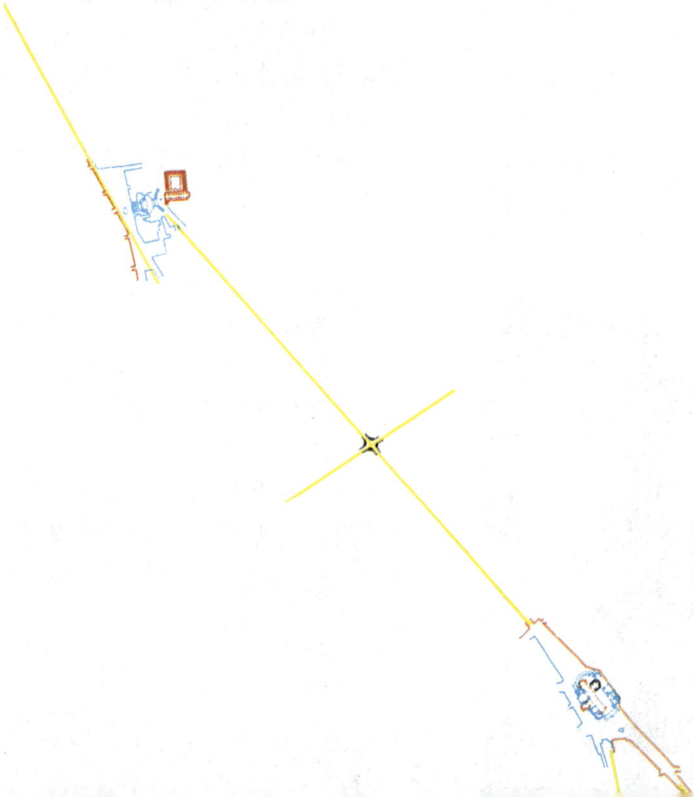

1587 年

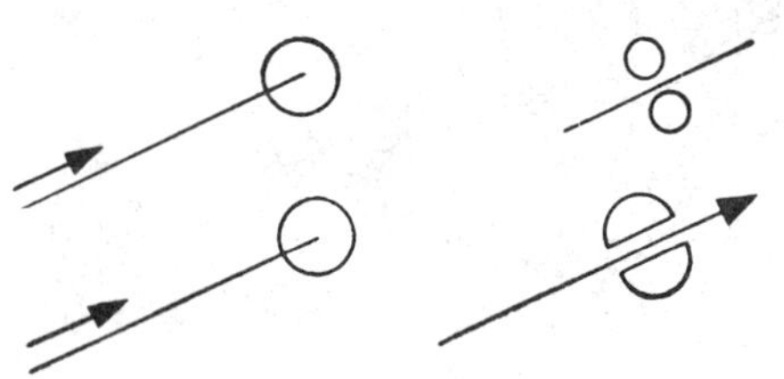

1612 年

设计结构

通过对这3幅图作一简单的视觉比较，让我们察看一下由设计结构、形式到建筑表现的设计流程。这正是西克斯图斯对大圣玛丽亚教堂施加影响后发生的情况，这个影响表现在3个方面：斯特拉达·费利切的设计结构及方尖碑、穹窿的形式、穹窿以下立面的建筑表现。尽管这些方面本已根深蒂固，西克斯图斯五世统治下的成就是局部而片断的，而以后做的工作则是他们确立的模式的合乎逻辑的完善化。

形　式

左侧以保罗·克莱思想为基础的图解，阐明了斯特拉达·费利切作用于大圣玛丽亚教堂体量上挺伸的动力影响。西克斯图斯死后21年，保罗五世教皇建成斯特拉达·费利切轴线另一侧的一对互补的穹窿，这样实际上从形式上完成了右上图中克莱阐明的同类的力。

人们可以说这是显而易见的，然而一个教皇使他的身分、他的建筑师及其自我表现服从于接受一种思想、一种形式和一项恰恰是根据他的前任的旨意决定的建筑设计，这是一件了不起的事。左下部的版画作于1612年，显示了各部分的体形，但建筑表现仍然是杂乱的。

建　筑

右图的版画表明至此已作用80余年的力从建筑上看已经发展完善。这就是1673年卡洛·拉伊纳尔迪(Carlo Rainaldi)为使建筑规范化，对教堂所做的整体形象设计，这设计同时也满足了一个更大的设计结构对这个教堂所处位置提出来的要求。只有现在这样，它才能作为古斯特拉达·费利切的一个当之无愧的视觉终端，一个在西克斯图斯五世运动系统联接处的标志性节点。

CHRISTV DOMINV
QVEM AVGVSTVS
DE VIRGINE
NASCITVRVM
VIVENS ADORAVIT
SEQ. DEINCEPS
DOMINVM
DICI VETVIT
ADORO.

1673 年

适应设计结构的要求

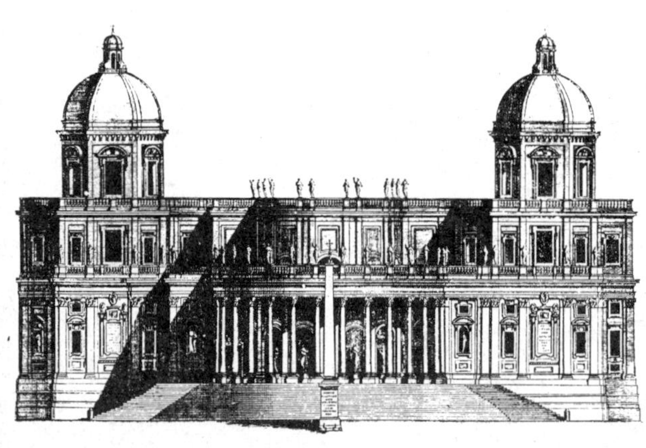

前面几页描述的过程，可能产生设计沿着预定的通道顺畅流动的印象，实际上是充满着危险和潜在的祸患的。

左上图是伯尼尼为大圣玛丽亚教堂立面所作建议的草图，左下图是包括方尖碑的立面版画。伯尼尼的天才勿庸置疑，问题是他的设计与基地是否适合。把这两幅画同前页拉伊纳尔迪的立面表现图作一比较，就会发现拉伊纳尔迪的设计更加出色，幸而，他接受了设计委托。

与拉伊纳尔迪在支托建筑整体的大台阶上建立统一性的做法不同，伯尼尼把立面划分为各自分开的部分，每一部分都是宏伟壮丽的，但每一部分都是牺牲整体而突出其自身的识别性。这样伯尼尼就未能成功地建立一个有足够份量的，能与古斯特拉达·费利切的挺伸相均衡的体量。半圆形柱廊划分过细，再加上试图从主立面体量中使它本身独立的做法，造成柱子间竖向长方形阴影。而这正是方尖碑最忌讳的背景，它将使方尖碑变得模糊不清。

这就是一座好建筑放在错误位置的现象。有威望的伯尼尼，为什么没有取得这个工程的设计委托，这在历史上是没人能说清的。把选中拉伊纳尔迪归功于主顾的精明的眼光，固然令人高兴，但我们却不能充满自信地这样做。但是，我们深感欣慰的是历史站在规划的统一性一边。

第149页上一幅版画是罗西(Rossi)从早期草稿中复制的，它表明一座建筑为适应环境中新出现的力的要求而改建的过程，表明在斯特拉达·费利切挺伸影响之点，就在方尖碑的后面变形为新的尺度，一种终将包容整个结构的尺度。

第149页下图中的点代表方尖碑，为西克斯图斯五世的小教堂，与新的道路(如图中黄线所示)的挺伸相接，这种挺伸作用于古罗马教堂(如图中红色所示)，而得到整体的宏伟的建筑。一座建筑被设想在罗马的设计结构中作为一个焦点的最终作用就是如此。

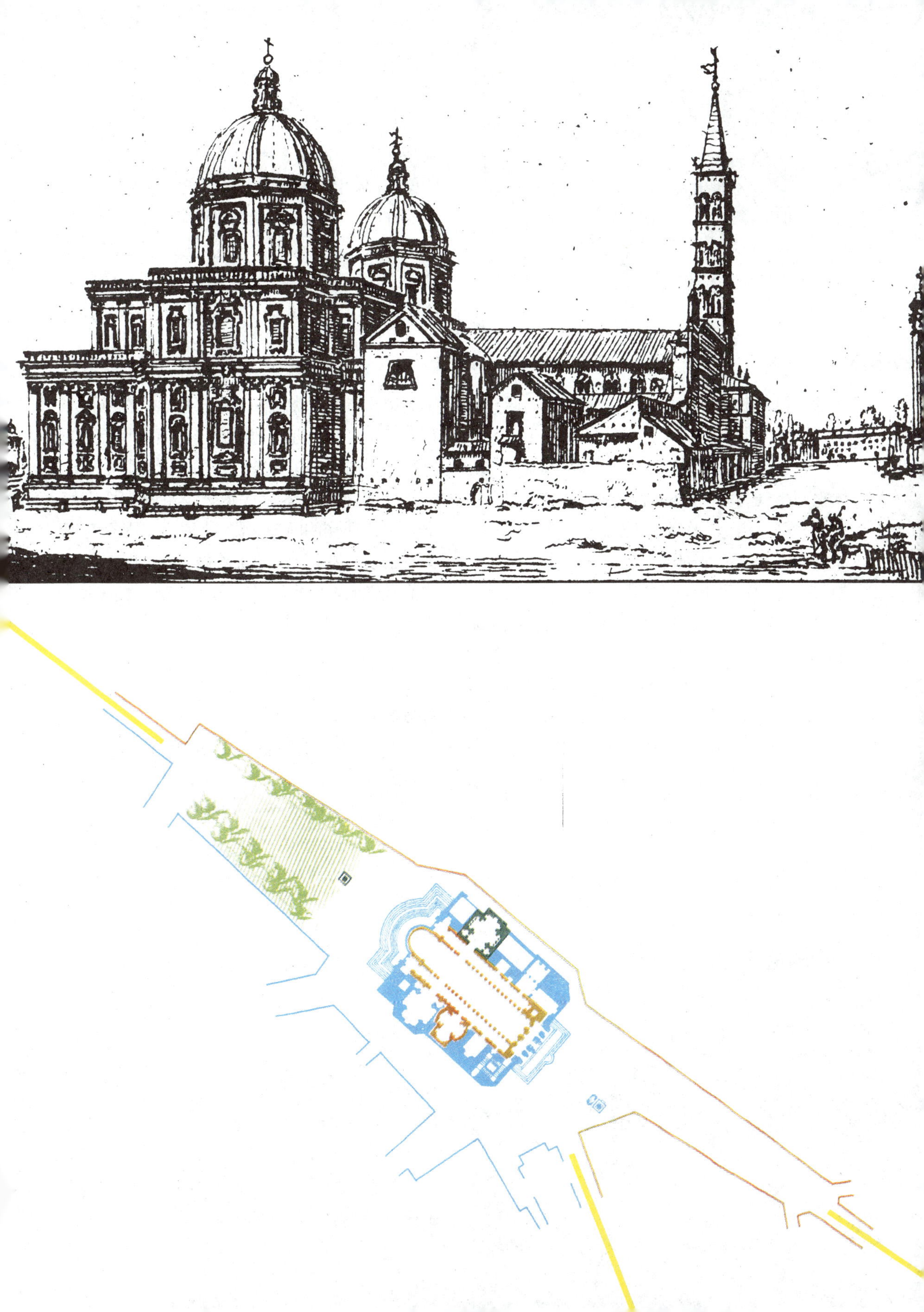

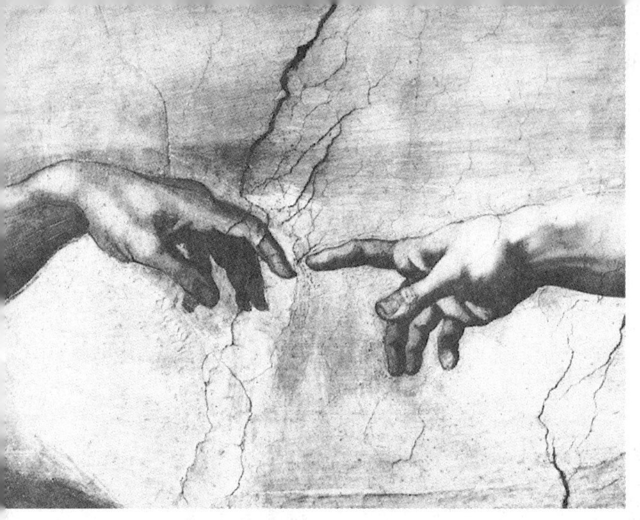

创造性的张拉

在巴洛克时期，随着空间中设置的两个实体之间生气勃勃的力的流动的建立，产生了张拉这样一个概念，作为完整的建筑表现。这个原则在文艺复兴早期曾被忽略，但在这一新时期，作为设计中有生气的力，又重新出现。

在这里，把米开朗琪罗在西斯廷小教堂顶棚上的亚当和夏娃的手和拉泰拉诺宫（左下）的佚名画一起展示出来，是一件特别喜人的事；这个拉泰拉诺宫表明米开朗琪罗的波尔塔 · 皮娅

(Porta Pia）跨过斯特拉达 · 皮娅的空间与古罗马的Dioscuri紧密呼应；Dioscuri是古典艺术的象征，米开朗琪罗从中悟出许多启迪。拉泰拉诺的画比任何照片，世上任何单一的感受更好地表现出一条大道的若干象征性终端在视觉上的并立，以建立一种存在于思索的目光中却又不能用常规方法形象地加以表现的联系。直到最近，在约翰·肯尼迪总统葬礼行列引人注目的时刻，这种联系才用技术方法得以表现，由电视摄像镜头产生了类似的效果。也只有在电视屏幕上，才有可能近似地看到华盛顿那些大道的象征性终端，当送葬人行列在甬道空间中移动时，传达出的总体设计概念。右图皮拉内西(Piranesi)所作的阿夸 · 费利切版画，是西克斯图斯建立的喷泉，它象征着修复由Alban山来的给水道把水引到罗马的这一设想，这幅画表达了阿夸 · 费利切与比喷泉晚建成的圣母Vittoria教堂巴洛克立面之间的张拉。

有节奏的段落处理

右图表明沿斯特拉达·皮娅(现Via Quirinale和Via Venti Settembre)运动的有节奏的段落处理，这是通过西克斯图斯深思熟虑的法令而产生的。在拉泰拉诺的绘画中，Quirinale宫正在施工，这是Domenico Fontana为西克斯图斯设计的。在它与波尔塔·皮娅之间的半途，西克斯图斯布置了阿夸 · 费利切，也正是这里(San Bernardo广场)与Quirinale宫之间的半途，他设置了4组喷泉，这些喷泉都设置在路口，四角是独立的墙，而没有建筑，标志着古斯特拉达 · 皮娅与古斯特拉达·费利切(Via Quattro Fontane)的相交；它们作为4个景观的标志性前景，其中每一个本身又都是壮观的。

因此，西克斯图斯实践的城市设计艺术不仅包含设计结构，而且他的设计大概念可以决定哪里需要放置新的建筑。

Veduta del Castello dell'Acqua Felice
presso le Terme Diocleziane. 1. Chiesa di S. Maria della Vittoria

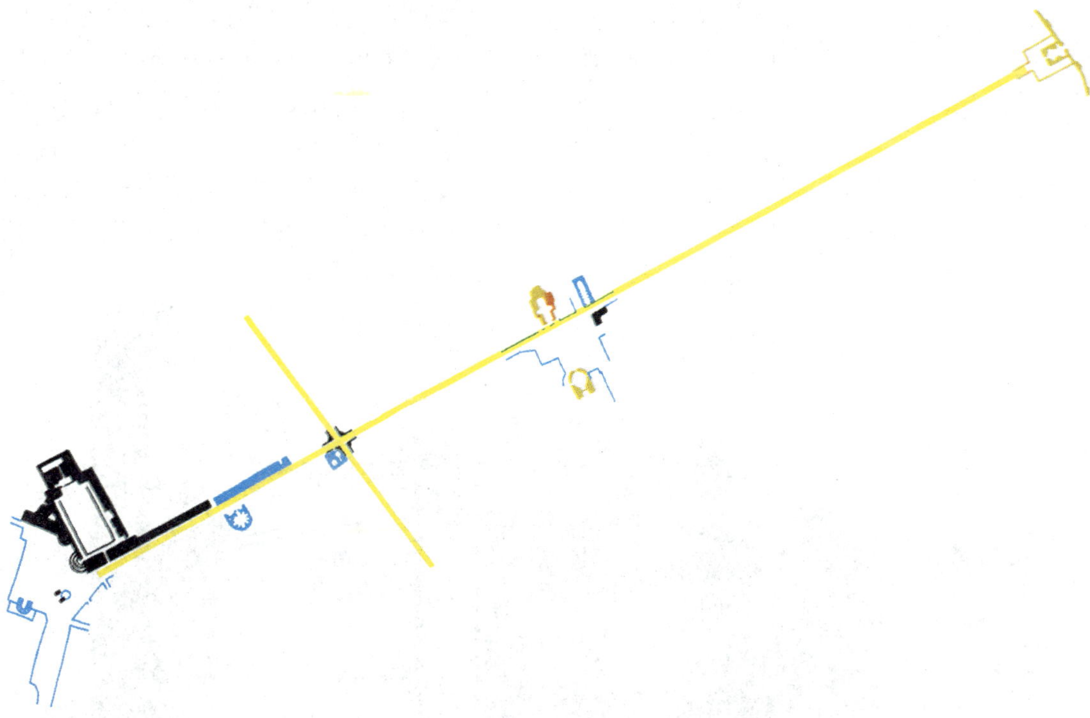

4组喷泉

这里搜集的3幅版画，把西克斯图斯的运动系统中范围广阔的象征性要素联在一起。上图是从斯特拉达·费利切与斯特拉达·皮娅相交处四组喷泉北望大圣玛丽亚教堂的Rossi画面。教堂前的方尖碑把运动系统固定下来。与一组喷泉相毗邻的是呈曲面的San Carlino，它的设计者弗朗切斯科·普罗密尼(Francesco Borromini)使自己的设计适应了这个困难的斜角位置的要求。

在下图法尔达(Falda)版画中，我们把视线调转180°，顺着斯特拉达·费利切，在另一方向投向San Trinità dei Monti的双塔。上图中最左侧刚能看得见的喷泉在下图中成为中心景观。

次页1754年皮拉内西(Piranesi)版画表明Francesco de Sanctis和亚历山德罗·斯佩基(Alessandro Specchi)的西班牙台阶，由西班牙广场升向斯特拉达·费利切的终端的San Trinità dei Monti。这组台阶将西克斯图斯运动系统中两个不同的要素在不同的高差上绝妙地联系在一起。

西班牙台阶底部是伯尼尼的父亲所作的船形喷泉，往左面是经过Via del Babuino看波波洛广场上经过西克斯图斯抬高了的方尖碑。在这里我们看到西克斯图斯用洗炼的手法来保证他的规划的未来发展。从实际建造的角度看，西克斯图斯所作的工作，在版画中看得见的，只是大圣玛丽亚教堂的穹窿之一、两座方尖碑和4座喷泉。他死后完成的建筑作品，深刻地印证了他的思想。

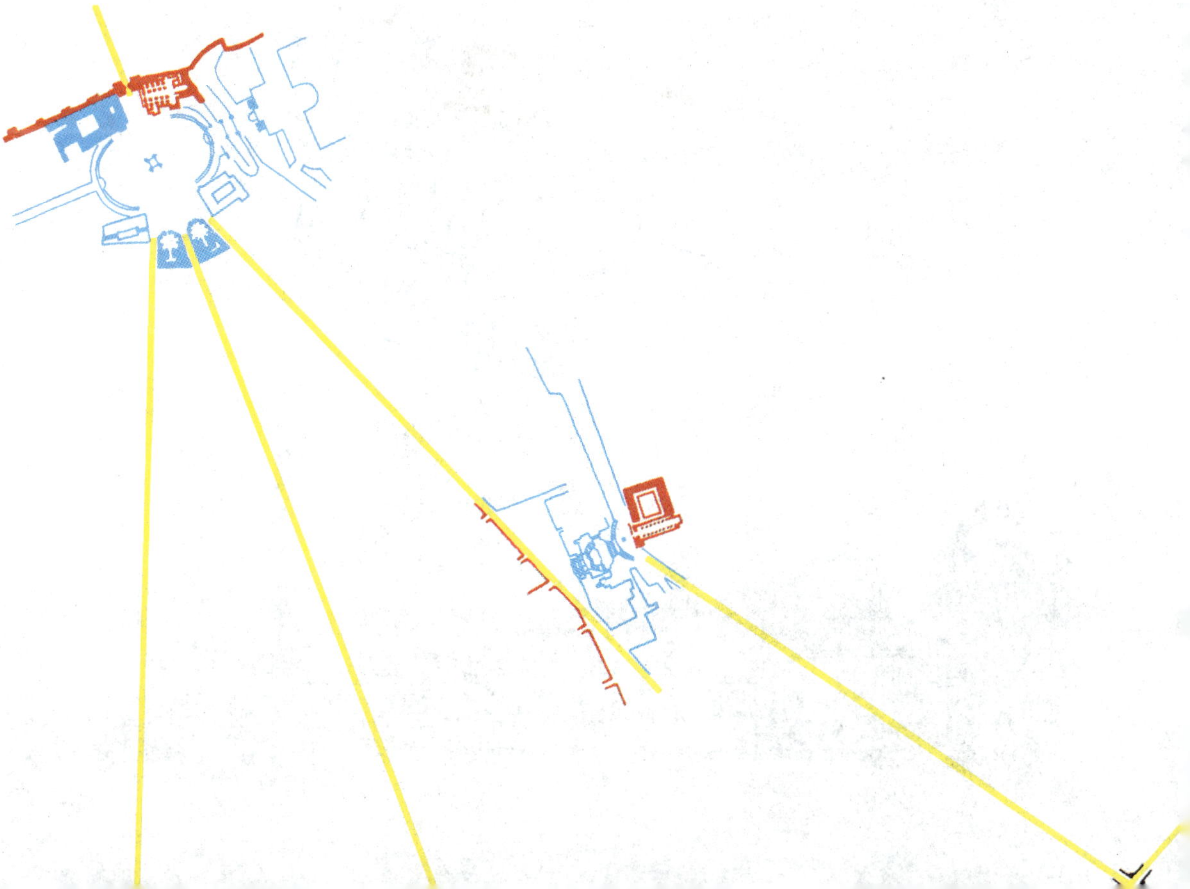

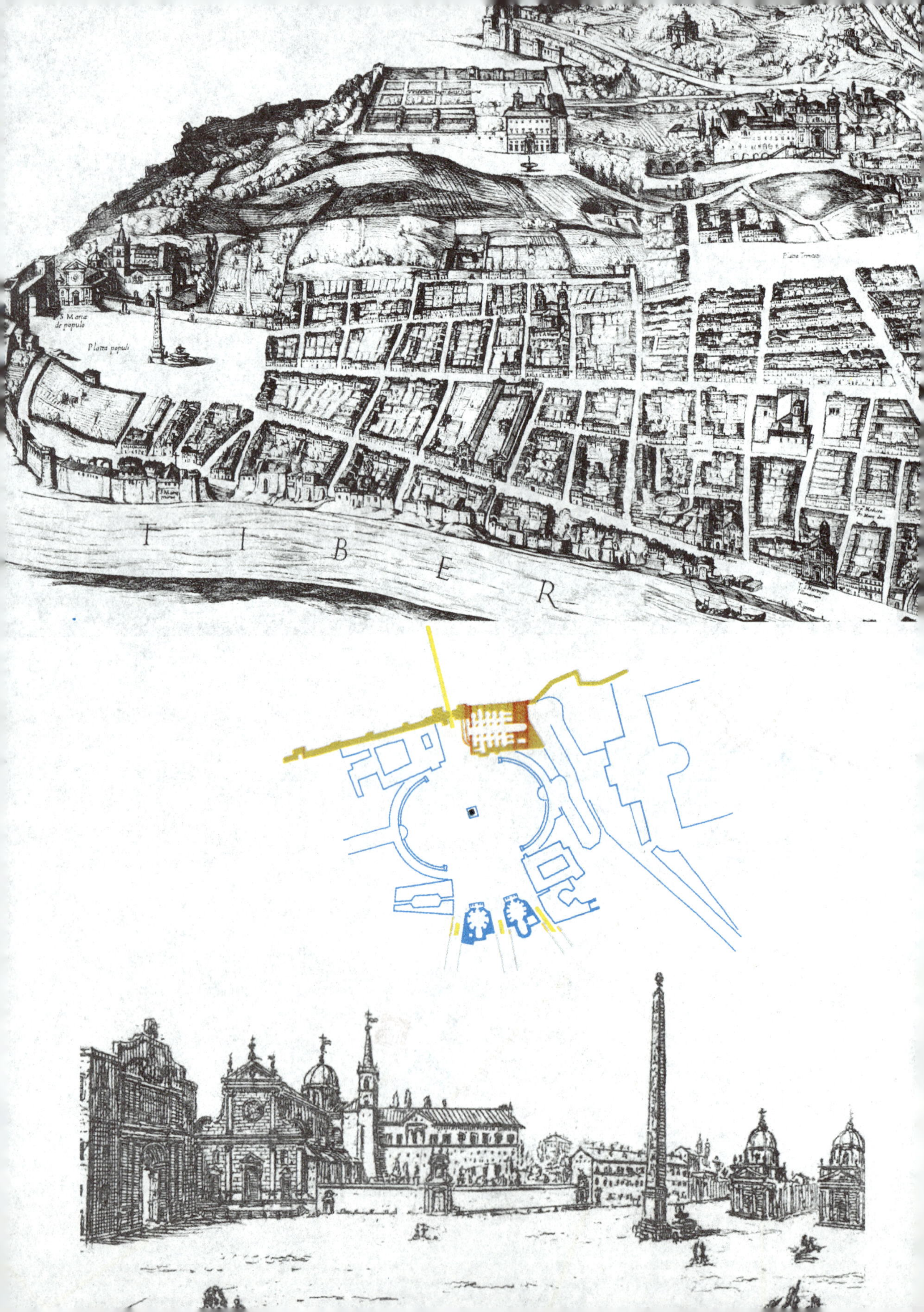
S Maria
de populo
Platea populi
T I B E R

跨越时代的设计——波波洛广场

波波洛的发展比罗马任何其他单项作品更能清晰地表明一种思想作为跨越时代的组织力时所具有的威力。我们感激滕佩斯塔(Tempesta)在西克斯图斯死后不久用木刻(如前页图所示)的形式对罗马这一地区进行了杰出的表现。这幅木刻描绘了这一地区的脏与乱、San Trinità dei Monti前的土坡、没有喷泉的Trinità广场，以及左侧其貌不扬的波波洛广场。

正是建筑师拉伊纳尔迪看到了这一地区潜在的巨大可能性，倡议了发挥设计潜力所必要的建筑。两座实质上相同的教堂(如下图所示)隔街相对是极不合理的，然而却是拉伊纳尔迪所需要的，实际上也就如此这般地建了起来。拉伊纳尔迪于1660年受命设计这两座教堂，并在伯尼尼和丰塔纳(Fontana)协助下完成。

这两座教堂，右边是圣玛丽亚 Miracoli，左边是圣玛丽亚 Monte Santo，其合理性就在于它们在更大的设计结构中所起的作用。这两幢建筑既非完全属于广场，又非完全属于街道，然而它们沟通了两者并联系西克斯图斯五世方尖碑。

这两座教堂1679年就已建成，而波波洛广场迟至19世纪初依然保持这般状况；两端变化丰富，中间破旧呆板。1813年Giuseppe Valadier的规划被批准，为宏伟广阔的半圆形广场上两座教堂两侧提供新建筑，在波波洛港对面重复波波洛圣玛丽亚教堂的形式。这就使广场的设计变得规整，并使之与方尖碑保持更紧密的关系。在东面，Valadier设计了一组大台阶、坡道和跌水，由Pincio花园下降，其效果是将这块旷地引入广场结构。最后，一条街道切入这条轴线，把广场和第伯河联接起来。整个作品的协调与统一更是值得注意，其中各个部分相隔很长时期建成，每一部分都有自身建筑表现的模式。

19、20世纪的罗马

这幅作于1880年的石版画，展现了罗马全部的宏伟壮丽，这是和西克斯图斯五世300年前成为教皇时大不相同的罗马。

波波洛广场及其方尖碑，双穹窿教堂及Valadier的两个半圆形扩展部分在前景中显得格外突出。通向河流的街道还没有辟出。左面成系列的坡道、凉廊和台阶拔地而起，把Pincio花园和广场紧密地联系在一起。在西克斯图斯的San Girolamo degli Schiavoni前的是一座通向河边的曲线形巴洛克梯级，它只能在图右侧第伯河湾道处看到。方尖碑和西班牙台阶的顶部从圣Trinità dei Monti双塔前可以看到，它的上部是大圣玛丽亚教堂双穹窿前的方尖碑，古斯特拉达·费利切从当中伸展。就在左边，隐入地平线的是拉泰拉诺的圣乔瓦尼，它的前面有西克斯图斯五世的方尖碑。

这是一个具有它自身全部复杂性的城市，一个技术、社会和经济基础以及西克斯图斯五世在位时期存在的状况全然不同的城市。然而，就其生活质量、情趣，以及旅游的实际作用等方面而言，今天都比西克斯图斯五世教皇在世时更深刻地受他的预见和信念的影响。

西克斯图斯五世成功地发展了一系列相似的图景，在实施方面他运用城市建筑的过程比之运用自然更胜一筹。

美国风景建筑师弗雷德里克·劳·奥姆斯特德(Frederick Law Olmsted)先生写道“艺术家之所以高贵……在于他以对美和设计力的真知灼见，勾勒轮廓，渲染色彩，构思明暗，使一幅画如此伟大，大自然也将世代为其所用；他胸有全局，必定会实现创作意图。”

西克斯图斯五世成功地发展了一种类似的蓝图，他运用城市建筑过程来实现这个蓝图，而不是听其自然，任其发展。

Monte d'Oro
Campus Fontinalium
Porta S. Giovanni
Cœliolus
M. CŒLIVS
M. PALATINVS
Lucus Larum
ESQVILIN
M. Oppius
Lucus Strenia
Lucus Lupercalis
M. Cispius
M. VIMINALIS
Lucus Minervæ
Lucus Rubiginis
Porta Pia
Porta Salara
COLLIS HORTVLORVM
Porta Pinc
CAMPVS

形式与自然

罗马的经验教训不止是城市规划与建筑的相互结合，更有着规划与地形的结合。在这座有着 7 个山头的城市，要在崎岖的乡域加上一个合理的设计网络，的确是一个棘手的问题。

在罗马的古典时期，当集中在设计建立自给自足的建筑综合体方面时，地形问题主要就是挖山填谷，以便为拘泥形式的、对称的建筑建立精确的几何平面。

西克斯图斯的设计概念提出了全新的地形问题，因为他考虑的一条直线不是像古典罗马广场或浴池那样只有几百英尺，而是为对景和运动系统所需要的几千英尺。他的设计，关键性建筑和地形的相互作用清晰地显示于左图中，这是乔瓦尼·巴蒂斯塔·布罗基(Giovanni Battista Brocchi)于 1820 年的作品。

运动系统果断地跨越乡域伸展开去，张紧而又有机地结合，迳直指向它的目标，扰动的仅仅是为达到它的目的而必须移动的地方。

我们能清楚地看到古斯特拉达·皮娅上西克斯图斯必须铲平一个小山丘，使波尔塔·皮娅与 Quirinale 广场从视觉上联系起来。我们看见斯特拉达·费利切上山下山，以直线走向由 San Trinità dei Monti 通到大圣玛丽亚教堂，就在这个时起时伏的过程中造成一种有节奏的感受，而倘若在规划上不采取直线格局，这种效果就会消失。通向 Santa Croce 和拉泰拉诺的圣乔瓦尼的支路，也是这样降下山谷和攀升山丘，正是由于这种升降对仗的纯粹性，布置在地形柔和婉约的用地上的张紧的路网才会对罗马的素质有如此巨大的贡献。

土地的特征，由运动系统划分得层次分明，必然是或者必将是一切建筑的原动力。

看城市的方法

古典时期的罗马

这两页图展示了两个引人注目的城市规划，都属于罗马，但分别属于两个相隔久远的时期。本页是“Forma Urbis”的片断，这是Sertimius Severus于公元3世纪在Forum广场一幢建筑的墙上设立的大理石刻城市地图。这幅地图表明一种室内外结合的设计方法。空间自由流动遍及整个范围。调节空间的是一个统一的柱子体系，按规律成行、有韵律地排列，给人一种功能感和秩序感。

这幅地图不同的片断表现出多种多样的形式，有的是矩形，有的是半圆形，有的是圆形，有的形式不拘、富有幻想。但是遍及整个范围，柱子结构的间距(节拍)根据砖石结构过梁的要求，调节成一个共同的韵律。

希腊城市是属于这样一种尺度的，只有少数内部韵律绝妙而范围有限的建筑能影响整个城市的范围，作为标志，支配不那么有情趣的地段。然而罗马的征服野心及其相伴随的城市尺度，要求全新的结合原则和法式。单体建筑或一系列的单体建筑，倘若没有联系因素，必然要在大城市的规模中被吞没。

因此，就像在法律和政府方面一样，罗马精神产生了在足够宽广的尺度上造成秩序的策略以适应公共活动新规模的要求。而今天那些古典主义时期罗马的遗迹，正是这种经过巨大努力获得成功的一种纪念物。

巴洛克时期的罗马

右面的地图，绘制于前图1500年后，是1748年詹巴蒂斯塔·诺利(Giambattista Nolli)罗马地图的局部，它根生于古典时期罗马有严格章法的城市平面，经过中世纪形式混乱的发展，又由巴洛克建筑章法而重新建立秩序。

与前图相比，这是一个更为紧凑的设计，城市的规模和以前相比是微不足道的，在诺利和他同时代人思想中，外部和内部公共空间难解难分地结合成一种思想和感受的统一体。

这里韵律的模量由室内拱券开间提供。内部设计的位置和规模完全由建筑与所在街道、广场的关系而确定，它溢向外部，使空间充满生机。古罗马潘松神庙由于对面巴洛克喷泉而更趋于完美；Vignola Gesu教堂由它面前的广场上出入；伯尼尼的有着曲面的Monte Citorio宫完成了古代的空间运动，并与巧妙地布置在广场宽和窄的结合部的方尖碑建立起张拉关系。最令人惊异的是圣Ignazio教堂前的广场，这里教堂中央通廊、侧通廊拱券的韵律形式延伸到广场对面住宅外墙曲面，它们限定规划中相互关联的3个椭圆形空间的范围。在这里，内部空间是街道感受的延伸和完善，同时又将它们的影响伸展出去，塑造特性，塑造它面前外部空间的实际形式。

我们又一次看见一个共同的有力的设计章法发展的现象，而且在这幅特殊的地图中，也看到一种与之相适应的表现模式。

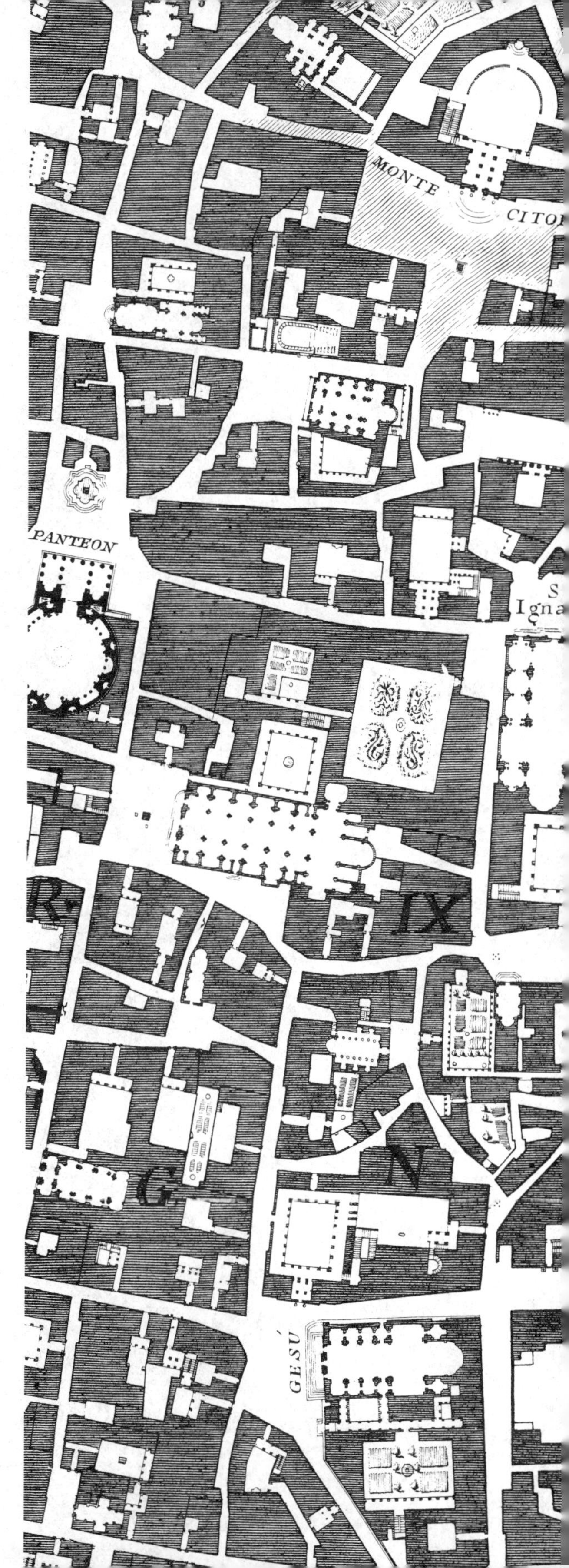

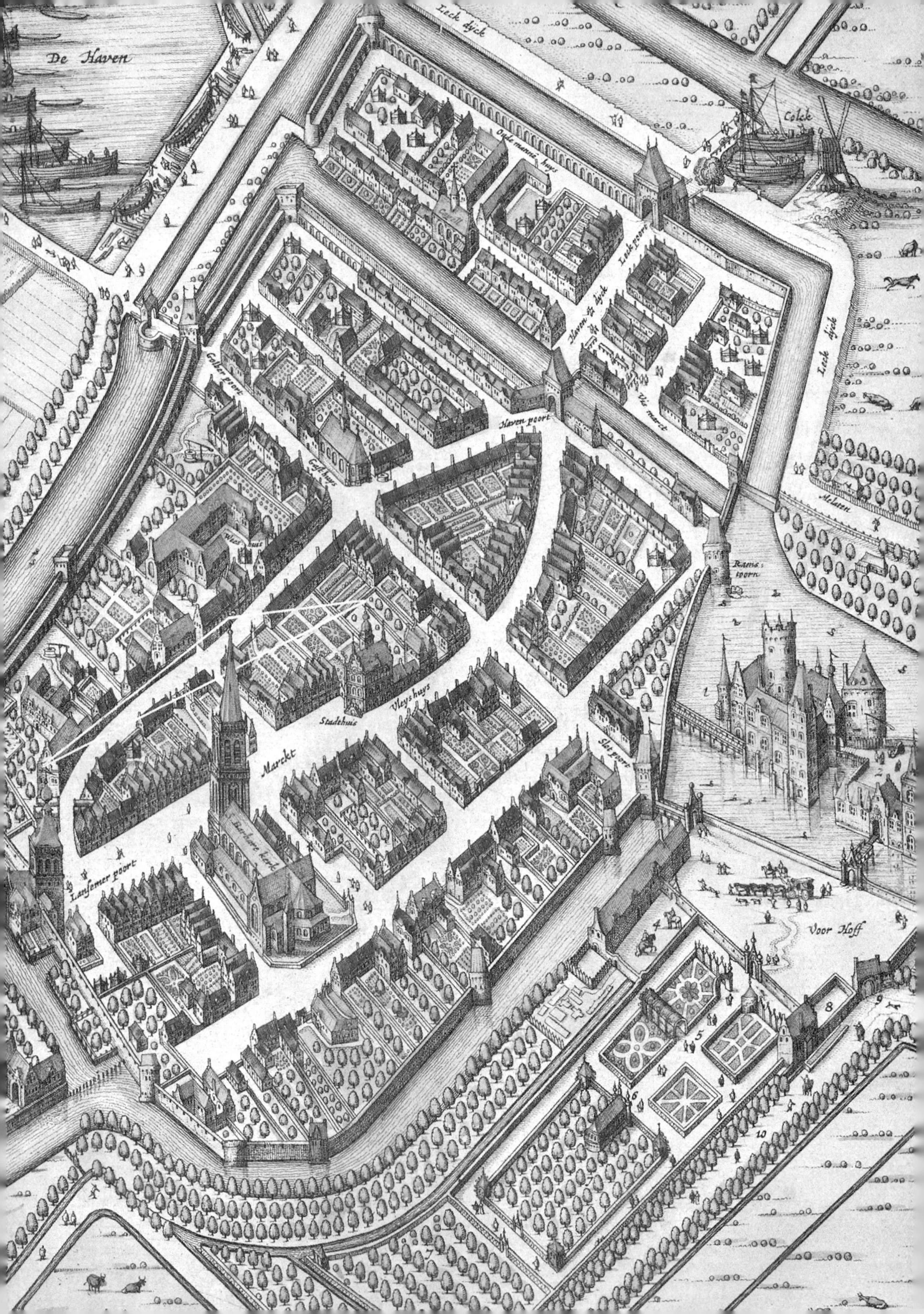

De Haven
Leck dyck
Colck
Haven poort
Marckt
Stadthuis
Vleyshuys
Slot poort
Lansemer poort
Voor Hoff

荷兰的插曲

屈伦博赫城

我们研究过的罗马，是在罗马天主教会资源帮助下产生的一个有战略意义的城市中一项宏大事业的成果。在研究荷兰小城市中平行问题的同时，发生的活动也具有价值意义，尽管那里并不存在这种条件，城市建设的动力和资金来自地方资源，因此设计也相应地受到限制。设计是低调的，表现出今日美国城市在邻里更新项目中在尺度和规模上的自然的市政开发。

屈伦博赫(Culemborg)城，如上页纳安内斯·布劳(Joannes Blaeu)于1648年所作铜版画所示，是一座由城墙和城壕围护着的、附有一个简单拉长的市场空间的中世纪原型城市。这个中央甬道空间提供屈伦博赫城组织要素。左侧城门上较小的尖塔，是市场这边一个有力的设计特征，与大教堂面向广场的尖塔呼应。它又进一步由市政厅谦和的角塔加以重现，后者作为市场与街道接合部华丽的转角处理。我们又一次看到16世纪上半叶建筑师的意愿，通过一个简单的行动解决几个世纪的发展衔接。设计者并未感到巴洛克式正规的轴线与前广场空间关联的必要性，却已果断地将市政厅建筑横跨不对称空间之上，赋予市场广场空间端部以特征。通过空间中的点的第3个音符，他以中世纪教堂与城门上尖塔的点创造了一个和弦，从而产生了一种设计张拉，一种跨越市场多边形空间上空的力线网。这是对一个建立在简单的几乎是谦卑的基础上的设计再肯定。

扎尔特博默尔城

扎尔特博默尔(Zaltbommel)城较之屈伦博赫城稍大一些，城市结构也较复杂些。设计极好地表现城市组织结构，在平坦的荷兰平原上，标志性的城市功能设施高耸入云清晰地展现在天空中。

次页轴测透视图表明有3个主要的尖塔。它们成为沿着经修改的方格网街道运动路线上的视觉重点。作为主要焦点，这些尖塔也联系着市场拉长的空间及其延伸部，联系着教堂前的Nieuwstraat。

荷兰作为一个幅员平坦辽阔，但缺乏引人入胜的自然特征的国家，艺术技巧杰出的荷兰人通过设计城市天际线来丰富城市景观。本页和次页下部的铜版画阐明了扎尔特博默尔城的激情行动所取得的成功。教堂那尺度完美的复杂的尖塔作为支配性要素屹立着，而交叉处的小尖塔，被Gasthuys小教堂更小、更简单然而却相互联系着的塔楼和小尖塔呼应着。市政厅更小的角塔在整个和弦中提供第三个重要要素。

城市中的这些建筑创作以及其在街道上空如此大范围的尖塔处理，在它们之间建立起不断变化的和谐关系，这从城市内部和周边毗邻的乡村中都可以看到。类似的现象也完全呈现，最近的点越过中距离目标最迅速地移动，而最远的似乎随着运动中的观察者的路线而移动。这样，一个永不休止的动感系统就赋予在扎尔特博默尔城运动的人们。要使这种现象有效呈现，空间中点的数量必须相当少以便容易理解，它们相互之间及与它们作为其中一部分的城市有机体之间的联系必须清晰。

Bosch poort
De Groote kerck
De Nieu straet
Spies makers straet
Bosch straet
De Marckt
't Raedhuys
Camerse straet
Camerse Poort
De Kat
Water straet
Water poort
Seyger poort
De Nieuwe Haven

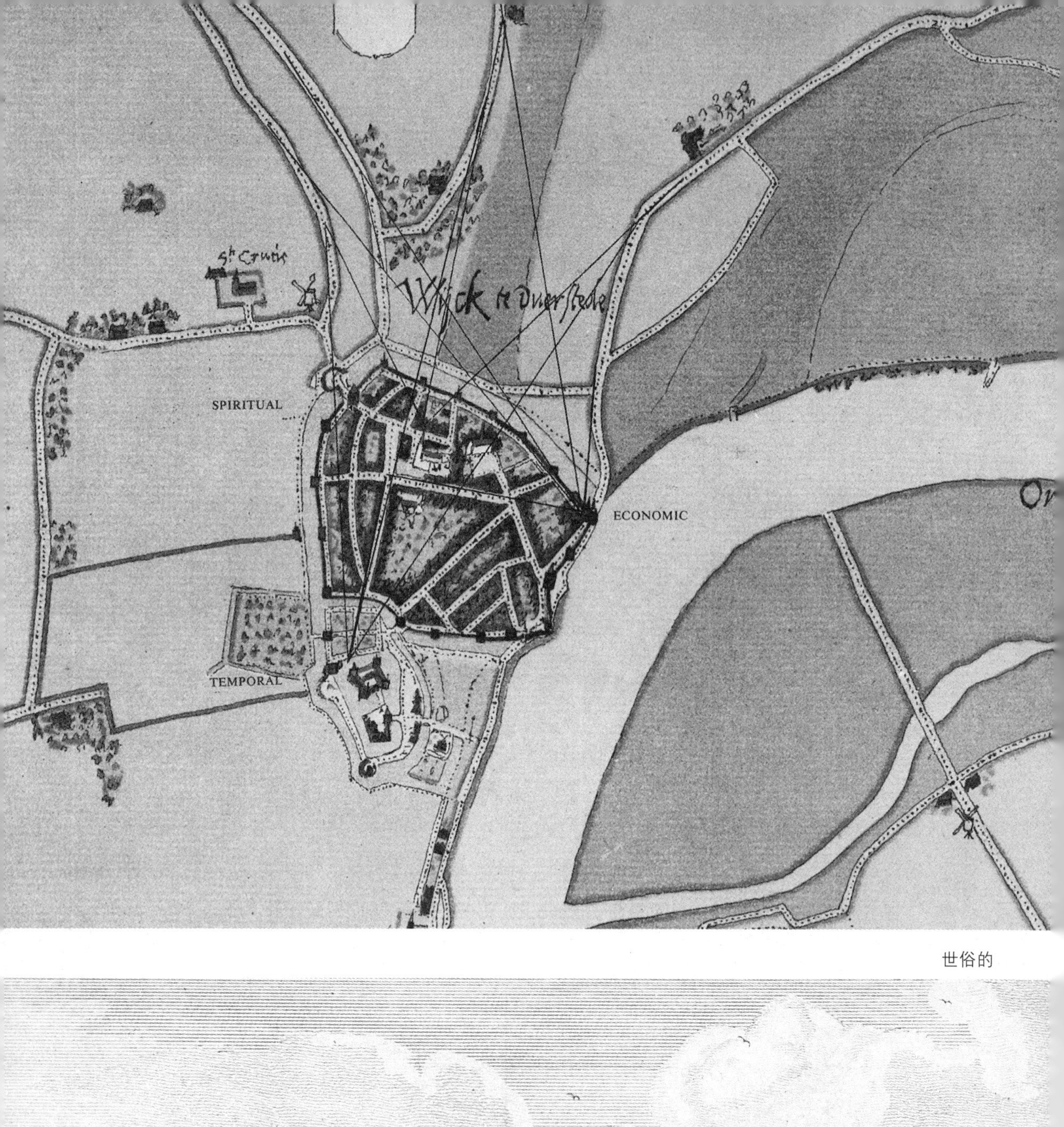

SPIRITUAL

ECONOMIC

TEMPORAL

世俗的

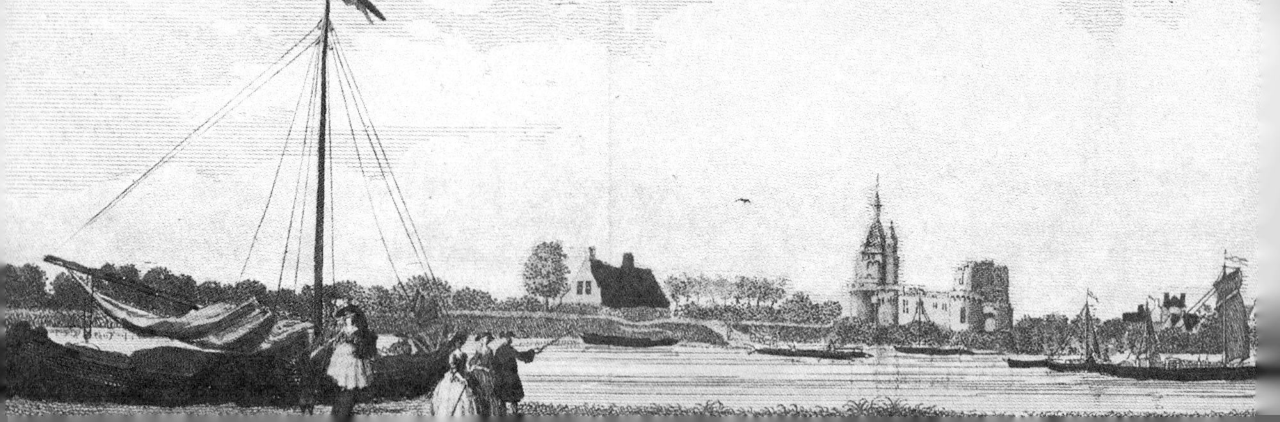

世俗的 经济的 宗教的

威克·毕·都尔城

在鲜为人知的小镇威克·毕·都尔(Wijk-bij-duurstede)，以屈伦博赫城和扎尔特博默尔城为例说明的设计原则进一步阐明了设计结构的简洁性。城镇生活的3个方面：精神力、世俗的权势和经济的能量，在3幢建筑中被赋予象征性的表现。每一幢都以天空为背景，展示其有特征的轮廓，其布局也为地区增色了许多，而且，在区域运动系统上又相互关联，提供一个导向的视觉焦点。3幢建筑中的第1幢——有着钟塔的教堂，坐落在城镇中心市场广场上。第2幢是地方贵族宫的角塔，位于城镇的边缘。第3幢是位于河边城墙上的磨坊，与城堡到教堂方向成90°角，见Rijk博物馆雅各布·范勒伊斯达尔(Jacob van Ruisdael)的绘画(如上图所示)。

上一页Deventer的Jacob的古地图，作于16世纪后半叶，描绘了这座河边城镇的区域环境，一如今天存在的状况。下方的版画表现河上所见的城市，教堂居中，城堡位于左侧城市边缘，河边城墙上的磨坊在最右端。这幅地图表明城市连续变化的对景，来自巧妙地成弧形行进的入城道路，它们交替地引导注意的方向，由三幢建筑中的一幢移向另一幢(如黑线所示)。

宗教的 经济的

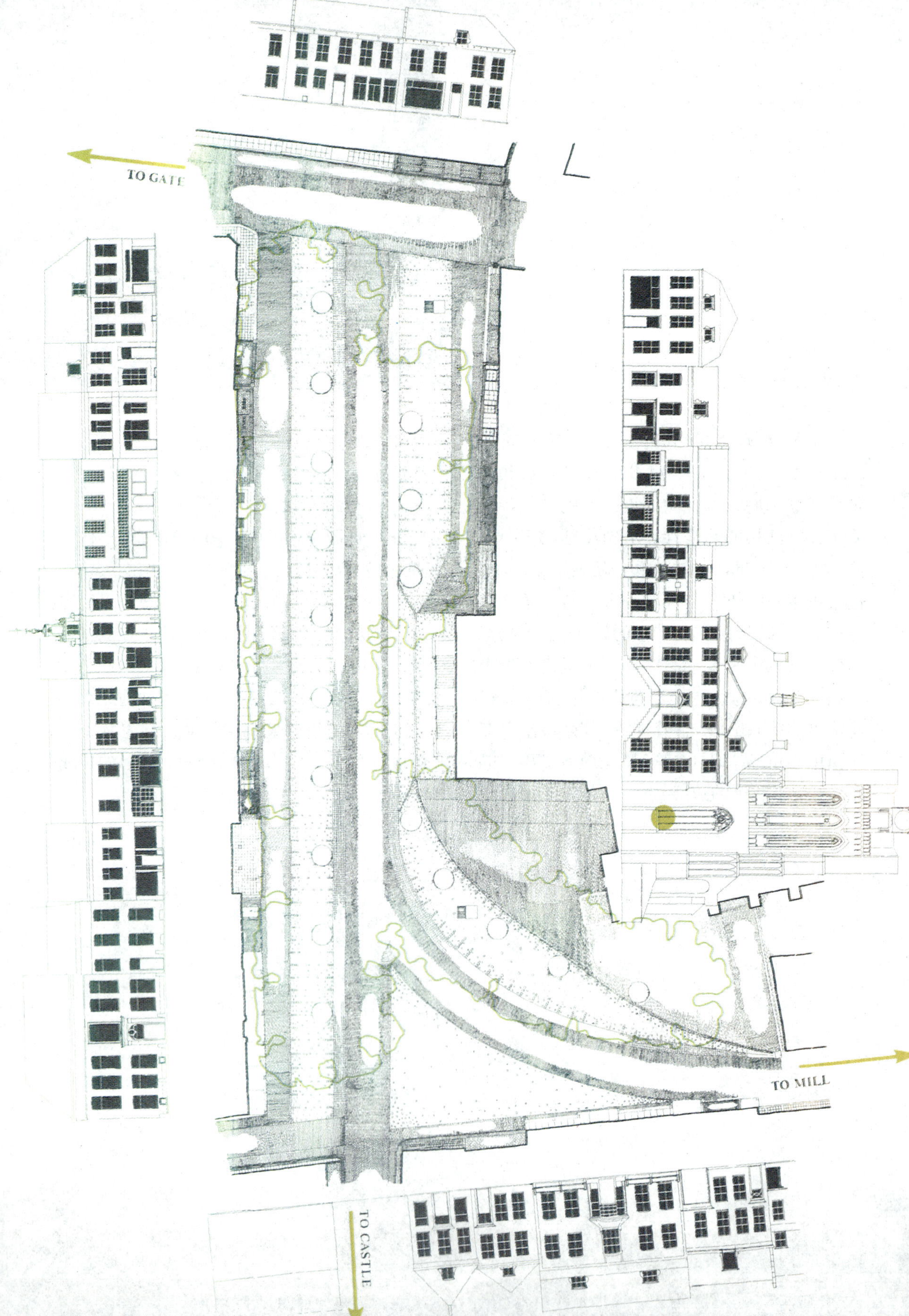

TO GATE
TO MILL
TO CASTLE

3 个标志性节点

当一个人从乡村走向威克·毕·都尔城中心广场时，会强烈地感受到教堂塔的导向感。但这种感觉在经过一段短距离由吊桥引向狭窄的城门，到达绕城城壕时却被打断了，这里他经由垂直的街道来到长长的市场，因而到达城镇中心是一个突然而令人振奋的感受，教堂的塔楼冲击着他的全部意识。狭长的市场尽端是两条街道垂直交汇处，一条指向城堡，角塔提供了终端对景；另一条对着耸立于街道、并对街景的天际线起支配作用的磨坊。

左图中表现的这个小空间的组织是喜人的。上图是1745年所作的水彩画，它表明17世纪的市政厅与中世纪教堂的塔的和谐布局和尺度权衡。树木(如绿线所示)布置得体，两个饮泉有效地调节着空间，铺砌反映了动与静，象征着广场在整个运动系统中的功能。

在这个广场中提供了一个最恰当的例证，那就是威尼斯圣马可广场中不同时期建筑成功地结合而其中每一局部又不作折衷处理的手法。市政厅外墙面突出于教堂之外，提供了一种17世纪影响的做法的肯定性，两个当代饮泉的建筑延伸和强化了这一界面，在设计上将这一时期与往昔作品统一起来。

在广场北端垂直进入街道北侧的建筑外墙界面与广场南端两条街道直角相交点形成了极好的对比，它们各自表现了城市生活的另一面。

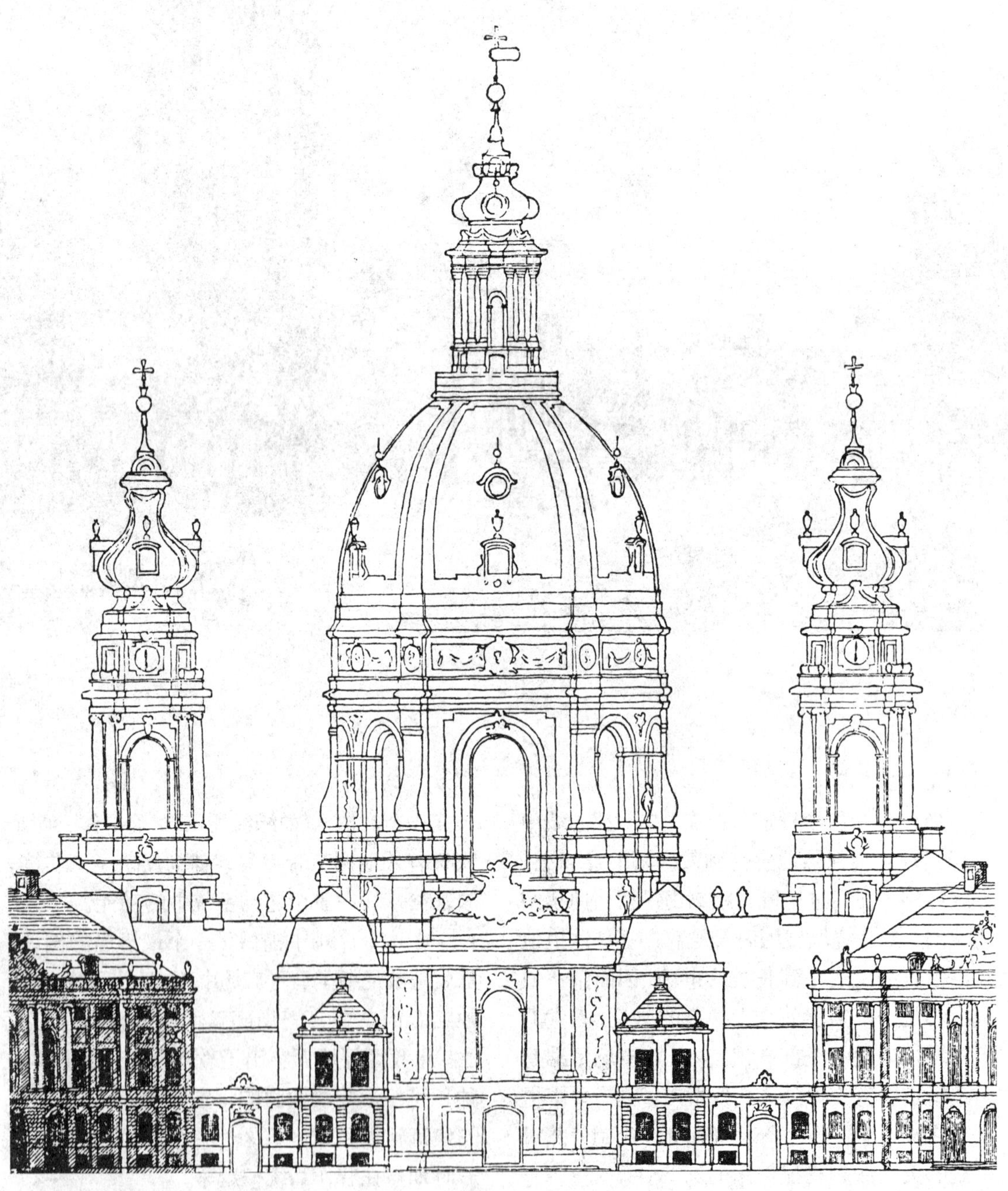

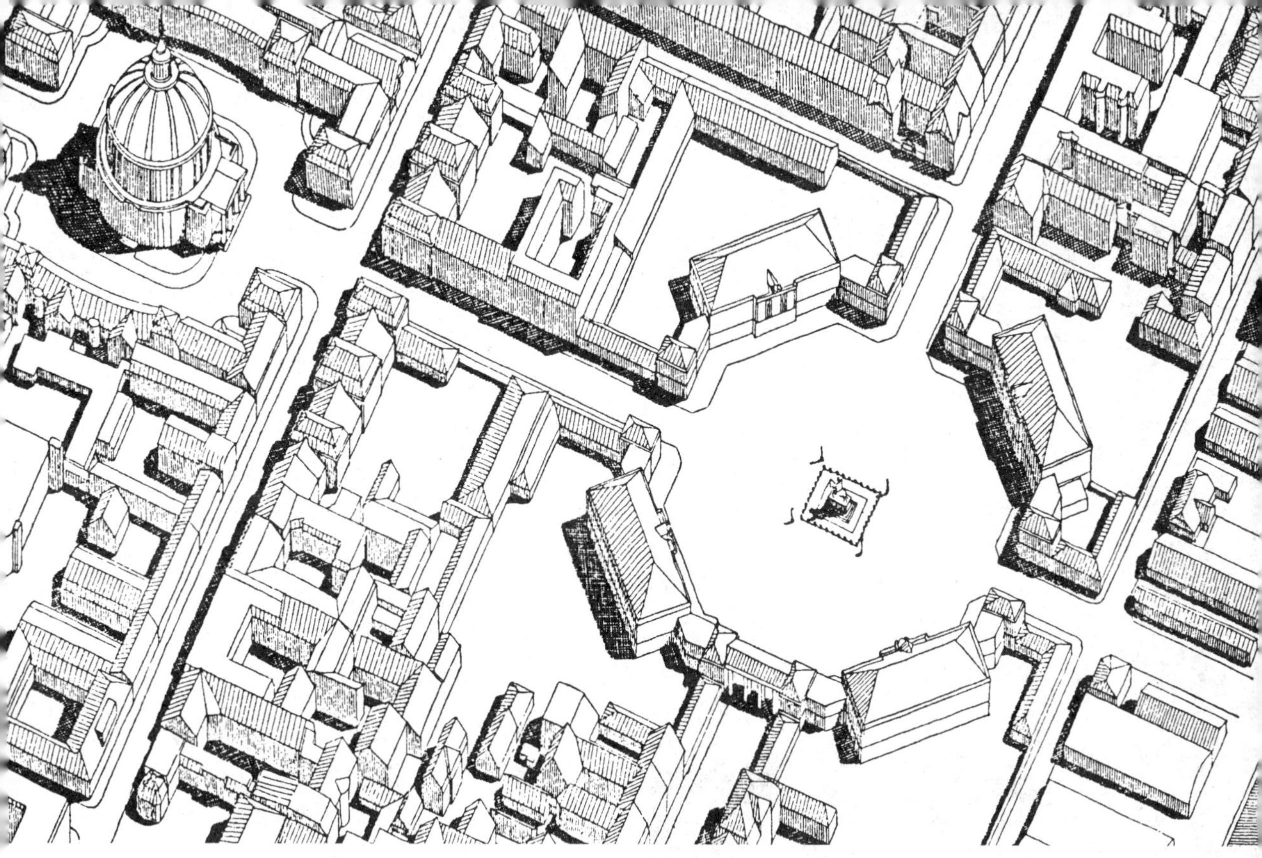

18、19世纪欧洲的城市设计

我们看过的荷兰的作品和Panza(如第53～57页所示)实例，都是中世纪直观思想的产物。现在我们将关注文艺复兴透视学和理性主义已经瓦解了早先设计者直观感觉反应的影响之后审慎的小城市的设计。

丹麦皇帝弗雷德里克(Frederik)五世，于1749年请Eigtved设计了Amalienborg，以推进哥本哈根某些封地的发展。斯日泰·艾勒·拉斯穆森(Steen Eiler Rasmussen)所著的《城镇与建筑》中的几页图画表现了作品的原始意图。四座宫殿(现为皇帝寝宫)布置在八边形(Amalienborg 广场)的四角。为彼此之间及与广场中央骑雕像之间提供不断变化的系列关系，教堂穹窿成为广场城市一侧对景的终端。

左面的立面表现出从正面看宫殿建筑的原状，那时宫殿与端亭之间不适当的二层加建还未实施。这一加建破坏了端亭在广场与街道结合处设定空间中的点，以及作为宫殿本身体量的“根”的作用。在弗雷德里克大街端部成对住宅周边之后，是Eigtved原设计的大理石教堂立面，表现教堂尺度由底层起每向上一层尺度倍增的概念，而底层则完全依据宫殿住宅设计的尺度。遗憾的是教堂实际采用的设计丝毫没有这些特征。

河港将城市与区域联系起来(透视图右下角可见堤岸)，而统一这个构图的则是由河边通向教堂的空间甬道。

正是这种空间甬道要素及其挺伸设计，提供了18世纪北欧最佳城市发展息息相生的力。

格林威治的空间甬道

当英国决定在伊尼戈·琼斯(Inigo Jones)设计的女王住宅与泰晤士河之间用地上建造皇家海军大学(以后成为皇家海军医院)时，克里斯托弗·雷恩(Christopher Wren)爵士一接到设计任务就必须回答这样一个问题：如何处理拟建大型新建筑与老的相对较小的女王住宅的关系。他的解决办法是运用两个空间界面作为联系因素的原理，这就提供了一种两个时期的建筑间最强有力的相互联系。

雷恩将女王住宅的体量投射到河边，形成空间甬道，用来控制他的设计。照片表明由雷恩设计的柱子的体量决定的面(左面)与女王住宅端墙面(右面)在视线上完全相合。随着空间甬道，作为女王住宅向前挺伸的力，明确地建立起来，引起的一个问题就在于怎样把新的建筑构图和这样建立起来的空间联系在一起。这个问题是通过在新的建筑群的重心建造一对高鼓筒形穹窿而得到解决的。这就使垂直方向力的反挺伸起了作用，它们在与地面冲击之中，建立起与中央空间向前运动相垂直的压力。因此，整个布局保持一种动力平衡状态。

受伊尼戈·琼斯早先设计的建筑街坊定位的支配，空间沿河边加宽，使整个群体空间与沿河的运动连接起来，并把穹窿的垂直力从视觉上伸展到河道空间。

从当时的版画看来，似乎雷恩想拆除女王住宅代之以他自己设计的穹窿，但显然是玛丽女王的旨意保留了这幢住宅。因而他考虑自己在那里已奠基的建筑而发展了整个规划，并在两个面之间产生了明确的格局。两个面只要存在这种相互关系就必须全然重合，或者是截然不同。当代的实践中，由相邻建筑建立起来的空间界面的影响几乎从未在新的建筑规划中加以考虑。

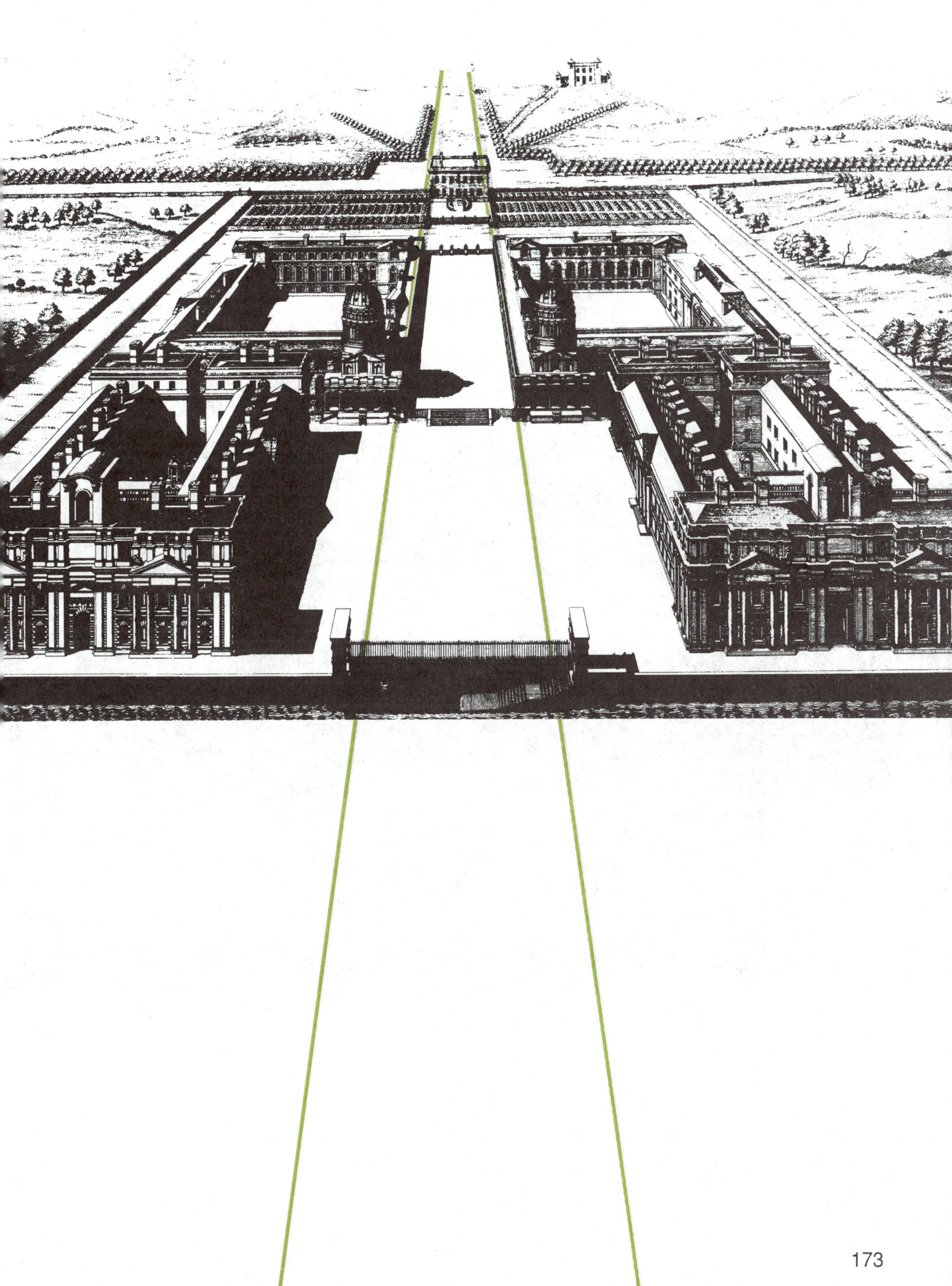

建筑产生的渊源

在法国城镇南锡(Nancy)的皇家广场(现称斯坦尼斯拉斯广场)和卡里耶尔(Carrière)广场中表现出来的极微妙的形式平衡，尺度和比例的和谐，以及最细小的细部与整体设计之间美妙的内在关系表明，它们似乎是一个天才设计者的作品。

当波兰前国王，那时的洛兰(Lorraine)公爵斯坦尼斯拉斯(Stanislas)于1752年决定在南锡城为他女婿路易十五的塑像而兴建皇家广场时，他选择了从“Ville Vieille”通向“Ville Newe”(如第176页上图所示)路口西侧的基地，那是拆除部分古堡后才能加以利用的基地。埃马努埃尔·埃雷(Emmanuel Héré)建筑师在决定新广场的规模和形状方面有某种程度的自由，但他的作品最伟大之处在于其形态完全与东面的卡里耶尔广场有完美的联系，而后者的尺度处理是在中世纪时期决定的。

令人惊讶的是新广场的建筑细部几乎一成不变地沿袭Beauvau Craon旅馆的设计，这座旅馆由热尔曼(Germain Boffrand)建于1715年，如第174页照片所示，并见第177页图中箭头所指之处。埃雷将古老的立面加以放大，在檐部上方增加有瓮(urns)饰和雕刻的栏杆，他又改变了市政厅中央和端部各跨的韵律，市政厅作为皇家广场的对景特征的效果，从下图帕特(Patte)当时为表现“路易十五的功勋”所作的纪念建筑可见一斑。然而，典型跨的形式几乎与那时已建成40年的宫殿一模一样(如对页图所示)。即使广场另一侧那组建筑(如上图所示)，它的尺度高得足以掩蔽古城壁垒，低得足以与卡里耶尔广场的中世纪尺度相联系，这组建筑就是顶部直接加上栏杆的Beauvau-Craon旅馆。业主斯坦尼斯拉斯(Stanislas)在建筑事务方面极富个人情趣，也许正是由于他的坚持，才采用了老的设计。无论如何，皇家广场证明，即使建筑表现受到预定法式的限制，只要通过妥善安排体量空间要素，巧妙地运用细部，还是有可能创造一个伟大而优美的作品的。

Boudonville
Ville Neuve
Ville Vieille
P. St Nicolas
P. N. Dame
le Crosne
P. St Georges
les Tanneries
la Grande Prairie
Malzeville
Place Royale
Terrasse
Pepiniere Royale
Meurthe
Ouest

南锡城的空间甬道

第176页的两幅地图，上面一幅是中世纪双重结构单元的南锡城，下面是18、19世纪的南锡城，它们生动地表明文艺复兴思想对中世纪形式的影响。

新的南北向公路以凯旋门形成后退的面，斯坦尼斯拉斯把它加在自成一体、内向的中世纪空间中(如绿线所示)，在两幅图中向南北伸展；同时，这对认识他所建立的广场(如绿线所示)，也是必要的。

这条长街穿过“Ville Newe”，把乡野的印象带入古城；反过来，也把城市感扩展到周围的土地。广场的形式根据上图所示的中世纪设计垂直伸展，由这条主干运动线进入“Ville Vieille”，广场的宽度和它当时被用于比武时是一样的，它的对景则突出省政府宫，它建造在中世纪Ducal宫花园墙原位。文艺复兴的开阔性诱导出全新的设计尺度，由下图大型规整的花园可见一斑。花园在省府宫前与曲线型柱廊轴向结合一体，形成今天一个优美的公园。

下图用绿线表示空间甬道由埃雷的市政厅中央跨投入运动，它在整个构图中起着整体结合力的作用。越过皇家广场，空间甬道被精确地限定在凯旋门前两座较低建筑面对面的外墙之间。在卡里耶尔广场，它由夹紧的树带的内侧面所限定，最后通过政府宫中央跨入后花园。与它垂直而伸展开去的绿线表示与它相交的公路的空间。

这里我们又一次发现一个区域性的运动系

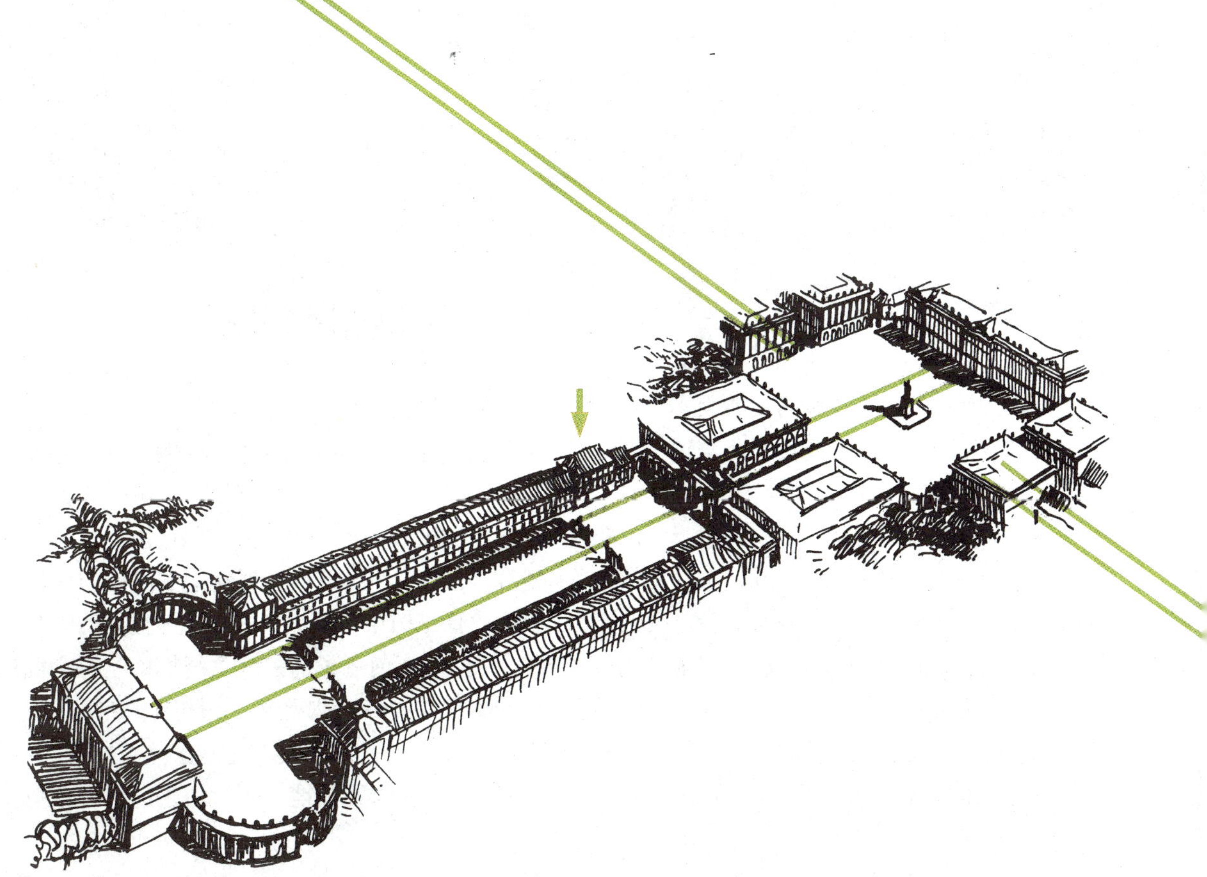

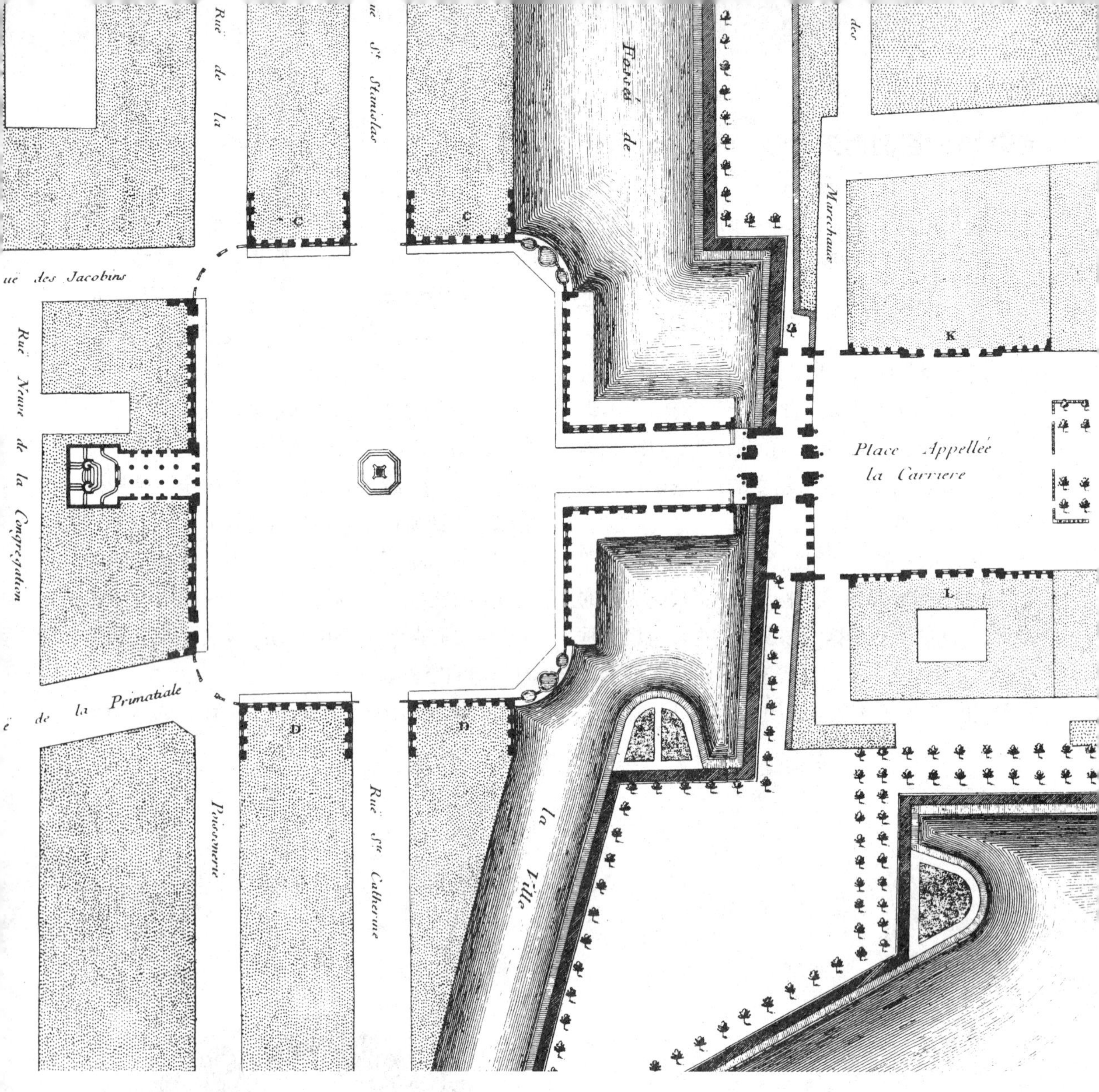

统作为完美表达的城市设计的促成因素。只有把皇家广场和卡里耶尔广场设想为与这个系统相联系并起着特殊作用，才能完全地加以理解。

我们细看帕特版画的完美，(其中我们添加了市政厅门厅室内平面和台阶)，难以置信卡里耶尔广场的造型竟是Héré开始工程之前数百年就已形成的，而皇家广场建筑形式中柱间开档竟是由早先存在的Beauvau-Craon旅馆(图注L)确立的。旧宅立面由斯坦尼斯拉斯自资重建以与规整的韵律协调。

完成伟大的作品可以不破坏早已存在的建筑构图，这一点前面已经说明，但是这里增加了一项新的因素，那就是在新建筑中象征性地表现出在过去历史中的特定空间已取得协调的精神。这样，斯坦尼斯拉斯建造的凯旋门体现出将中世纪旧城与新城分开的防卫性城墙的精神，并且重新创造了过去双重结构单元的有机形式感。终端省府宫曾是 Ducal 宫的花园。

皇家广场是文艺复兴思想开拓的一种表现。长对景和与周围地区乡村相联之感是由把

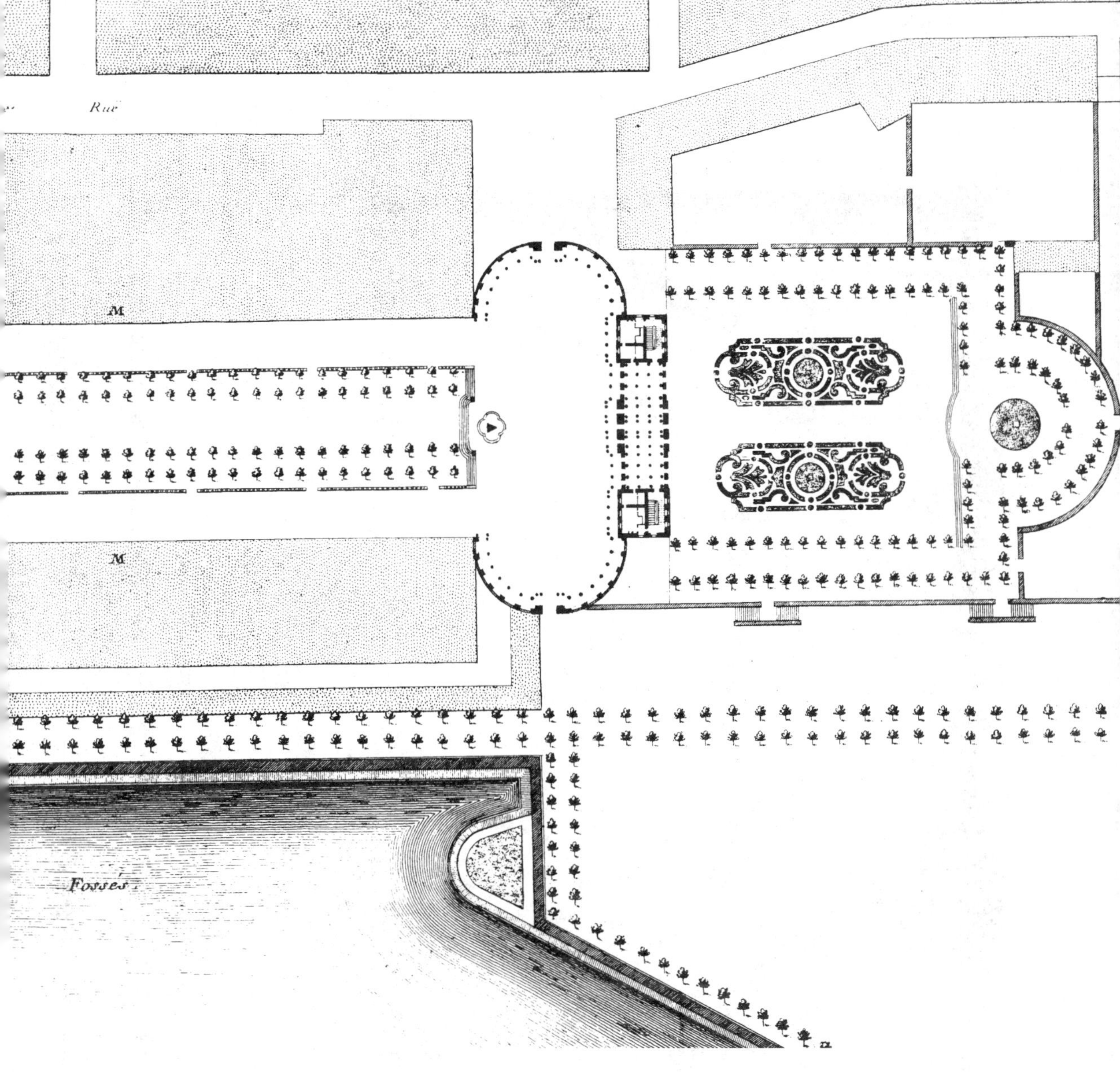

它一分为二的中央街道造成的。垂直轴线的反运动对着广场成功地布置；从卡里耶尔广场发出的空间运动的挺伸由市政厅的体量来承受。这里一切都是石制和铁制的。除广场中央的雕塑外，再没有什么东西打断建筑所限定的空间。不幸的是当用斯坦尼斯拉斯的塑像代替路易十五塑像而因此失去恰当的比例后，原来的效果被破坏了。

由这个广场行进到省府宫前是建筑序列感受的值得注意的范例。当通过靠得很近的两层商店时，我们首先感觉空间收窄；再通过收得很紧的凯旋门外拱时，这种感受进一步加强，并准备着将要面临的变化：空间豁然开朗，卡里耶尔广场树木密排布置构成绿化骤然加强的感觉。这里绿化被用作一种珍品，为某一个空间提供主要的设计质量。

空间序列的终端——省府宫前由两组向外凸出的柱廊所限定的曲面空间，是最后的感受高潮。从皇家广场拐角曲线型、通透的Lamour屏蔽面就能隐约地看见省府宫。

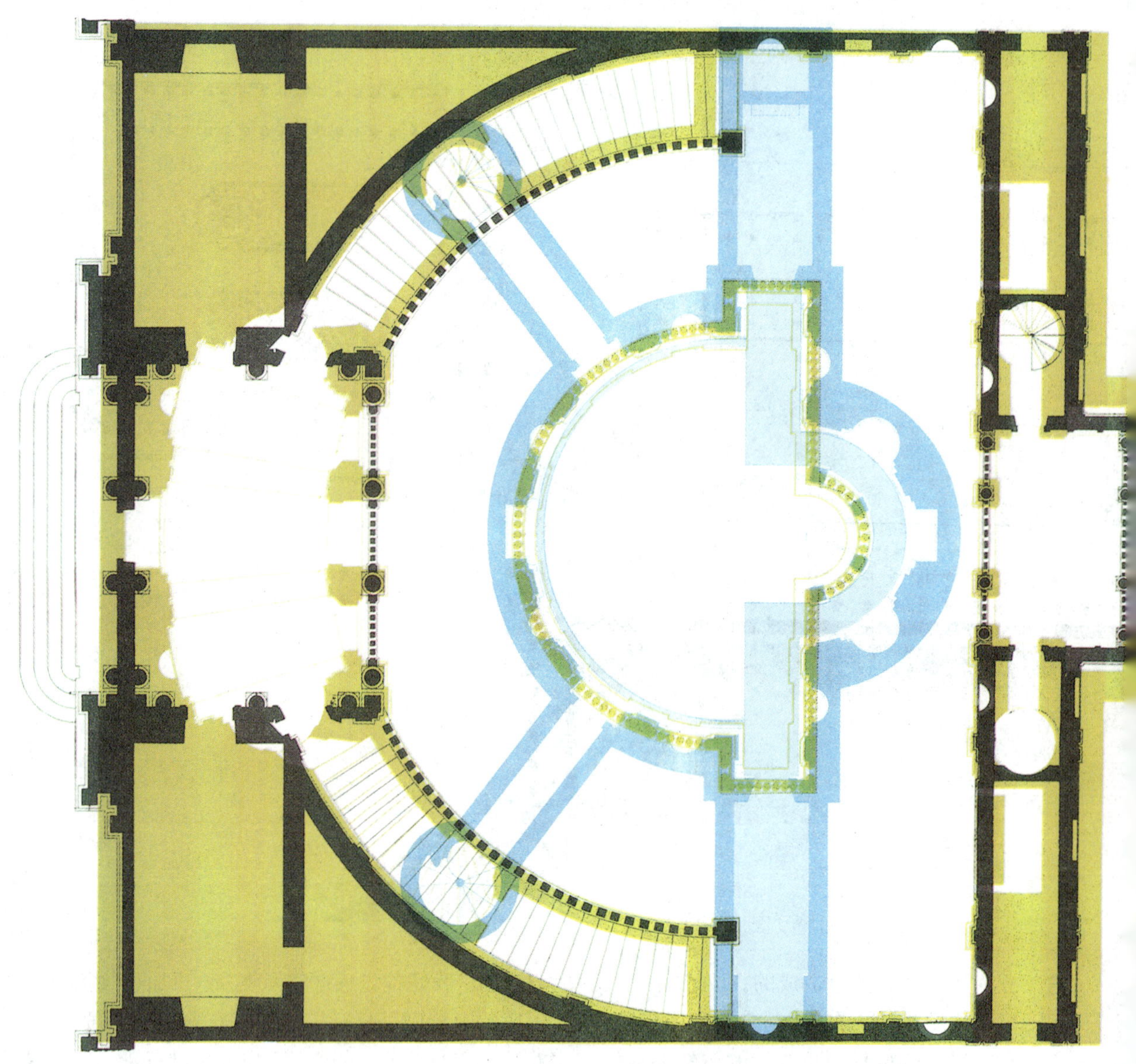

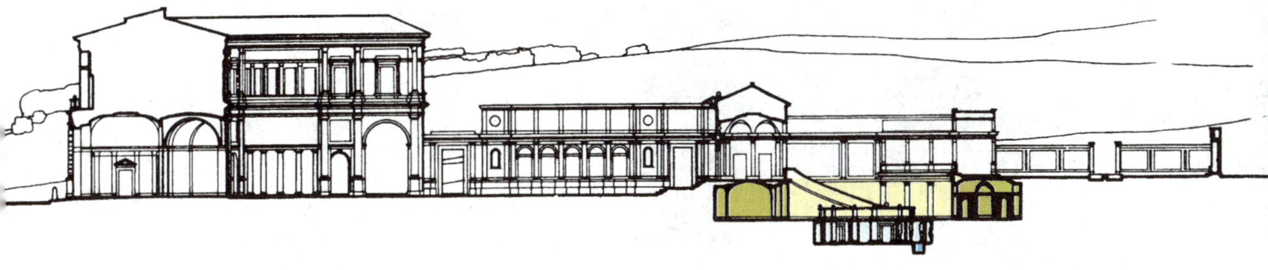

平面的攀登原理

城市中多层次攀登的运动要求，导致在设计中不断增加在使用功能方面相互联系的不同标高的层面。由此在众多的当代设计作品中，都以建筑坐落在一个简单的地平面上为基础。我们对不同层面的单独处理，既未形成肯定的设计观点，也没有明确的设计手法。我们必须追溯到19世纪来寻求这个领域的指引。

建筑中多层面间最杰出的处理，当属维尼奥拉(Vignola)于1550年设计的罗马朱莉娅(Giulia)别墅，纵剖面为上，底层平面为下。黄色和蓝色部分所示的，是引人注目的三个层面的设计，它是由平地挖出的，以期获得垂直运动的纯粹的愉悦感。

左图是这座别墅的局部细部，分层加色表示的三个18世纪下掘的平面，表明其间形态和复杂的运动系统之间的相互关系。较上一层以黑色表示，中间层以浅绿色表示，较低一层以蓝色表示，淡蓝色表示的则是水面。

罗马朱莉娅别墅对今天的价值在于其极不相同的攀升的设计、在于铺砌的质量，也在于每一层面的形态特征。较上一层的形态，处理得果断并近乎简朴，有着半圆柱形的墙和弧形扶梯。中间层更复杂，尺度也更细腻，有半柱、壁龛并以奇妙的形式向更低一层敞开。往下第三层与上面两层惊人地不同。铺砌的尺度，以其精心设计的复杂造型，更显细致，围绕着石室壁龛前半圆形水渠的女像柱，与别墅中其余部分形成鲜明的对比。

一旦这一设计原则得到认知和理解，在今后形成多层面的设计中，处理其间的叠合与攀升中，就会有着充分的机会。

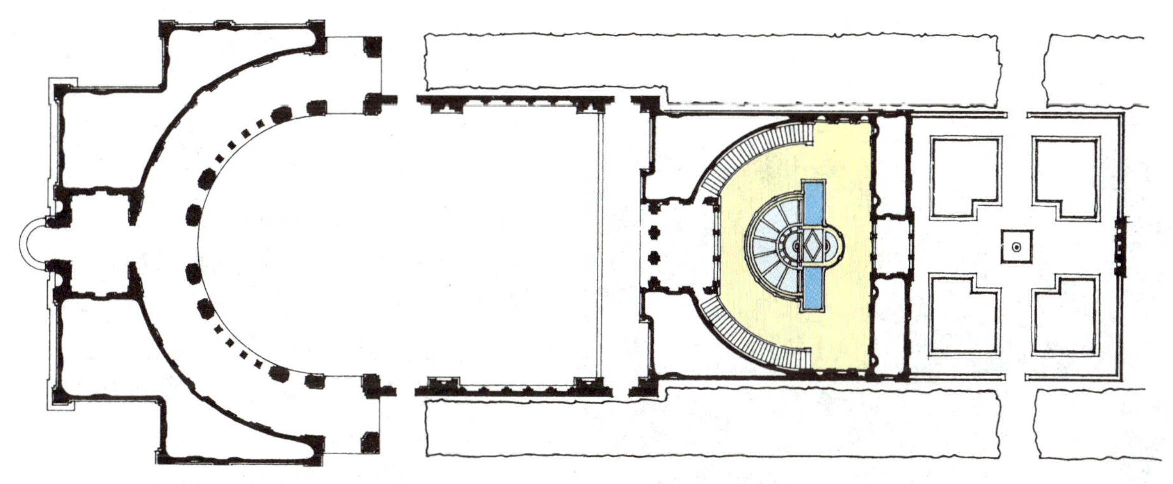

通过空间的蜿蜒进程

有人会说"是的，我们处在一个新时代，我们的设计应当以新的原则为基础，而不是以过时的文艺复兴构图为基础。"即便如此，建筑之间的关系，以纽约的林肯中心为例，其中存在的全部建筑相互关系并未超出文艺复兴原则范围，事实上，在运用文艺复兴的全部思想方面，还是失败的。因此，把这些设计联系文艺复兴的设计结构加以评论，是恰当的。

的确，除去丹下健三两座宏伟的奥运会体育建筑之外，很难找到在两座或更多的现代建筑的相互关系中不包含文艺复兴设计原则的。

然而，有许多优秀设计在巴洛克影响之下，不受轴线对称形式要求的影响。最宏伟的范例之一就是英国 Somersetshire 的巴斯城。

下一页航空照片表示了建筑师约翰·帕尔梅(John Palmer)的作品，新月形建筑(Lansdowne Crescent)的多重曲线结构。照片难以表达全部三维形态的复杂性，因为除平面上的曲线形外，整个建筑升上山丘，降到山谷，又再升上山丘，这样就在空间中建立起一种能与保罗·克莱"扬帆的城市"(如第 60 页所示)相提并论的形式。

左下图表示由东侧走近新月形建筑，一组简单的建筑呈凸形平面，踏步式布置引上陡坡的第一个印象，伴随着对前方连续空间最直截了当的暗示。左中图照片摄于上山半途中的一点。这里，凸形体量的份量减弱了，突出的是以山墙重点处理为中心的山顶住宅大曲面所包围的空间容积。左上图表现空间代替体量成为支配因素，表现长长一大段建筑凹面外墙的主要部分，尽管这里仍然意犹未尽。这是地区规模上的设计，没有什么激进的、非同寻常的细部处理或花巧做法，然而整体不受巴洛克规划的局限，因而是空间形式的一种有力的说明。

这个设计并不是一夜之间产生的。就设计

者或建造者而言，它是经过两代人对形式进行漫长而艰苦探索的结果，约翰·伍德父子于1727～1781年间规划和实现了中世纪休养城巴斯的扩建。“反馈”的价值在这里得到体现，这是一个过程，其中设计思想化为大规模的行动，在实施中每一个好的概念都被掌握并推广应用到下一次规划开发。1754年围绕老约翰·伍德的路口圆形广场建造的凹形住宅，的确为1767年可能由小约翰·伍德设计的皇家新月形广场(Royal Crescent)提供了构思概念，这个相对来说比较严格的设计思想，正是新月形建筑的出发点。

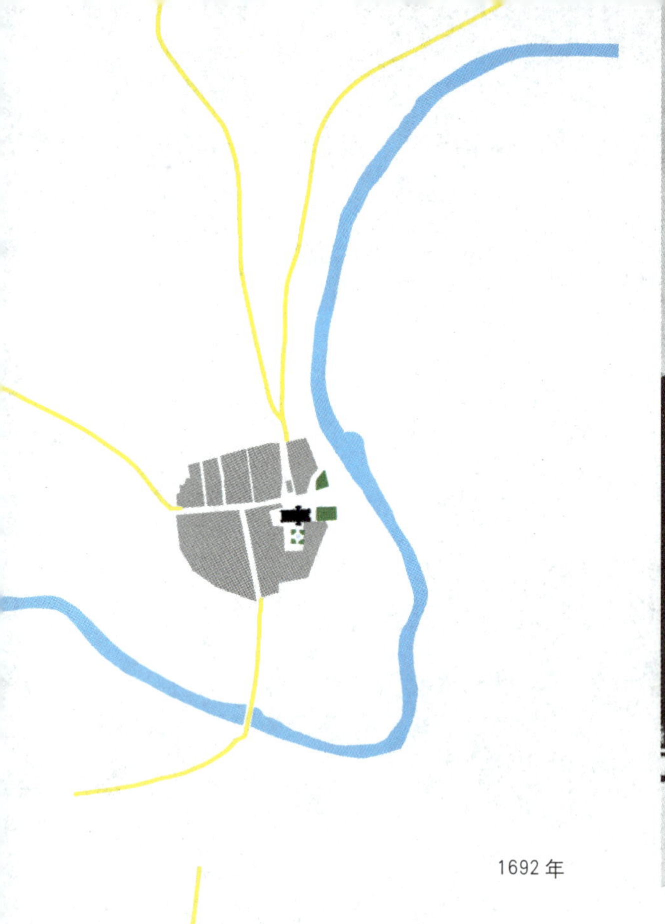

1692 年

1735 年

1 : 14000

巴斯城的演变

以下两页外侧的地图本身就很能说明巴斯向区域扩展的结构。左上图是常见的、内向的、自给自足的中世纪城镇形式，其中修道院以黑色表示。在这个基础上，左下图中增设了一片房屋投机买卖用地，约翰·伍德在其中以女王广场方形绿地的形式，引入一种新的法式和尺度感，并在广场周围布置了其设计的住宅，用黑色表示。这样，按照尼古拉斯·佩夫斯纳(Nikolaus Pevsner)的说法，约翰·伍德是“继伊尼戈·琼斯之后第一个将Palladian的统一性整体运用于英国广场的人”。如次页上图所示，这个设计要素提供了一个向外伸展的跳板，沿欢乐街成街布置住宅直到三个弧线组成的路口环形建筑，由这一点成角伸展也进一步出现了，这就提供了导致大发展的形式，此后的发展也由此而产生。

1765 年

1810 年

1：14000

右下图表示以伍德父子或在他们影响下取得的地产买卖、规划和修建为基础形成的充分发展的设计结构。紧凑而封闭的圆环建筑分别放射开去，皇家新月形广场以流畅开敞的曲线向西展开，这可能是小约翰·伍德的作品；圣·詹姆斯广场以其斜角街道，使设计结构向外伸展，作为与曲线型的新月形建筑的联系道。

另一个方向，由Robert Adam的Pulteney街的桥梁跨越Avon河，引向一条笔直的、正规设计并有高超建筑水准的大道，并以公园边一幢建筑为对景。

上面的照片所示的，就是新月形建筑，它体现了一种城乡相互衬托的气氛，一种相得益彰、增强整体特征的丰富性的气氛，而不是相互对立、毫无鉴赏力的敷衍。

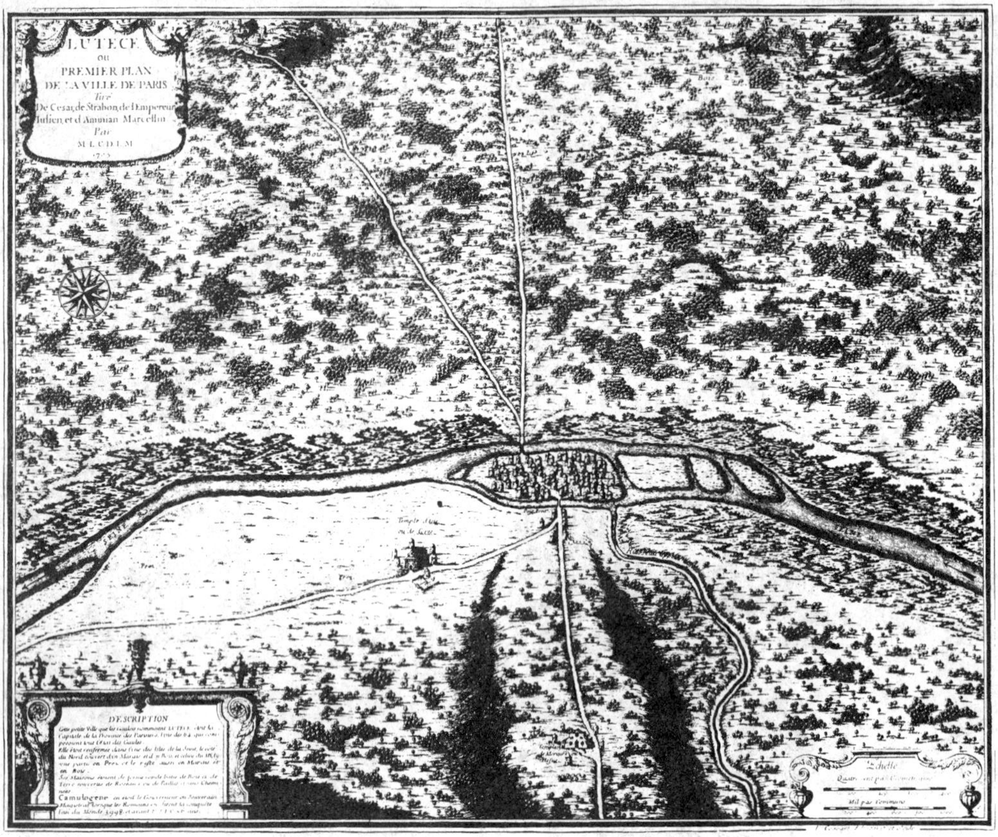

LUTECE
ou
PREMIER PLAN
DE LA VILLE DE PARIS
Tiré
De Cesar, de Strabon, de l'Empereur
Julien, et d'Ammian Marcellin
Par
M. L. C. D. L. M.

DESCRIPTION

Echelle

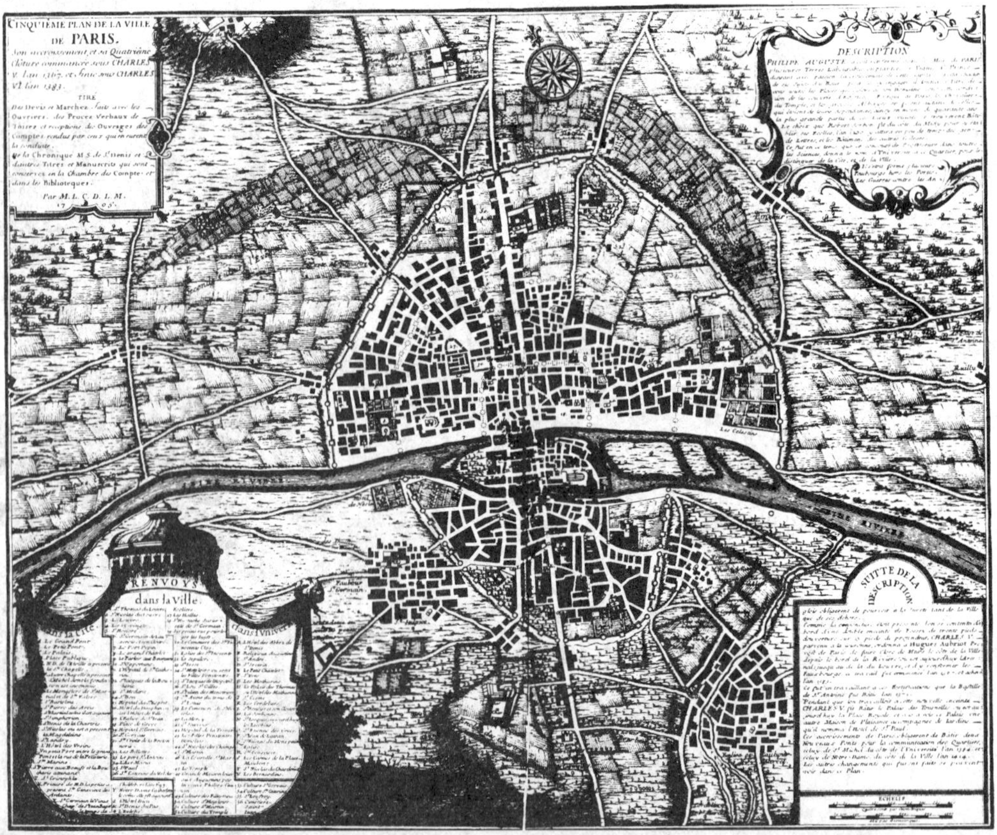

CINQUIÉME PLAN DE LA VILLE
DE PARIS.
Son accroissement, et sa Quatrième
Clôture commencée sous CHARLES
V. l'an 1367. et finie sous CHARLES
VI. l'an 1383.

TIRÉ
Des Devis et Marchez faits avec les
Ouvriers, des Procez Verbaux de
Toisez et receptions des Ouvrages des
Comptes rendus par ceux qui en eurent
la conduite.
De la Chronique M.S. de S.t Denis et
d'autres Titres et Manuscrits qui sont
conservez en la Chambre des Comptes et
dans les Bibliotèques.

Par M. L. C. D. L. M.
1705.

DESCRIPTION

RENVOYS
dans la Ville

SUITTE DE LA DESCRIPTION

巴黎的发展

巴黎发展的记录，使我们能看到从罗马时期至今，设计力起作用的全过程。前一页上部所示的1705年的巴黎地图表明的两个运动系统相交处，现在是城岛(Ile de la Cité)，也就是罗马古道跨越塞纳河的地方。这一点建立起了设计的中心以及通向它的力线并形成了为古罗马时期巴黎城定方位的框架。

下面一幅地图的比例相同，表明1367～1383年间中世纪的巴黎。在这里，古老的渡口决定着紧凑发展的城市中心，而城墙限定了运动系统相交处的一片密集地区(这一点可以和第129页克莱的画相比较)。

内侧点线表示在河流以北最初建造的城墙的位置。以后由菲利普·奥古斯塔斯(Philip Augustus)于1223年移到较外侧的位置。城市发展的趋势继续下去，在查尔斯五世、六世统治下都曾进一步向外扩展。

以后两个世纪巴黎的发展，大多被限制在城墙内，到路易十三时期这种内部扩展更甚。1563年凯瑟琳·德梅西斯(Catherine de Mèdicis)引进了一个意大利推导出来的新概念，即在城墙外建造游乐园。这导致玛丽·梅迪西斯(Mary Medicis)的进一步向外扩展，以致最终根本突破城墙的束缚并由法国风景建筑师——安德烈·勒诺特雷(Andrć Lc Nôtre)作出原梅迪西斯花园的轴向挺伸设计。

这就推动了设计的挺伸，它把原来被压缩在城墙内的能量传递到四周乡域。17世纪的加布里坎尔·佩雷勒(Gabriel Perelle)所作Tuileries花园和最早的香榭丽舍的版画，描绘了一项设计要素消失在地平线上的概念，这个概念在当时鲜为人知。

巴黎的迅猛扩展

在以下几页中，我们看到的是接连几个阶段将意大利的概念运用于中世纪的巴黎,以及相应释放出意大利不曾理解其规模和重要性的力。

下一页上面的一幅平面图，说明1300年间的巴黎是一座围绕塞纳河渡口发展的有城墙的中世纪城市。城墙外的卢浮宫，以黑色表示，是设计力的发源点，它的发展也描绘于这几幅图中。

中间一幅平面图是1600年间的巴黎,其中的白线指明1300年塞纳河北岸城墙的位置,城墙内外部分表明适应城市发展的压力向外扩展到新城墙的范围。东面(右侧)用黑框线表示巴士底监狱，用点线表示沿城墙树木成行种植，这是此后把树木联成林荫道系统的第一次表示。古老的卢浮宫此时已完全为城市发展所包围，正处在改建之中。城墙外西面(左侧)是Tuileries宫,是由亨利二世皇后Catherine de Médicis建造的，当初被设想为一座自给自足的独立建筑。在它的西面(左侧)则是Tuileries花园，仍是中世纪设计无方向的种植园圃形式，然而却预示着城乡之间新的结合。

1740年地图表示在路易十五统治下巴黎成熟的过程。在这里，勒诺特雷关于将Tuileries花园轴线以绿树成行的香榭丽舍大街的形式延伸出来的伟大概念，已成为巴黎支配性的设计因素。点划线表示越过塞纳河以后的延伸。Tuileries宫和卢浮宫之间已由亨利四世建造的Grande Galerie连接起来,为轴向挺伸提供一个反向基轴，深深地扎入城市之中。老的土堤被种成了连续的树木成行的林荫大道，发扬了亨利四世的皇后Marie de Médicis在她由Tuileries花园沿塞纳河向西开发的游乐车道，又称皇后林荫大道(Cours la Reine)中追求的意境。

在城市设计的艺术中，已引入新的广度和自由度。从坚实的建筑实体中产生的运动系统，向外的挺伸越来越远，直至城外乡野。它刺激类似的轴向挺伸由巴黎的城堡、皇宫发源，也同样延伸和相互交错，在18世纪后期和19世纪初期，形成城市建设历史中区域发展的一种独一无二的形式。

跨在这条古老轴线上一个新巴黎的中心——德方斯正在兴起，这里是德方斯和它的周边的快速道路，这将有助于保护旧城免受现代商业开发的摧残。

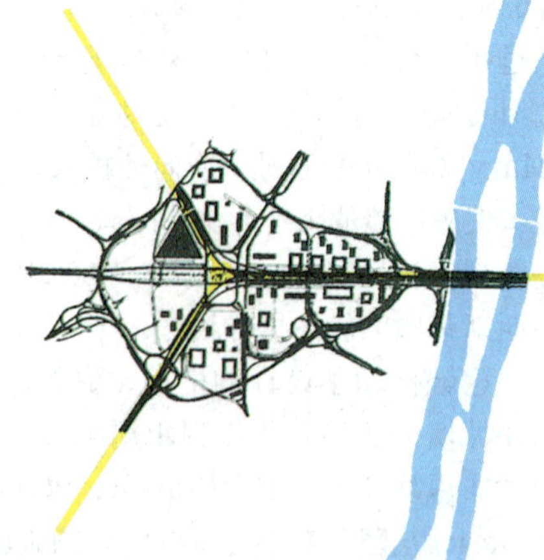

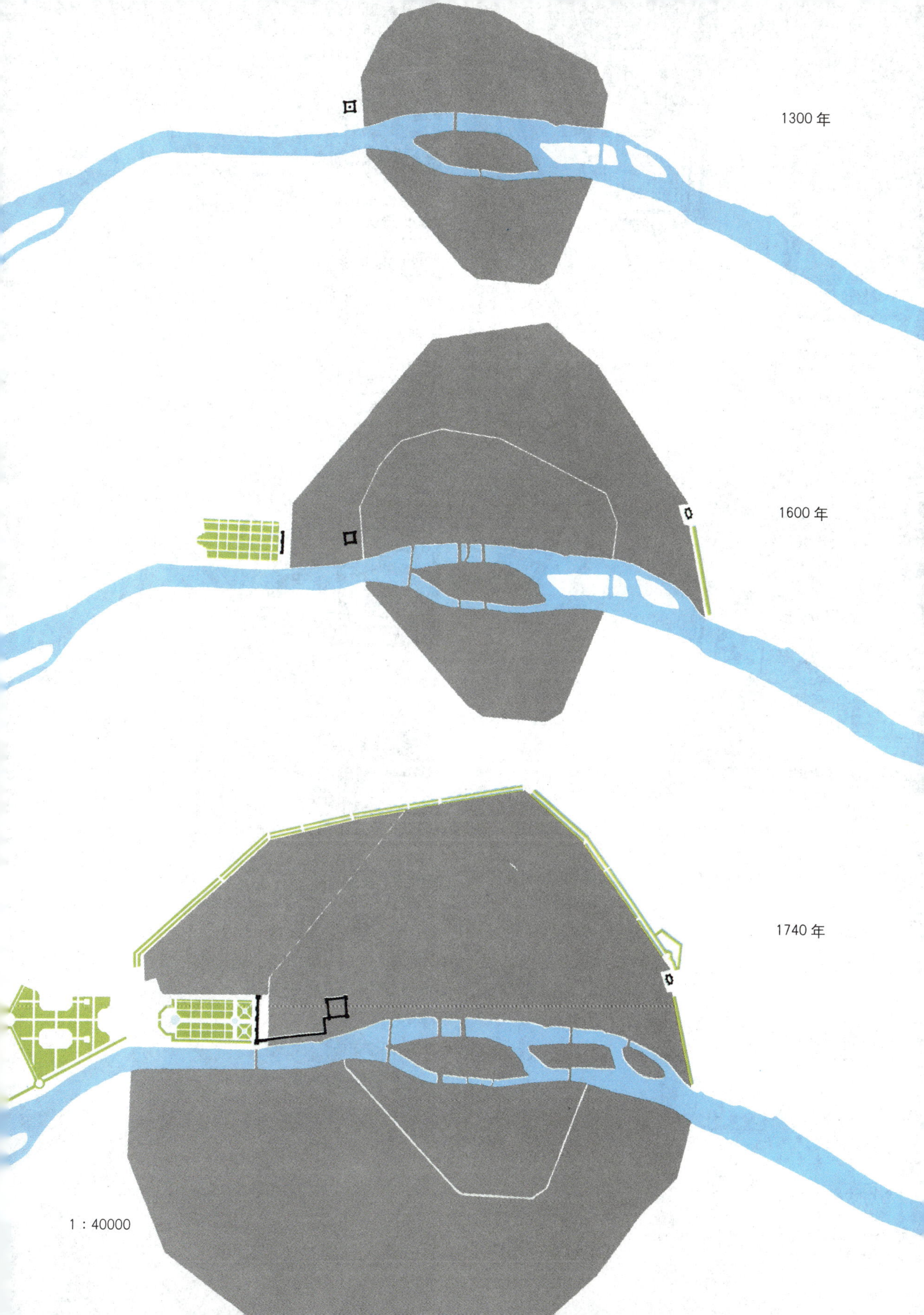
1300 年
1600 年
1740 年
1 : 40000

LA RIVIERE DE S
Place Dauphine
LE PONT NEUF

建筑及地区的设计

前页左侧版画是1380年巴黎大地图的一部分。这里延伸到卢浮宫外的防卫墙，清楚地限定了旷地的起点，把城市的压力也包在里面，只是紧靠城门之外有某些分散的开发。

前页右侧版画表示的是尼古拉(Nicolay)于1609年所作的Tuileries宫Vassalieu规划中Catherine de Medicis建造在城墙外的那一部分，并沿塞纳河建造一条长廊与卢浮宫相联(图中画成中世纪的形式)。在Tuileries宫前展开一片花园，一个内向的、自成一体的设计，它缺少轴线的加强处理，也没有简单的、一个挨着一个的广场群。尽管如此，城墙被突破了，与乡村联系的概念建立起来了。

本页右图是1734～1739年间著名的Etienne Turgot的地图的一部分，它表示由安德烈·勒诺特雷对静态的Catherine Medicis规划的彻底改造。这三幅图说明文艺复兴概念被Medicis皇后移植到法兰西文化中以后充实发展的情况。

Tuileries花园设计总的性质由静态改造为动态，而花园内部产生的轴线的挺伸由Tuileries大道(现为香榭丽舍大街)向外延伸。只是协和广场还没有出现，这个广场以后将占据Tuileries花园墙外与香榭丽舍种植区间的位置，将把Tuileries宫的中轴与向东及跨越塞纳河两部分用地连接起来。

以上这几幅图说明一个地区设计概念的开端和发展，说明地区的形式如何扎根于花园设计形态这样一个简单的事物。

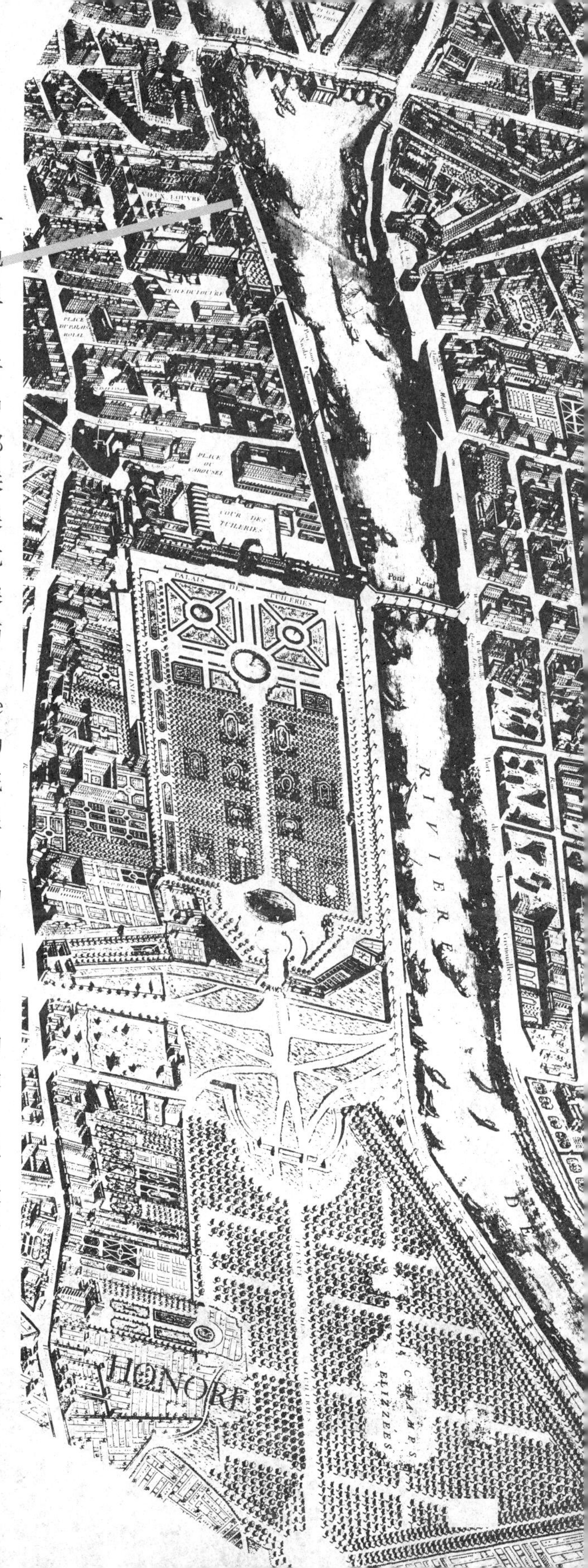

下面是由右边卢浮宫经香榭丽舍大街，到左面正在建造中的现代化的中心德方斯的规划图，如第 215 页所示。

巴黎的设计结构

轴向挺伸的概念通过实地建筑和种植一经建立，就成为巴黎此后发展的一项支配因素，而且长时期为许多设计者技艺精湛地加以运用。

塞纳河是巴黎设计发展的主心骨。由此垂直伸展出一系列的轴向开发，著名的就有伤残者步行广场，以及埃菲尔铁塔所在的Champ de Mars，以上这些所形成的格局与保罗·克莱在252页上图和253页上的设计惊人地相似。这些开发与香榭丽舍及其他林荫大道分支逐步交织，相互连接在一起，形成一个地区网络的开端。

拿破仑一世开始清除那些以后成为卢浮宫庭院内的旧房，然后下令连通并完成邻近地区的街道网。但正是拿破仑三世和巴龙·乔治·奥斯曼(Baron Georges Haussmann)的成就，导致巴黎心脏地区的重建，并以同区域扩展力相适应的规模加强其内部结构。这种能量方向的反转，从路易皇室的皇宫、大道向外迅猛发展，到奥斯曼所连通的、赋予生命的林荫大道，对任何城市都是最富有戏剧性的事。每一项开发都是受到与今天基本情况远远不同的社会和经济力量的启迪而设计的，但每一项开发都已被证明是富有弹性的，其结构是能够适应现代需求的。

以下几页制作于1740年的地图，提供了一个概貌，它表明了处在由一个交织的轴线网络支配下的巴黎地区必然具备的那种性质。

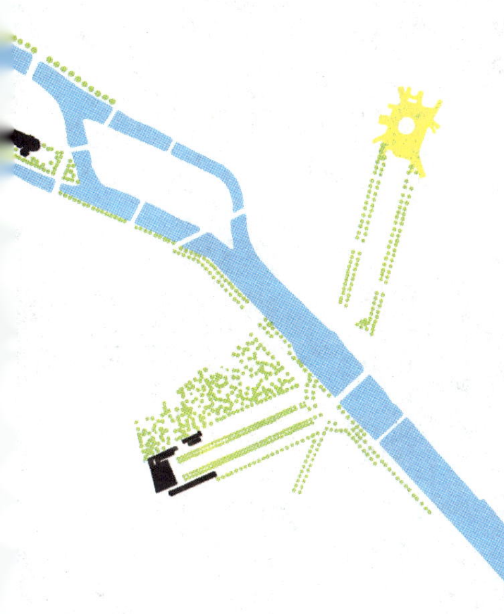

1：25000

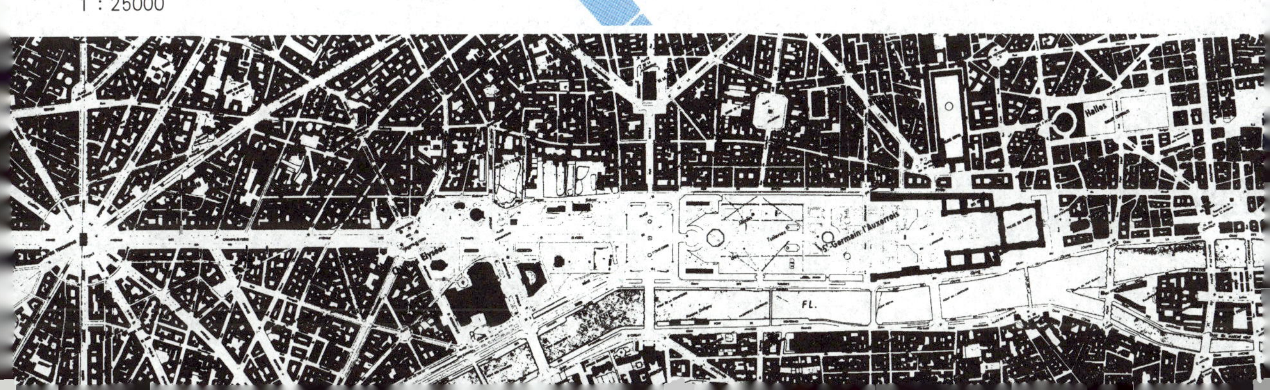

CHATOU
NANTERRE
RUEL
VEZYNET
CROISSI
VAUCRESSON
GARCHE
petit Garche
ROQUENCOUR
LA CELLE
MARLI
MONTREUIL
VIROFLAI
petit Viroflai
parc aux vaches
CHAVILLE
PARC
butte de Mont-Boron
Porche fontaine
Clagni
Voisins
Busanval
La Ronce
les Essarts
Satauri

VILLIER
PLAINE DES SABLONS
Monceaux
CHAILLOT
PASSY
Grenelle
PLAINE DE GRENELLE
Maison Neuve
PLAINE DE VAUGIRARD
VAUGIRARD
PLAINE DE BILANCOURT
Bilancourt
ISSY
PLAINE DE MONTROUGE
MONTROUGE
VANVRE
PLAINE D'ISSY
CLAMART
CHATILLON
PARC DE MEUDON
ARCUEIL
GENTILLY
BOURG la Reine

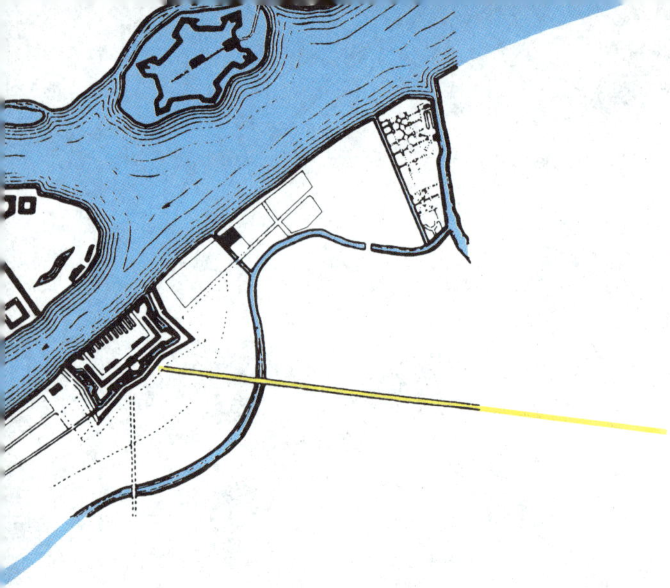

圣彼得堡的演变

1725 年

俄国的圣彼得堡(今天的列宁格勒)(1991年又恢复圣彼得堡的名称，本书仍按原文翻译，下同。——本书责任编辑注)是文艺复兴设计概念达到炉火纯青之后完整地建造起来的少数伟大城市之一。它的规划者有了对它们适用的、范围广阔的、成熟的市政建设经验。

当彼得大帝厌倦了莫斯科，决定为俄罗斯建立一个全新的首都并于1712年宣布它将建立于涅瓦河畔时，巴黎已具有相当的规模和活力。

与巴黎设计力由旧城向外迸发形成对比，在圣彼得堡设计力线由区域乡村向内推进。它们汇聚于一个吸引点，这个点足以表达这座新城市的基本概念，它就是人与海接触之点：位于海军部大院两翼之内的造船船台。这3条运动线的汇聚，决定了圣彼得堡主要因素的形式，为此后巧妙而高度精练的设计提供了有力的框架；其演变见以后各页。

1725 年：这是圣彼得堡的早期设计。涅瓦河两岸建筑要素之间的设计张拉已经建立，它适应于海军驻地。来自腹地的拉力用点划线表示，那是第一条由东而西向设有壕堑的海军部塔楼挺伸的道路。这座建筑是空间中的焦点，它虽在此后数年中重建，却保留着其作为城市象征性中心的卓越性。由西南方来的路作为一种概念已经有所预见，但中轴线道路尚未产生。

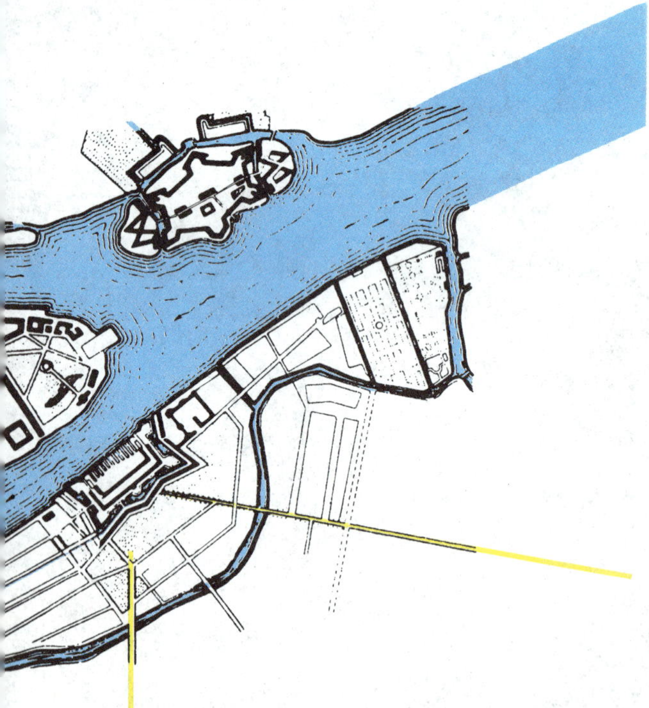

1750 年

1 : 35000

1750 年：此时，这个平面才初具城市特征，街道已经建造起来，3条汇聚的路也已明确形成，尽管从设计意义上说它们的挺伸还没有充分伸展，还没有达到它们的目标——海军部。以后要重建的冬宫在后面。在这一点上，设计的多重关系还没有得到解决。

1800年：这里，3条汇聚道路已通向与继续设壕的海军部的固定连接点，但形成的空间却是偶然性的，没有形成总的概念。海军部下方的小教堂以后将为圣Isaac教堂所代替，在设计意识上与最西端的汇聚街道相联系。东面涅瓦河沿岸的冬宫已建成目前的形式。这里，剩下的旷地也没有确定范围，但却包含着以后表现得如此光辉灿烂的思想的瑰宝。河道分岔点上打斜线的建筑，已经建造起来以便表现建筑结合地形的思想。下一代人用一座与后面建筑实体相垂直的建筑代替了它。如1850年的图面所示，这幢建筑通过轴线上曲线型的挡土墙，将其设计影响直接施加于水面。

1850年：这是经过以前几百年建立起来的设计影响的整个系列的完整体现，成为历来已建的最富有活力的构图。在这里我们看到海军部已经重建，其形式类似旧建筑(如第196页所示)，但具有更强有力的尺度，与轴向挺伸保持更良好的关系。第198页，海军部的新老立面用同样比例表示，以资比较。冬宫的轴线通过大纪功柱向南延伸，这根柱子标示出作战部大楼限定的引人注目的抛物线空间的焦点。海军部前空间的挺伸，被大柱周围封闭的范围所容纳和折回。这为海军部以西一往无前的延伸，超出圣Isaac教堂范围，深入城市的空间提供了一个强有力的反衬。

富有活力而形态不同凡响的空间，与3条轴线对称地汇聚于海军部塔楼形成极端的严整性，这种交叉运动的相互作用是城市设计中的神来之笔。

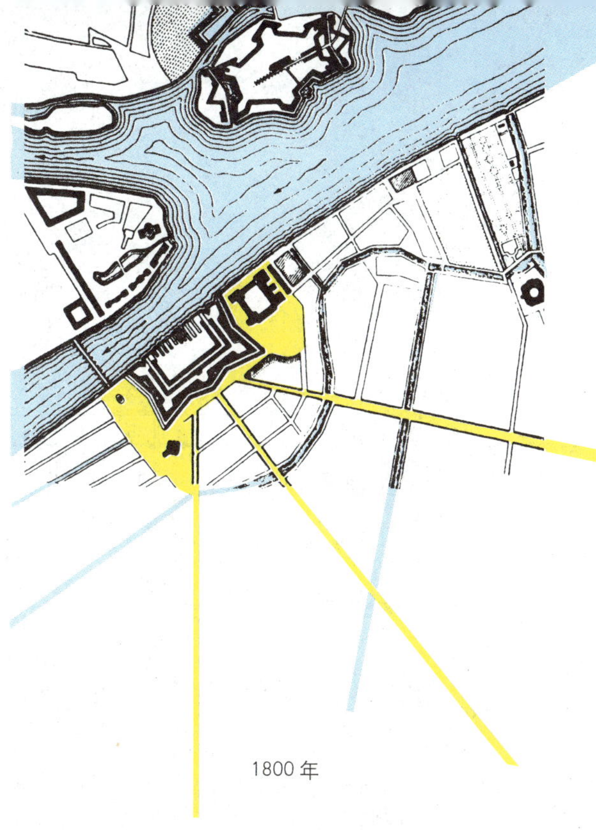

1800年

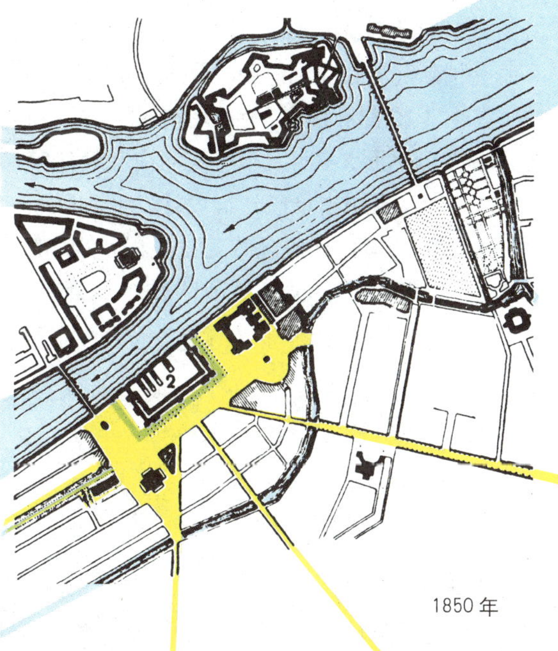

1850年

1：35000

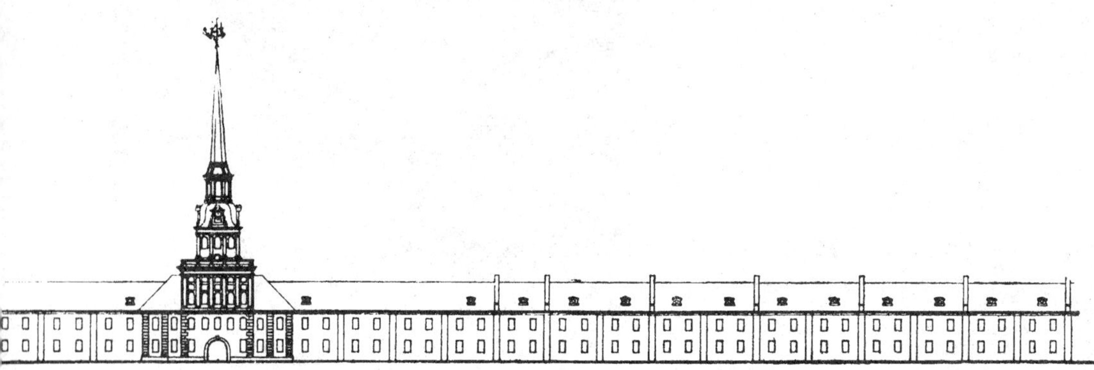

今天的圣彼得堡——列宁格勒

本页顶端是海军部的早期立面。它又被一个海军部在左、冬宫在右，几乎半英里长的有力的设计所代替，见下图。这是一种大尺度的空间组织。这种由分跨和门窗划分形成多重韵律的综合作用，比巴洛克式的细部显得远为重要，第252页顶部克莱的作品，生动地表现了这种韵律效果对运动系统的影响。黄、白、橙和青绿，色彩和清新沉浸在空间之中，并调节着运动。

右上图表示19世纪中叶圣彼得堡的中心。下图左侧平面，表明大小涅瓦河交叉处建筑形式的演变，表明由单幢建筑设计发展到联系地区规模的环境设计概念的变化过程。右面的图表明冬宫对面的近似半圆的凸曲线形广场(exedra)的演变。这个广场原来的形状是由两堵墙决定的，一堵几乎垂直于前述通向海军部的对角线街道，另一堵与之平行。当进行城市更新设计要求用最低限度的必要的拆迁，以形成与冬宫轴线有联系的形式时，如此顺应并利用这种带偶然性而又缺少联系的空间形态被证明是有利的。尽可能多的住宅外墙都用上了，大量的改建也就可以避免了。建造一段曲线联接体与老的外墙呼应，提供了引人入胜的比纯粹的半圆形远为动人的形态。

这是又一个通过接受现存平面，把问题转化为财富而产生的城市设计的伟大范例，今天它是一个伟大城市——列宁格勒的中心。

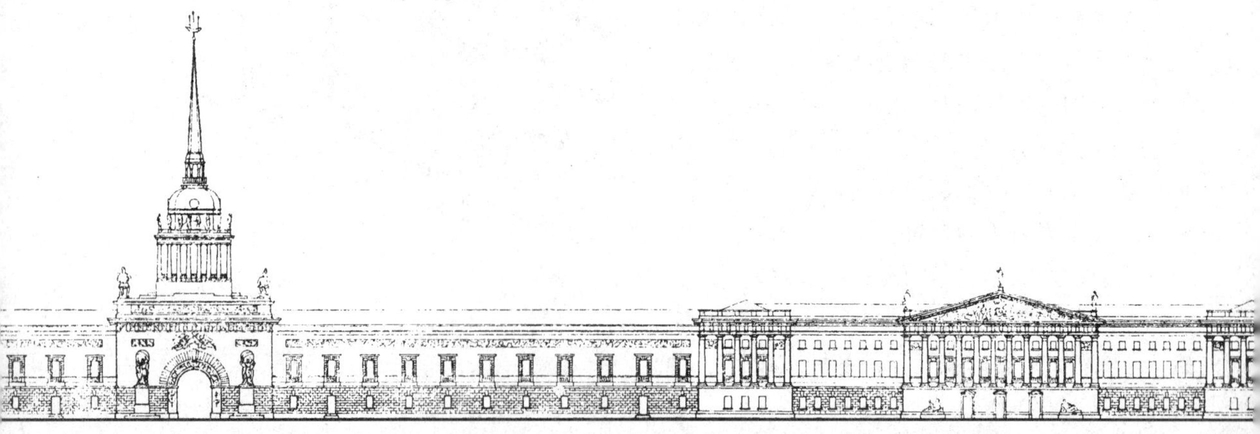

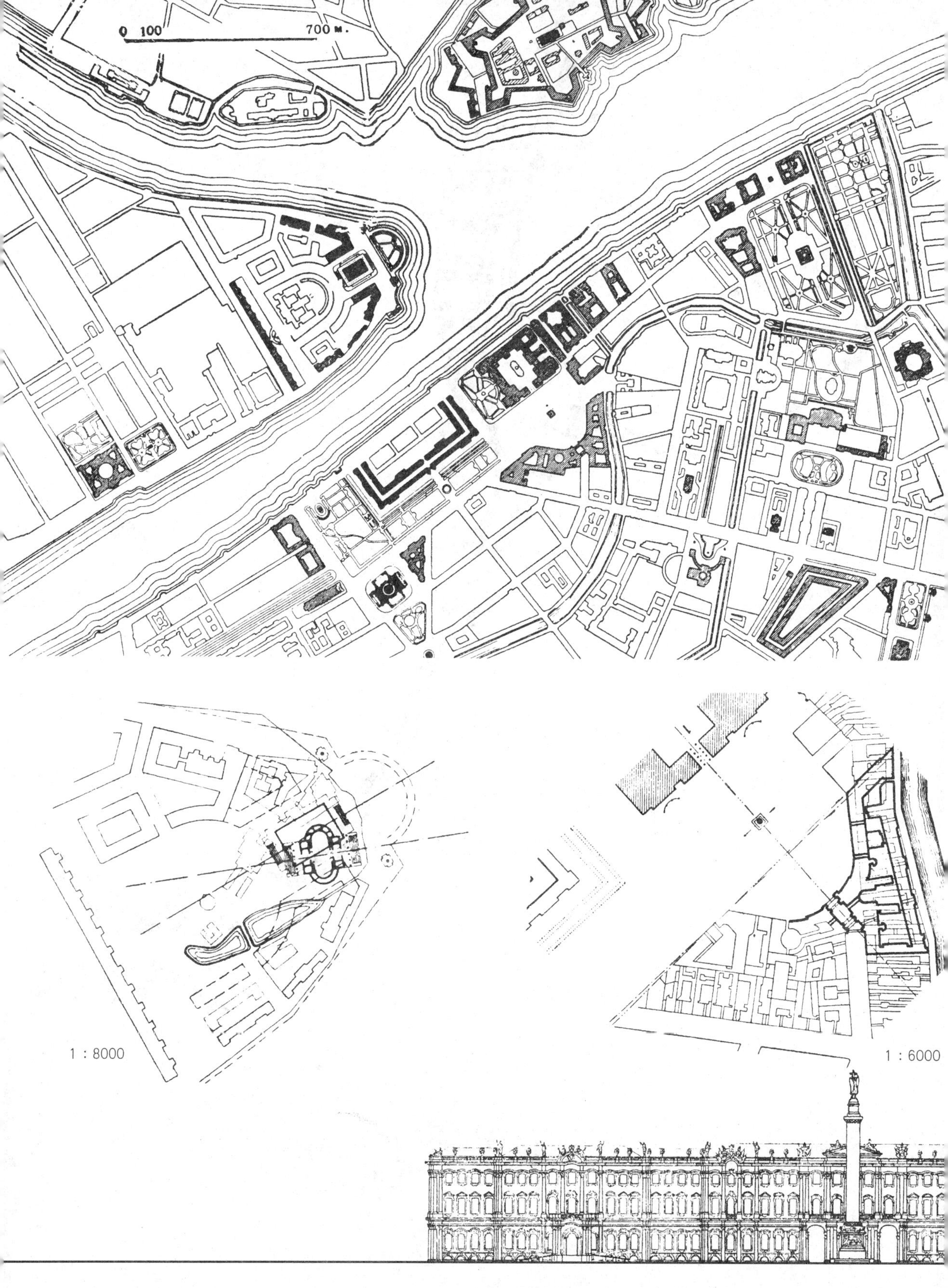
0 100 700 м.
1 : 8000
1 : 6000

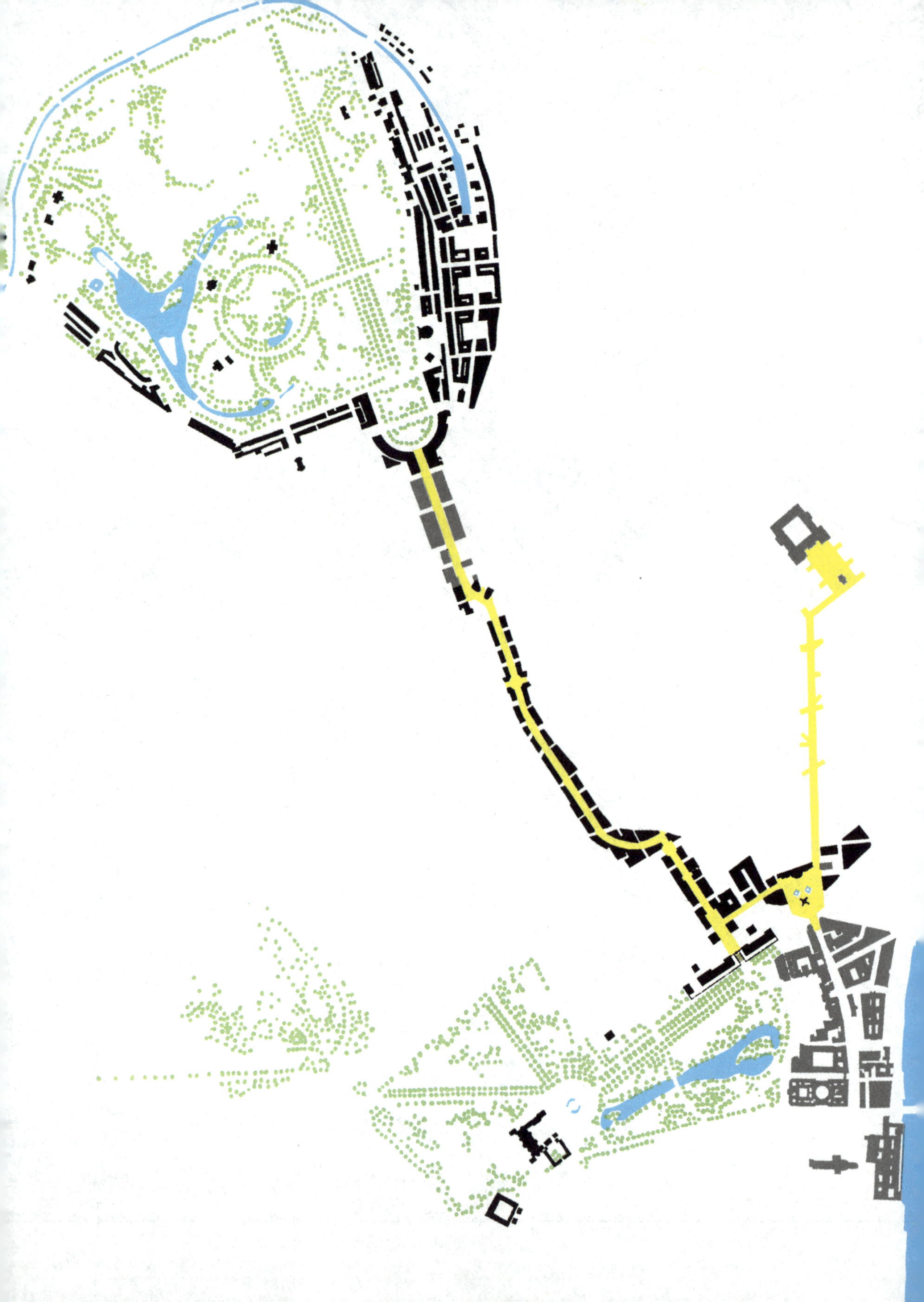

约翰·纳什与伦敦

下面我们要记叙一个卓越的开发者及倡导者，以及他杰出的作品——约翰·纳什(John Nash)为伦敦摄政街所作的规划。在谈到巴斯城时，我们曾提到一个兼为建筑师、开发者、倡导者的人。但是在这里，纳什由一个建筑师开始做起，而开发者、倡导者的身份则是将他的庞大建筑构想愿望化为现实的产物。与巴斯城开阔的乡野形成强烈的对比，纳什选定伦敦已完全建成的中心地段去实现自己的想法。

上一页是纳什制订的设计结构。图中他规划的两个大公园，上面是摄政公园，下面是圣詹姆斯公园，由摄政街联接这两个公园，黑色表示根据纳什的设计或同他密切协作者的设计或符合他的建筑设计要求的新建、保留建筑。斜线表示与他的创作有关的重要建筑。这个作品表明，纳什是一个精力充沛的人。在他的创作范例中，庞大的设计结构和细部丰富的建筑不可分割，建筑本身体现基本设计概念并使这个概念发挥作用。

围绕摄政公园，就像两只手紧握住一件珍贵的东西，2英里长(约3200米)的联立式住宅为公园提供了建筑界限。而公园反过来又为联立式住宅提供了优美的环境。上面是最近的一幅画，它表现了公园广场和半圆形公园新月环作为与较古老的由亚当(Adam)式建筑联成一线的波特兰地段(Portland Place)之间的有力的联系。

福利(Foley)住宅要求错位，由于在波特兰地段南端的万魂堂采用圆形门廊，建筑处理是明快的。为了联结过去的Carlton住宅，现在的Carlton联立住宅的轴线必须有大幅度的错位，由于运用四分之一大环道的巨大弧形处理，这个问题得到了解决。为此，纳什需要自筹资金以保证实施。最后，运动序列沿着步行商业广场(即在圣詹姆斯公园的北侧)延伸到白金汉宫(原白金汉宫也是纳什设计的)。纳什规划还预见到Trafalgar广场(后来实际建造的形式略有不同)，并设想一条新街道伸展到大英博物馆；倘若这条新街道得以建成，它必定会进一步加强伦敦中心区的组织。

让平民百姓像皇帝般生活

19世纪前半叶，建造如上图所示的坎伯兰联排住宅(Cumberland Terrace)时，正是社会动荡时期；商业和制造业的扩展产生了一大批有钱的中产阶级，这就提出大规模的住宅需求。这些住宅丰富但还达不到宫廷那般华丽，看上去却要越像皇宫越好。纳什的想法与这种需求一拍即合，他的建筑加上他的组织才能运用于他那建立新环境的庞大的设想中，就产生了上面 Thomas H. Shepherd 所作版画中的宫殿式建筑。

坎伯兰联排住宅是一个富有戏剧效果的伟大序列，有着一跨跨突出的柱廊，雕刻丰富的山墙花饰和通向服务庭院的凯旋门式的拱门。时至今日，它在伦敦人的心中还是如此珍贵，摄政公园周围在第二次世界大战浩劫中受损和被毁的这组建筑和其他纳什的联立住宅等宫廷房地产，都以巨大耗资修复得一如往昔。

纳什以清新动人的方式把他那伟大的联立住宅和旷地交织在一起。下一页是他早期的摄政公园开发设计。这可以和前几页实际的开发作比较。最初的概念是用一个完全的圆形建筑，一个圆环通过波特兰地段把公园和城市联起来，这种圆的形式由北侧两个半圆和大双环联立住宅，即内环和外环加以呼应，设计意图是给公园提供一种建筑形式。在环境设计的努力方面，这个规划是一个里程碑，它以小住宅私有作为经济基础，同时却能享有过去只有贵族的乡村住宅才具有的那种与自然紧密联系的乐趣。

Artillery Barracks
Life Guard Barracks
Road round the Park
Circular Road
Exterior Road round the Crown Property
Road to Barracks now
Canal
Crescent
Terrace
Basin of Water to supply the Houses
The Great Circus
Inner Circus
Ornamental Water
Square
Continuation of Portland Road as a shorter way to Hampstead and Highgate
Road to Hampstead & Highgate
Circus
Road as executed
The New Road
North Baker Street
Northumberland Street
High Street
Devonshire Place
Harley Street
Portland Place
Portland Road
Norton Street
Tottenham Court Road
Mews
Mr. White's House

1 : 12000

设计相互影响

将第202页纳什于1812年的规划意图与实施结果进行比较，显示出一个有意思的改变，这是由于在新路以南，大环道下方建造了圣Marylebone教堂。原来，纳什曾设想放弃城市其余部分，由波特兰地段大圆环往西直到北Baker街交叉口，几乎就沿着公园的边缘建立一排连绵不断的住宅。1816年建立新教区教堂的决定，使公园及其环境设计更丰富了，这是由于它促使纳什决定打断一下约克(York)联排住宅，并形成透入旧城的另一个点，以加强在波特兰地段已建立的那一个点。

次页上图表现了嵌在约克柱和平台两个端部限定的棱柱状空间中的圣Marylebone教堂。这里就像在格林威治(Greenwich)一样，是靠两座建筑的体量处在一个联系平面两侧而形成连锁关系的例子。在1813年开始建造时只是一个简单的盒子般的小教堂，建造过程中却得到扩展，由原来狭小的宽度突出两跨科林斯柱，这除了提供必要的体积去承受约克联排住宅端部限定的空间甬道的全部挺伸而外，别无其他功能。这项变更是由于决定建立一个新的教区教堂圣Marylebone而引起的，但是纳什选好基地的贡献对这项设计本身又有多大影响呢？我们只能猜测。然而，我们确实知道，一系列起作用的力的相互作用，使两个建筑师为两个不同业主所作的设计作品之间产生有力的协调，形成设计结构的一种非常重要的扩展。

YORK GATE

道路转角

第208页摄政街由波特兰地段至牛津街交叉口以北一点的早期规划，是一条连续而流畅的曲线。后来，纳什为了避免破坏Cavendish广场大住宅的后部，将摄政街的位置朝东移动了，建成后的错位是由一个急弯造成的，这是因为纳什和詹姆斯·兰厄姆(James Langham)爵士，也就是波特兰地段南部部分Foley地产的买主，达成了一笔房产买卖。要是没有纳什说服当局在现在基地上建造万魂堂，并指定由他本人设计，摄政街这个本来是很难看的走向扭曲有可能成为一个灾难性的缺陷。然而通过巧妙地设置它的圆形尖塔门厅，这座建筑完成了化凌乱为秩序的一个令人叹为观止的使命。

上面的版画，是从牛津街交叉口南侧摄政街转折点下方看万魂堂(如图的最左侧所示)的对景效果。这里的穹窿亦见于第209页图。下图是从北面看的近景，表现了在峨眉形弯道复杂空间内的圆柱廊门厅的定位，以及这个设计所提供的成功的空间过渡。这里建筑本身造型十分优美，并且还以力度和优美在摄政街困难的转折处引导着运动，并不被已在它旁边建造起来的BBC大楼难看的体量所干扰。

KENNINGTON COMMON
THE OVAL
BATTERSEA PARK
THE RIVER THAMES
LAMBETH REACH
THAMES
ST. JAMES'S PARK
GREEN PARK
SERPENTINE
HYDE PARK
OXFORD STREET
PORTLAND PLACE
REGENT'S PARK

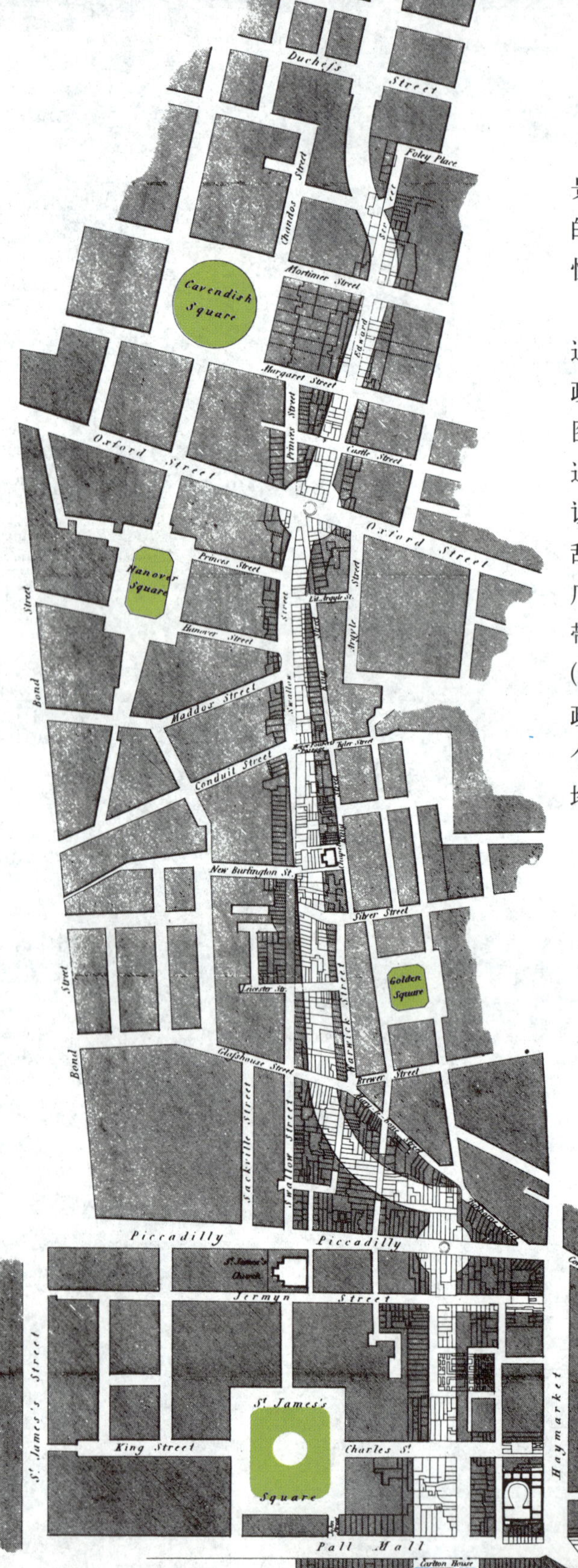

1 : 6500

上页图是1851年从气球上拍摄的伦敦的景象，它表明纳什沿着这条路部署他的强有力的标志性形体，并在旧城组织结构中建立整体性的技巧。

这张图作于1814年，它有力地证明了纳什通过规划去连接摄政王府和北面的封地——摄政街的位置走向所具有的魄力。摄政王府位于图的底部，以黑色表示；而波特兰地段在北首，通向圆环和摄政公园，见第200页平面。纳什设想这条街将作为东侧金色广场周围Soho区混乱的格局，与西侧Cavendish广场和Hanover广场一带正规而有组织的贵族区之间的联系纽带。纳什的创作精彩，可以由约翰·萨默森(John Summerson)爵士指出的事实来证明：摄政街开始成为(至今仍然是)伦敦城市生活中一个重要的中心。他认为这是其他更为随心所欲地设置的街道如Kingsway所无法比拟的。

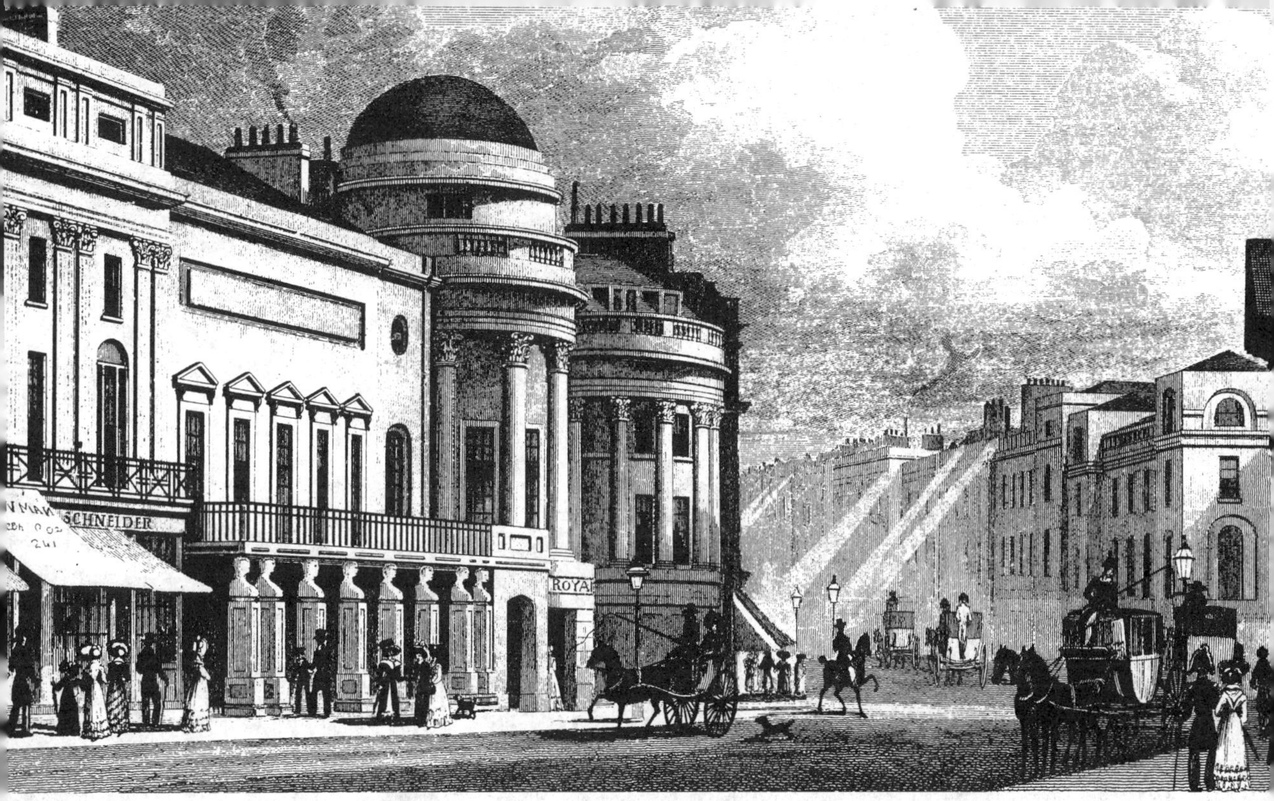

摄政街的蜿蜒变化

纳什与其说将一种预先设想好的建筑形式强加于城市的组织结构，不如说是使摄政街的形式适合城市的功能。遇到一个大的障碍，他绕道而行；一有必要，他创造出各种建筑形式来适应其设计结构的需要。

摄政街与牛津街交叉那一段的建筑，是由毗连 Cavendish 广场和 Hanover 广场的街坊中的住宅要求的深度而决定的。与牛津街的交叉口采取圆弧形无方向的形式，是纳什的设想，他意在避免人们对交叉口北侧设置住宅的“时髦的反对”。在纳什的设计中，用圆筒亭和周边建筑的扁平穹窿对街道走向改变所作的卓越处理，以及韵律尺度的丰富变化，从上图版画中可见一斑。这是在与牛津街交叉处以南一点向南看所见的景观。

由于这条街最早的目标之一就是要将新的公园及其毗邻的建设与摄政王府连接起来，为解决这座建筑前轴线与摄政街错开的问题，纳什原来设想用一个广场两条直街通出对面一角处理，然而，事实证明这种造价十分昂贵，因而就构想、设计甚至大部由他自己建成了如此杰出而得体的弧线型街道，或称四分之一大环。

一个绝妙的讽刺是，给整个设计带来诸多启示的摄政王府在摄政王就位后不久被拆除了，而纳什却能将这一事件得到的利益转向考虑设置联立住宅、约克公爵纪功柱以及一大段台阶，这段台阶如此宏伟地将他在摄政街的空间体积经过林荫大道与白金汉宫连接起来。

四分之一大环

四分之一大环是设计结构和建筑相互作用的一个完美的表达，也正是纳什针对摄政街错位想出来的绝招。虽然这是对交通流的一个满意的解决办法，但决不是单纯考虑交通所能想出来的。郡消防处是摄政王府空间延伸的尽端，又起着建筑转折和使运动折向四分之一大环的作用。

纳什直到58岁才由一个乡村住宅建筑师转向担负城市规划者—设计师—营造者—倡导者的多种职能。在他结婚之后，这种转变归因于他和后来成为英王乔治四世的摄政王的亲密交往。这种交往为纳什提供了巨大的资金来源和重要影响，他卓有成效地利用了这一点。1809年纳什被任命为木材与森林局的建筑师。这样，他应邀为圣Marylebone封地及与威敏寺(Westminster)相连用地提出开发规划，也就形成了摄政公园和摄政街规划。这种突然接触大范围问题的机会，似乎使纳什蕴藏着的巨大才华充分展现。仅仅由于建立政府计划，总有一些方面不能使他满意，但也在他身上产

生了一种动力，促使他投资于别人不愿建造的那些建筑。

摄政街后部纵深的设计和概念是将它的绝大部分长度分为标准化的修建基地，以适应不同付款单位的要求。沿着这条街很快兴起了一大批开发计划。其中绝大部分是由纳什设计的，其余的则是由与他联合的建筑师设计的，因此沿路在建筑上取得了相当程度的一致性。但是其中有一段，即四分之一大环，它不能从建筑和财务上零星地开发，然而投资者们在计划的初期不情愿花费一大笔钱整体建造去冒险投机。纳什毫不畏惧地步入这个突破口，并且自己投资来实现他规划中的这一部分。

纳什在摄政街上设计的所有的建筑都已被清除，而他的外貌优雅的立面也被稍后时期笨重的乡村式建筑所取代。但是他们之间包含的空间容积仍然保持不变，而规划的精神、运动的挺伸仍然存在，并且证明巧妙的空间设计比建筑设计更为重要。

滑铁卢广场

次页的地图中黄色表示纳什在老建筑块体上强加的空间形态，用蓝色所表示的卡尔顿(Carlton)住宅向北伸展，黑色表示纳什所直接设计的主要建筑以提出空间设计目标。在Piccardily之上是郡消防站，并与刚讨论过的四分之一大环连接。往右，跨过Haymarket是Haymarket剧院，它提供了从圣雅各广场经查尔斯街的对景，是纳什将它延伸到这一点的。这座剧院原来区位稍稍不同，纳什说服业主将区位移动以配合规划，同时聘他为建筑师。其结果见1829年如下铜版画。令人满意的效果依然在，尽管除剧院之外所有建筑都置换了。

本页版画，由卡尔顿住宅北望的街景相对。侧面建筑有着4根爱奥尼克柱式的柱廊，较近的建筑(中跨也有爱奥尼克柱)成功地表现了纳什的空间形态，也为深深后退的郡消防站立面提供了一个前台式的柱廊。4座统一权衡的建筑原本是一个单一发展的一部分。虽然这些建筑已拆除很久并为互不相干企业的个别建筑取代，建筑与空间相互关联的精神却保留下来了，甚至各自建筑计划还大相迳庭。

当摄政王子继位为皇帝后，他决定将他的住宅从卡尔顿宅第搬至白金汉宫。纳什曾建议将旧宅的大阳台建造在旧宅前的场地上，而这又将被拆除并代之以约克柱和一个大平台。建议被接受了。纳什因此为王室从旧物业那里取得可观的收入并使他的运动系统取得极好的扩展。这个运动系统由摄政街和滑铁卢广场起，直至雅各公园(由他设计)毗邻的商场，并沿着商场通到作为终端主要特征的白金汉宫。这也就使得今天漫步在伦敦的人们能由白金汉宫沿着一条空间和实体大多由约翰·纳什构想的路径，来到Cumberland台地。

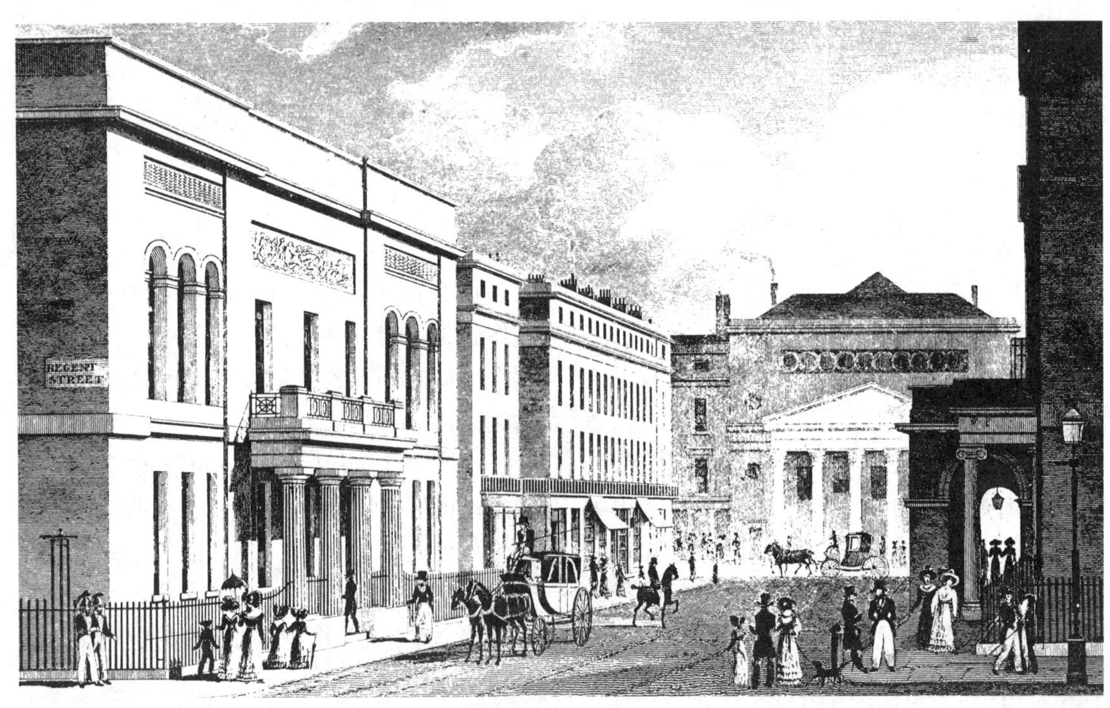

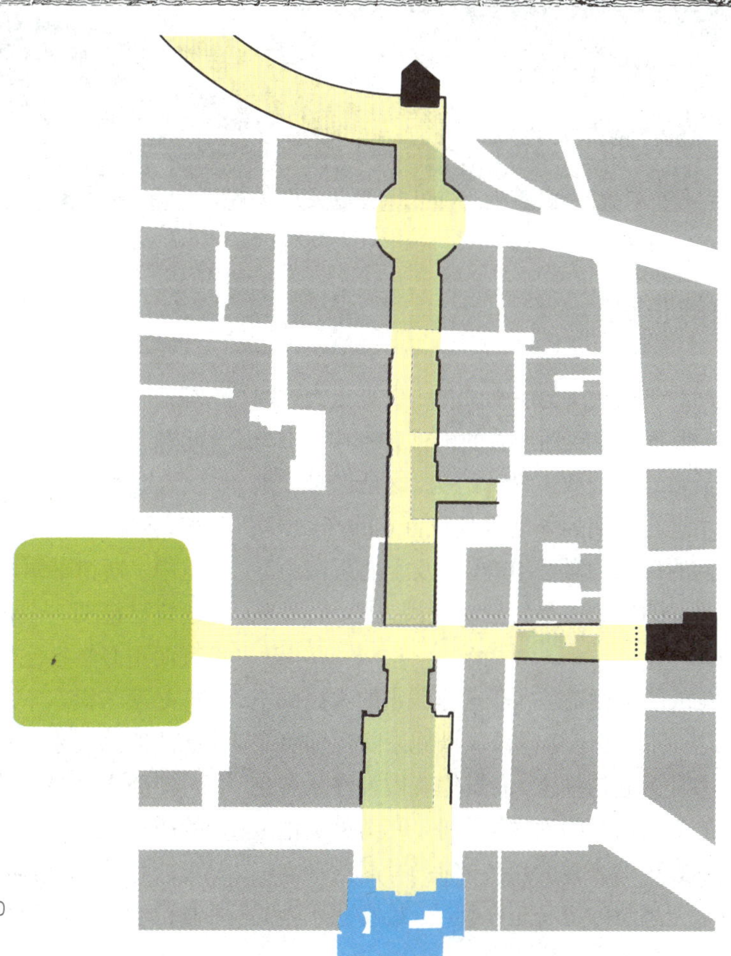

1 : 3500

伦敦的悲剧

1829年当谢泼德(Shepherd)发表上面这幅版画的时候，在欧洲所有的国家首都中，伦敦有着最难处理的城市设计结构，这是许多土地所有主进行开明的土地重划数百年的产物。联络成网的广场的微妙组合，以及上面版画中显示的美妙的轮廓线是特别易受损害的、特别脆弱的。

伦敦的悲剧正是在于这座城市的人民既不了解这一点，也不懂得采取措施来防范即将来临的力量对它的损害。高层建筑被容许从各色各样的乱七八糟的地方冒出来，其结果是伦敦的大部分优美景观的原貌消失了。而这种高层建筑毫无思想的增长正在继续。最富悲剧性的却是至今还没有一个优秀的规划来解决面临的问题。

当然，这并不是说伦敦不应当存在高层建筑，而是它们的布局和设计必须纳入明智的渠道中。斯德哥尔摩以它那5幢Norrmalm高层建筑已证明，一座历史名城也可以拥有高层建筑而不必牺牲它的艺术素质，但是这些高层建筑必须与设在下面的交通系统保持有机的、章法严明的关系。

令人高兴的是，巴黎已经证明斯德哥尔摩的概念能够通过设计体现于这座城市的更庞大、更艰巨的情况之中。人们希望伦敦将开始制订它自己的规划。

巴黎的远见

除去一幢高层建筑招致极端反对意见之外，巴黎卢浮宫以北17世纪的轮廓线没有被破坏。因为巴黎正以适应现代需求的规模提供一个新的中心，以承受商业扩展的主要压力；可以有几分把握地说，历史性城市的整体性能够加以维护。

下面这个模型是巴黎新中心德方斯，是把经营管理才能和设计才能结合起来的引人注目的产物，它表明新的运动系统加强香榭丽舍轴线所达到的程度。为它服务的街道、公路和快速道路纵横交错，在模型中清晰可见。看不见的只是由凯旋门广场与德方斯步行大平台联系的新的地下铁道；从这个平台可以俯瞰香榭丽舍大街，直至凯旋门。

这种在“法兰西大轴线”上开发的效果，被看作是具有全国意义的重大课题，因而不同建筑师呈报的设计的选择，要直接提交篷皮杜总统决定。具有国际意义的事件是选定的设计保留了由卢浮宫放射出来的，经过凯旋门限定的空间甬道的完整性。这个决定是完全正确的。

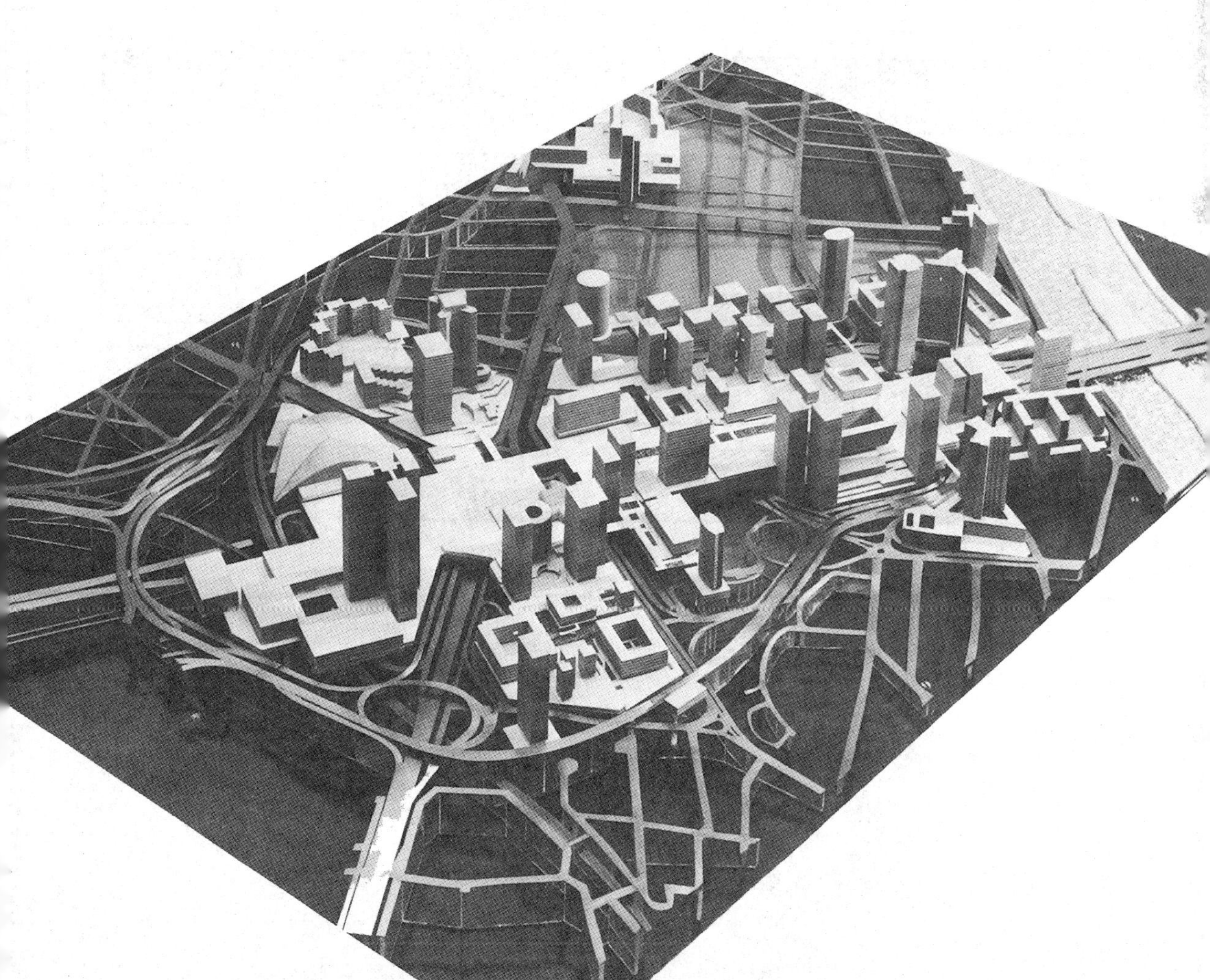

维特鲁威的学说传到新大陆

一部卓越的文献的发现对文艺复兴创作有着深远的影响，这部文献就是公元前1世纪罗马建筑师默尔库什·维特鲁威(Marcus Vitruvius)的巨著《建筑十书》。

这本书最早于1471年译出，此后广泛流传，包含的许多至理名言，对于今天的建筑和建筑师而言，都是很有益处的。然而最重要的一个方面是文艺复兴时期它对创造性构思所起的激励作用。许多版本出版时都似乎意味着以维特鲁威的著作为基础，它们对维特鲁威的补充比原始材料的表述更有价值。

前一页的平面选自贾科莫·卡塔内奥(Giacomo Cataneo)的《建筑》一书，第一次发表于1567年，不能认为它直接属于维特鲁威的任何设想，倒是应当把它看作在维特鲁威就这个课题在罗马所进行的讨论的激励下，关于理想城市的一个现代设想。

由于在欧洲很少有完全按维特鲁威信条而建成的全新的城市，这位建筑师的思想的全面影响，还得留待美洲殖民地中许多新城市奠基后在整个城市的规模上去体现。

前页的规划包含当时美国最杰出的城市萨凡纳(Savannah)和费城总图的萌芽。Thomas Holme于1683年为威廉·佩恩(William Penn)设计了费城规划总图，如下图所示；James Oglethorpe于1733年设计了萨凡纳，如上图所示，他们是否拥有这些设计的直接的知识，我们还不清楚，但是这两个规划总图的主要概念都包含在卡塔内奥的书中。

因此，维特鲁威的古典理性主义和文艺复兴学者的理论推理的相互作用，在新世界新城市的实践中最终得到了体现。

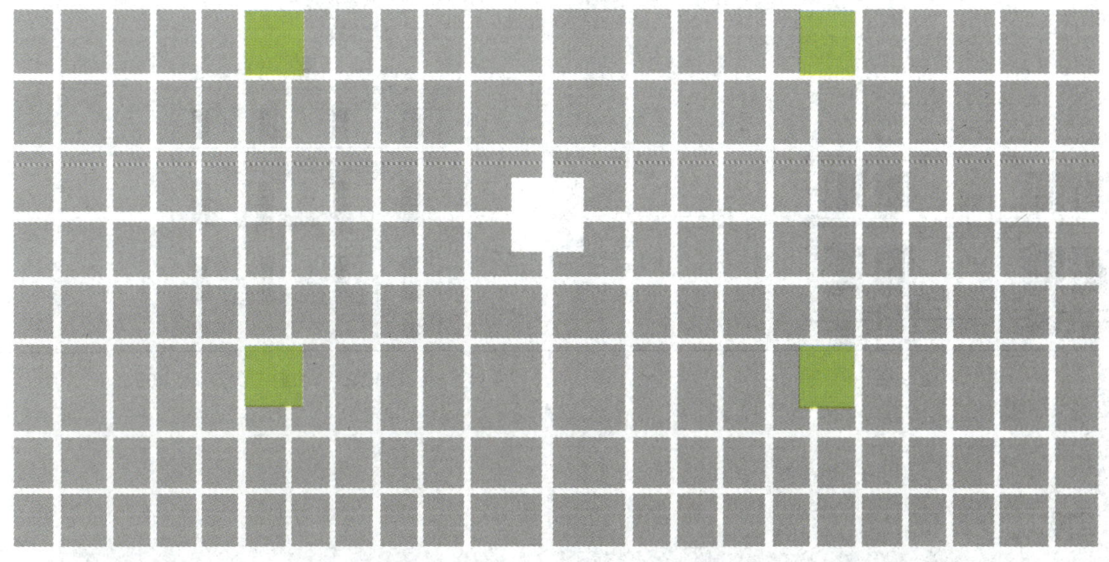

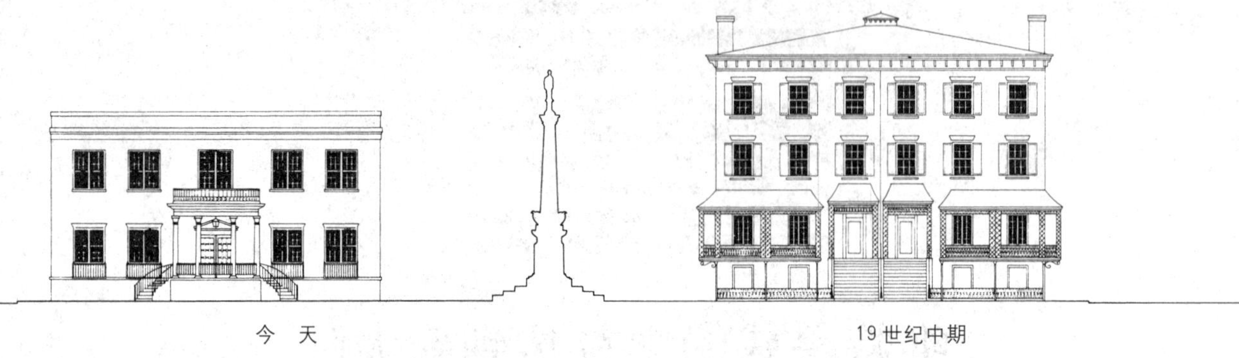

今　天

19世纪中期

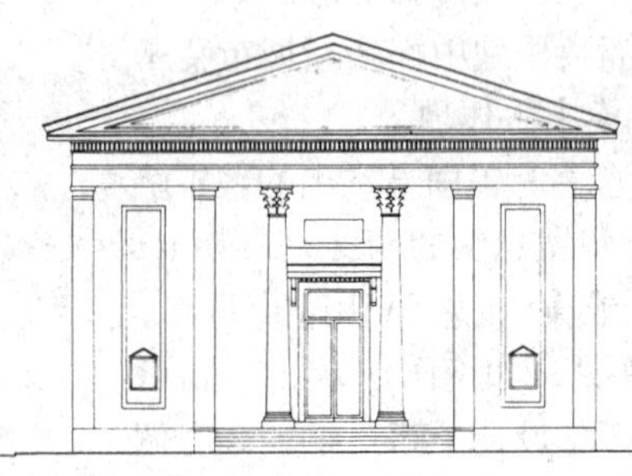

1850年

1819年

1817年

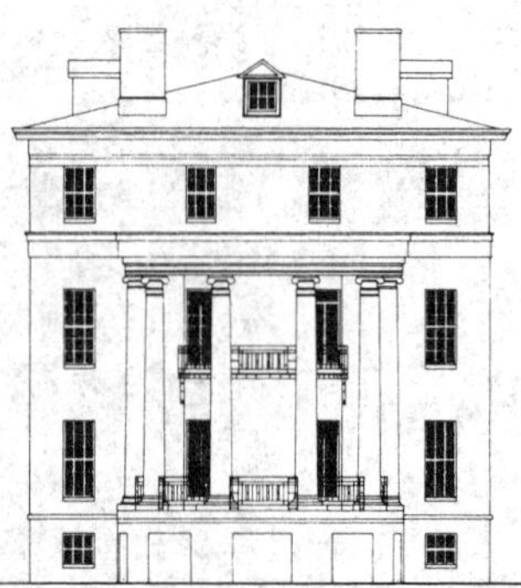

c.1840年— ADDITIONS c.1890年

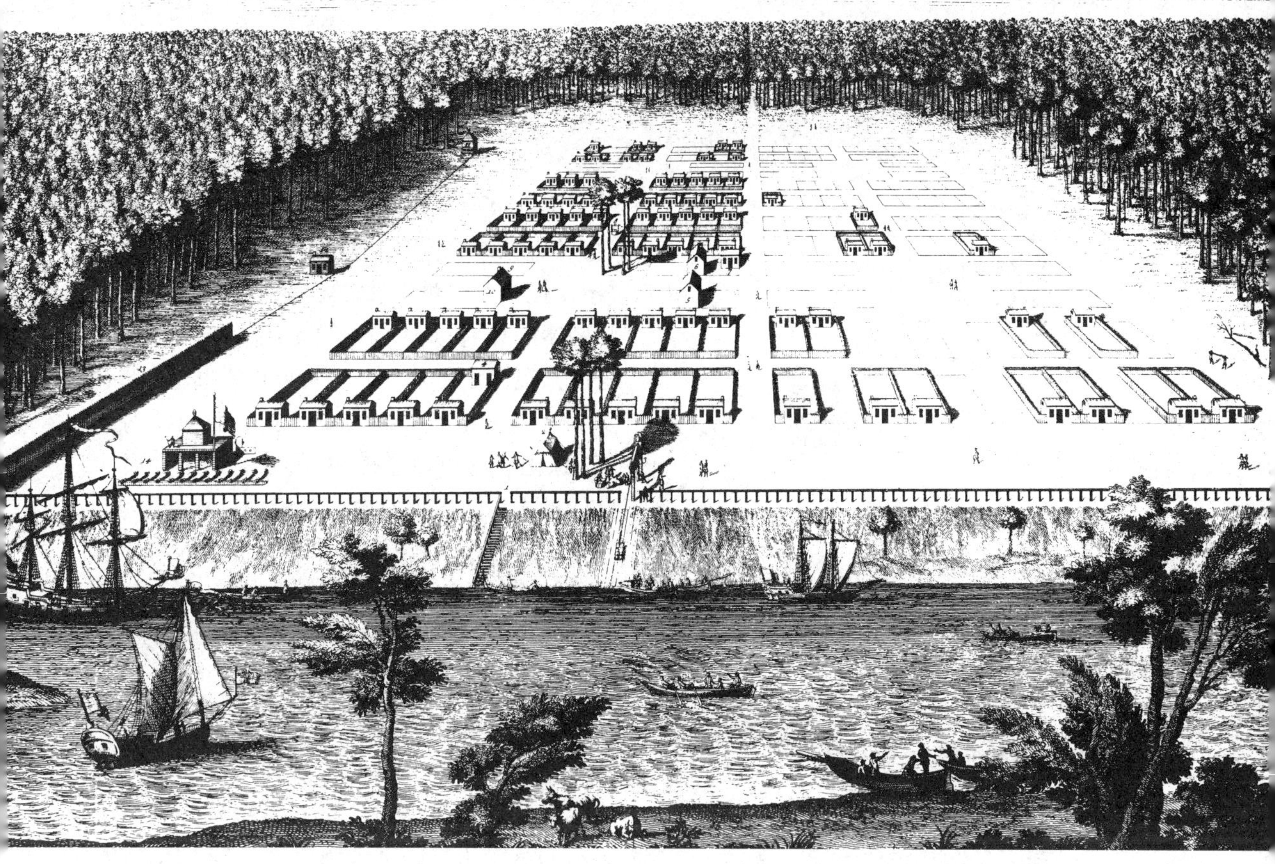

萨凡纳城

令人吃惊的是一个殖民地在旷野中，在为解决生存的基本问题而斗争的过程中，竟能产生如此层面而被提升的规划设计，它至今仍作为城市存在的组织与成长的最佳图式之一。上图为萨凡纳建城后次年，即1734年所作的版画，生动地表达了开拓的艰难，也描绘了场地布置的根本法式。这座城市的开端的三维表现，从住宅的细胞单位组合开始，又组合成包括广场和相关街坊的更大的细胞。

4组以广场为中心的社区，它们之间公路空间的挺伸由河边伸展。这个设计本身深入森林，以提供未来城市伸展的一条脊骨，也是一个有如此法式和明晰性的系统，并成为了萨凡纳城此后120年成长的控制性要素。最后它突破形成一个主要的城市设计体系，使城市由一个阶段发展到另一个阶段。

一个如此严谨的规划设计，以其冷峻的敏锐性专注于建筑师提供三维表现的才能。广场每一侧两个窄窄的街区提供的建筑基地，不可避免地吸引了众人的目光，因此对于能否满足用地布局提出的要求也更为严格。不同时期建筑师们针对萨凡纳城不断变化的市民生活的发展演变，在恒定的用地形态上所设计的一系列立面图处理见前页。其中最新的方案(如上图左角所示)无疑被视作传统的设计。实际上，它所遵循的传统设计无非只是两个重要因素：尺度和比例。在设计中符合基地要求，这在由殖民时期到维多利亚时期的几乎所有作品中都完美地表现出来并切实可行，但惟独我们今天的设计师们视而不见。

1733 年

1735 年

1790 年

1 : 19000

萨凡纳城的设计结构

约翰 · W · 雷普斯(John W.Reps)在《造就美国城市》一书中曾指出，由12个街坊围绕中央绿化广场组成的非凡的细胞状结构单位，“不仅提供了一种有着非凡吸引力的、方便的和紧凑的环境，而且在容许城市发展却不造成松散杂乱方面也是一个切实可行的办法”。

这一页和下一页的图解表明细胞结构单位，绿化广场和12个街坊，不仅是内部发展的良好模式，其中也包含向外延伸发展的要素，因为有着中心绿化广场之间线性联系的向外挺伸。总的效果是两种格局的相互作用，一种是方格网街道划分出基本单位;另一种则是加在街道几何形式之上的公园绿带网络。

萨凡纳城设计的发展是一个由内在特点联系在一起的相互关联的细胞结构单位的简单积累，直到1856年，那时城市总的规模需要结构重整了。如下页图所示，19 世纪后半叶，这种城市结构重整以引人注目的力量出现了。左起第三组细胞结构中轴形成综括全城的设计结构的支配性主干道。它成了水边有穹窿的市政厅的前景场地，由此沿河向两边延伸出一个正式的公园和大道(Factors' Walk)以及仓库(如图中黑色所示)。以后，在城市的南侧增加了一个新的大公园。它与老的绿化广场尺度完全不同，把中心设计要素的影响延伸到纵深腹地。

这个例子清楚地说明一个城市根据设计而成长、经过一个时期的自然发展而导致结构重整，以及由土地规划和建筑综合而组成设计的扩展。当代城市必须经过一个新的结构重整以适应新的区域规模的尺度，这大多是由快速道路的设计而决定的；然而，把新的设计结构与现存的实施原则联系起来，还是一个挑战。

萨凡纳城的土地组织系统的实际影响是实用而喜人的。在通常的方格格局上有着高效能的街道，经过以广场为中心的社区，由于它们尺度大，事实上就比每个街坊都有过境街道的格局有更大的运载量。萨凡纳城的规划者们真是够聪明的，他们按一定间隔设置林荫道来代替普通街道，并平行于河道划分出发展的阶段。这给街道网提供了大方位感，同时为离河而去的进程增加了韵律感。

俯瞰一行行的广场，视觉效果是使人兴奋而又变幻无穷的，每个广场有其特色，位于中轴线上的广场更以纪念物而强烈地成为视觉中心。然而总的效果与一个伟大的轴线规划恰恰相反，如基于单一运动系统的巴黎或华盛顿的规划的单一的张拉关系那样。由于在所有的方向都有广场，处于一个完整的机体中的感觉形成了最令人满意的一种同时性。当一个人置身于其中任何一个广场的时候，他感到完全地摆脱了周围街道上繁忙而恼人的交通。尽管这个规划中的广场是脆弱而易受损害的，出于对萨凡纳城城市规划者们的无限信任，使交通未被容许穿过绿化广场，车辆只是被允许停放在原来作为市场的广场(用白色表示)上。

1815 年

1 : 19000

联邦的尊严

华盛顿的设计总平面与萨凡纳城不同，它受到全世界的喝采，但那是由于与它开创者——皮埃尔·朗方(Pierre L'Enfant)少校最初意图全然不同的原因。规划作于1792年，如次页安德鲁·埃利科特(Andrew Ellicott)的版画。而下图大区域规划表明，正是朗方认为华盛顿设计的原动力将是城市与水的汇合，而城市设计必须与区域的力、与波多马克河结合起来，因而就按照与其他大城市，如威尼斯、佛罗伦萨和圣彼得堡共同的设计原则，确定了城市的位置。因此，从白宫(总统住宅)望去，将会有俯瞰一长段波多马克河的一派辽阔景象；而从国会看，则是掠过广阔的河面水域构成的前景，纵览弗吉尼亚的山丘。华盛顿中心(Mall)在两条轴线与河道交汇点的设计的几何形是成角的，若不把它看成用地与水的综合设计，那就会显得不完整。

20世纪设计者的思想与如此雄浑的概念是格格不入的。1902年McMillan委员会的成员们更希望有一个自给自足的、惬惬意意的内向的概念，而不要与区域动态关联。在他们的规划中，用林肯纪念堂阻断了来自国会的视线和景观，白宫的视线和景观也为后来的杰佛逊纪念馆所阻断，这就把河流挡在中心空间的外面。

作为McMillan规划的结果而建成的华盛顿，仍是一座美丽的、使人乐而忘返的城市，然而这丝毫未使朗方的最初设想减色，也不妨碍人们想想华盛顿现在是怎样和华盛顿本来也许应当怎样。

下页的朗方规划的埃利科特版本与诺利所作罗马地图(如第161页所示)一样，用绘图表明外部空间规划与建筑设计的结合。对于国会大厦和白宫，这一点特别明显。这就提醒了我们，这种规划与建筑的结合近年来是太淡漠了，然而却包含在都城原规划中；如果今天有人把它复兴起来，那将会是一个伟大的爱国举动。

Rhode
Connecticut
Vermont
Mafsa-
chufetts
New
York
Prefident's House
Pennfylvania
Virginia
Mary-
Jersey
North
Capitol
Street.
Capitol.
South
Capitol
Street.
Delaware
1 : 19000

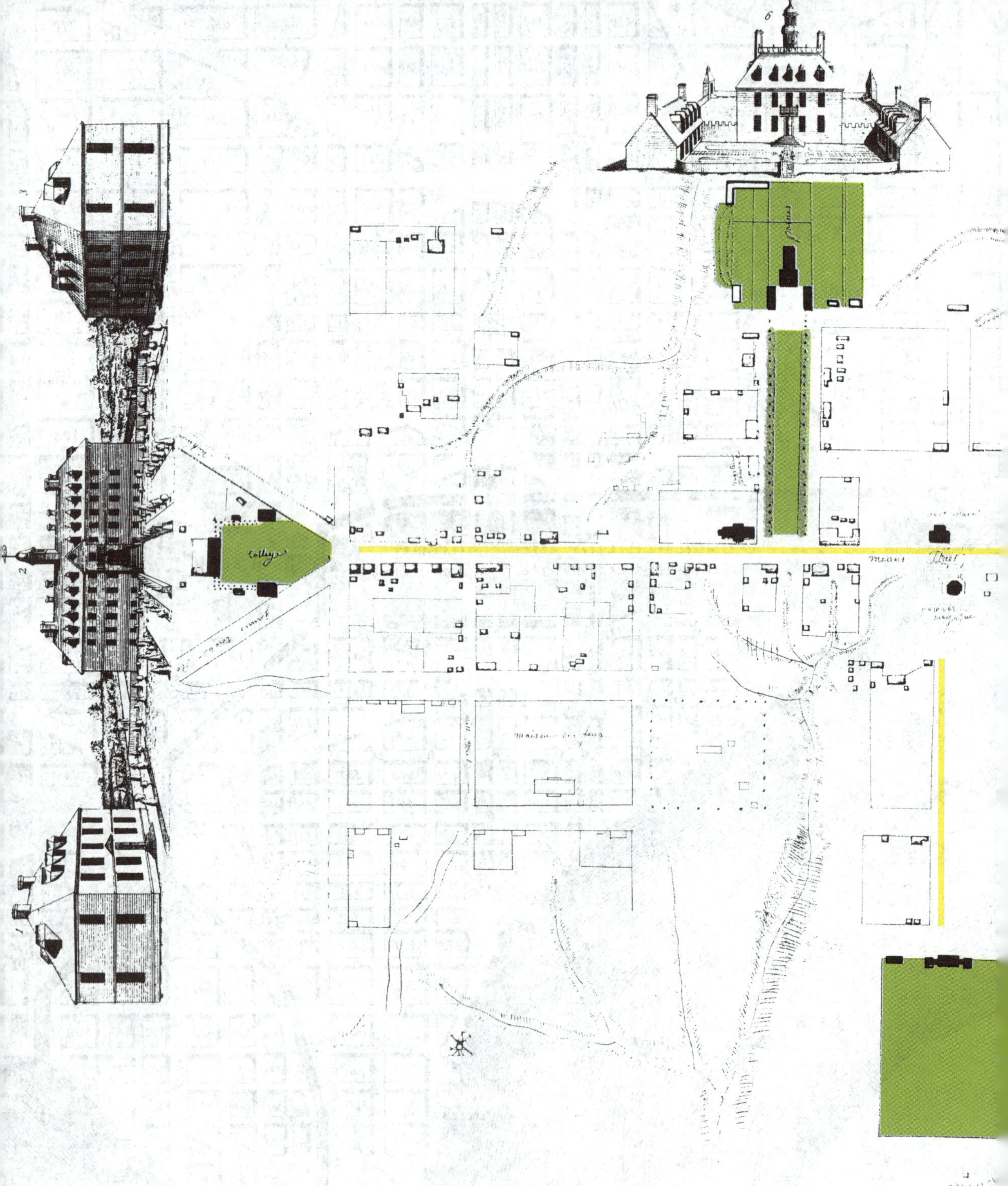

殖民地的进步

法国人于1782年为威廉斯堡所作示意图上的色彩图案，强调了这座城市规划设计的成功，它所包含的原理让我们想到美国传统的根基。

殖民政治家由左侧威廉玛丽大学建筑群(如黑色所示)大门出发，去参加国会的一个会议，他要向东走向H型的国会大厦(距此四分之三英里)，这是这座城市主要街道Gloucester公爵大街的另一个视觉终端。离开大学他将经过西侧街坊的周边住宅来到位于左侧的教堂，教堂尖塔为西侧由绿化带界定的林荫广场空间向北挺伸至地方总督官，及其对称附属建筑(亦如黑色所示)提供一个支点。

一个小街坊将这个线型交叉空间与主要街道北侧的法院居中的广场，同南侧八角形的弹药库分开。它的南面是一块旷地，原先引向Tazewell大厦及其附属建筑，一度作为对景建筑的终端。富于韵律的行进沿着以下两个高密度建筑开发的街坊包容的空间来到国会大厦，它主宰着行进空间但又向周边敞开。

在这个简单而自然的构图中，建筑与空间规划是统一的，虽然是由不同的人们在不同的时期完成的。洛克菲勒家族对威廉斯堡改建的大动作，已带来具有体现美国殖民地生活细节的一种饶有趣味的更新。不会被遗忘的是将城市作为整体的设计所提供的效益。

富足的荣光

北美殖民地时期，受新大陆资源相对紧缺的影响，严谨的尊严让位于维多利亚时期工业急速大扩展的能源和活动。许多地方富足来自这些年轻国家的新兴实力，并在建筑上表现出新的大胆的尺度。没有任何建筑，较之加拿大自治领首府渥太华的政府建筑群在庞大的区域概念上、整体上更荣耀，更具表现力。

这张取自历史档案的照片，显示了1916年火灾前的渥太华的远景轮廓，那时相当复杂的原国会塔式建筑尚未被更高耸、更僵直的和平塔所取代。上面的照片表明金字塔型的图书馆设计，在绕山而蜿蜒流过的整个河湾中居于支配性位置，在空间中建立起一个支点，并在大景观中展现了人的力量。最初的所有其他建筑特征都被估量以加强基本设计要素，正如上图所示的国会塔式建筑群立于左侧的图书馆尖塔。

大方的和平塔在这个建筑群体中，由于与整体的协调而格外受到瞩目。这个庞大建筑群的基本形态以及所处地形是如此强固，以致在改建中几乎未遭到损坏。

渥太华现正在努力通过自身的发展变化来回答如何使城市适应现代商业的需求，而不破坏由这些建筑确定基调的河流与天空的脆弱的相互关系。为了不让任何东西分散人们对于政府建筑的关注，这座城市对此已深表关切，因为这组建筑群在它所处环境中是维多利亚的富足在这个世界上最好的表现之一。

勒·柯布西耶与他的新憧憬

19世纪末20世纪初，渥太华城市建筑中的喧嚣的华丽显然预示着一个时代的终结。事实上在一个短时期后，先进的建筑师们便对这种热度降了温，而对于简洁和秩序的憧憬，很快代替了表面华丽和维多利亚建筑细枝末节的堆砌，就像勒·柯布西耶在上面绘画中所包含的内容那样。在这场伟大的革命稍后不久，反对革新的力量开始重振，而对华丽乃至形式的狂热又变成饭后茶余普遍的话题。甚至，轴线对称成为时髦，而扭曲功能以适应随心所欲的形式达到了艺术学院设计原则都难以容忍的程度。可以确信，古典柱式和尖角拱不再使用，但这些从来都不会像建筑实体和土地的设计那样重要。那么，从深一层意义说，设计领域内究竟发生了什么？

或者说，究竟有没有发生任何重要的事情？

正如伯鲁乃列斯基是和文艺复兴的发源联在一起的大人物，然而却从未参与文艺复兴的广泛实践一样(的确可以争议，他是不是对自己在历史上的作用有所预见)，勒·柯布西耶是现代建筑的大人物，像伯鲁乃列斯基一样，他撒下了广泛运用现代建筑运动原理的种子，如同1922年这幅画所示，他已预见到这一点。

勒·柯布西耶的生活和创作驱使我们去思考在这一发展演变中自己所处的位置，在这个发展演变中，他代表源；而他的生活和创作则说明了他的原理是怎样加以运用的，怎样不限于用在一幢、两幢、三幢建筑设计，而是用于整个环境的设计等，这应当说是流。

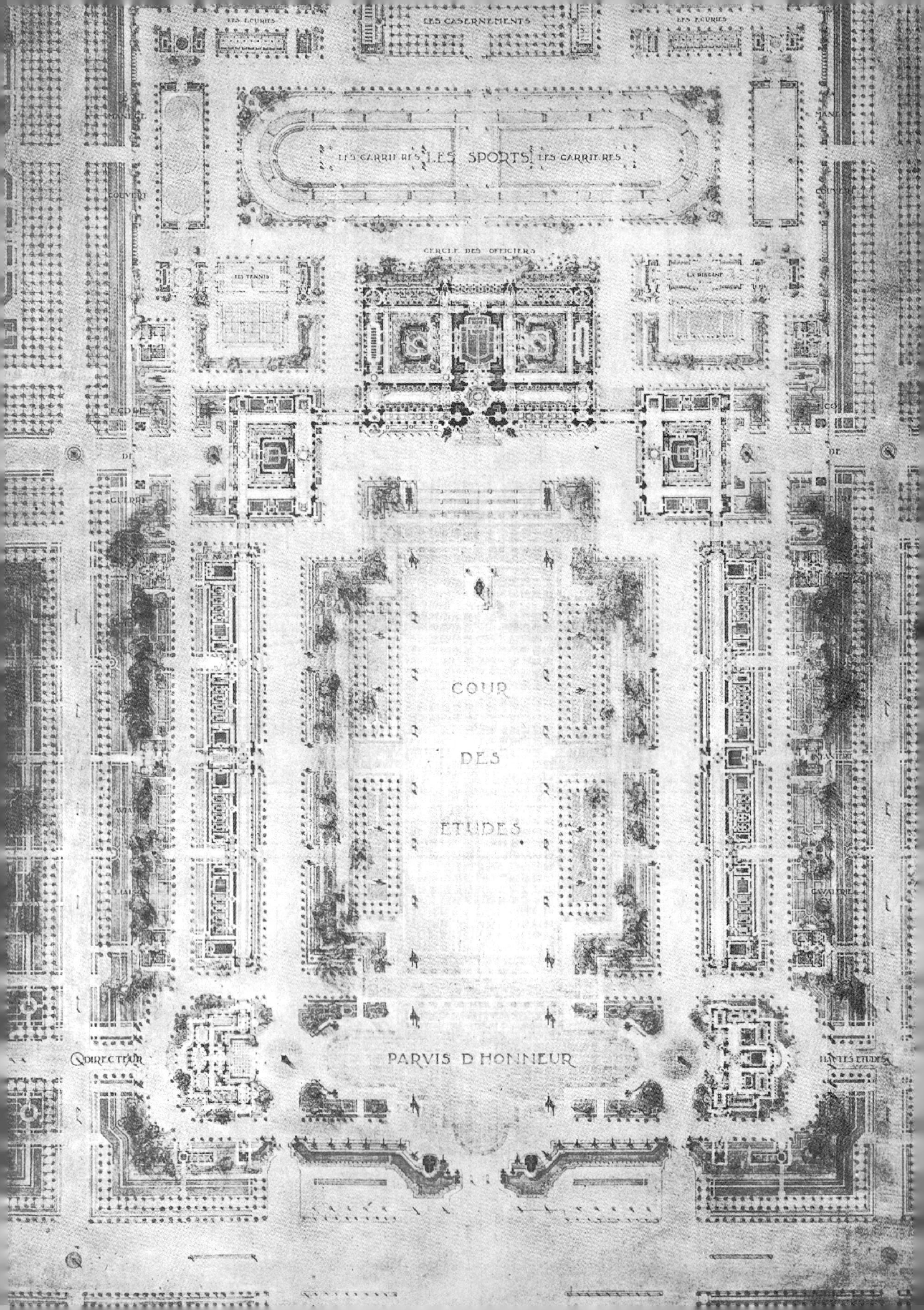

LES ECURIES
LES CASERNEMENTS
LES ECURIES
LES CARRIERES
LES SPORTS
LES CARRIERES
CERCLE DES OFFICIERS
LES TENNIS
LA PISCINE
COUR
DES
ETUDES
PARVIS D HONNEUR
DIRECTEUR
HAUTES ETUDES

大手术

吉鲁(Giroud)先生获“罗马奖”的建筑规划图，见上页，作于1922年，与勒·柯布西耶制作的图(复制于下)大致在同一时候。我们在这里看到的是城市开发两个阶段的衔接，艺术学院的平面标志着一个阶段的结束，而勒·柯布西耶的图则预示着新的未来。

不管人们要说什么，获“罗马奖”的建筑规划是企图在庞大而经过协调的设计上进行土地开发。建筑的形式由土地设计衍生而来。与其说通过一幢幢建筑的实体，不如说通过其结构接地之点来真正地表现建筑。这清楚地说明设计者想着的是建筑中空间的流动。他的设计表现出空间是一个整体，室内和室外之间确实没有太大的区别。建筑的外形是由为各种功能服务的房间形状所决定的。每一部分从设计的意义上说都与其他各个部分相协调。从最小的细枝末节到最广阔的形式，都是完全掌握尺度的。然而，这类设计课题早已和实际风马牛不相及。它曾代表着学院派的畅想，而今又被清除了。

下面勒·柯布西耶这幅画清楚地表明了现代建筑革命最具有决定性的结果之一，建筑与地面截然断开。建筑的实体被悬空于地面上空，建筑与土地的设计各自独立。在这幅图中，建筑都被展开成规则的严格的几何形格局，架空于乡野地面之上，小路蜿蜒自成曲线系统。这种概念，通过大师的手法，可以产生伟大的作品。然而，对建筑师职业的影响却是一场灾难。设计者不再服从土地设计的严格章法。正由于从此建筑设计和土地设计可以分开处理，大多数建筑师的兴趣又在于建筑设计而不是土地设计，于是结果就是许多建筑师专心致力于建筑设计，完全不顾建筑的环境；不加思索地任意确定建筑的位置，无视总的设计原则。由于勒·柯布西耶的伟大的设计思想，由于将建筑与土地切开的伟大的手术，我们取得了设计的新自由，然而为了它我们已付出高昂的代价，整个环境受到了损害。

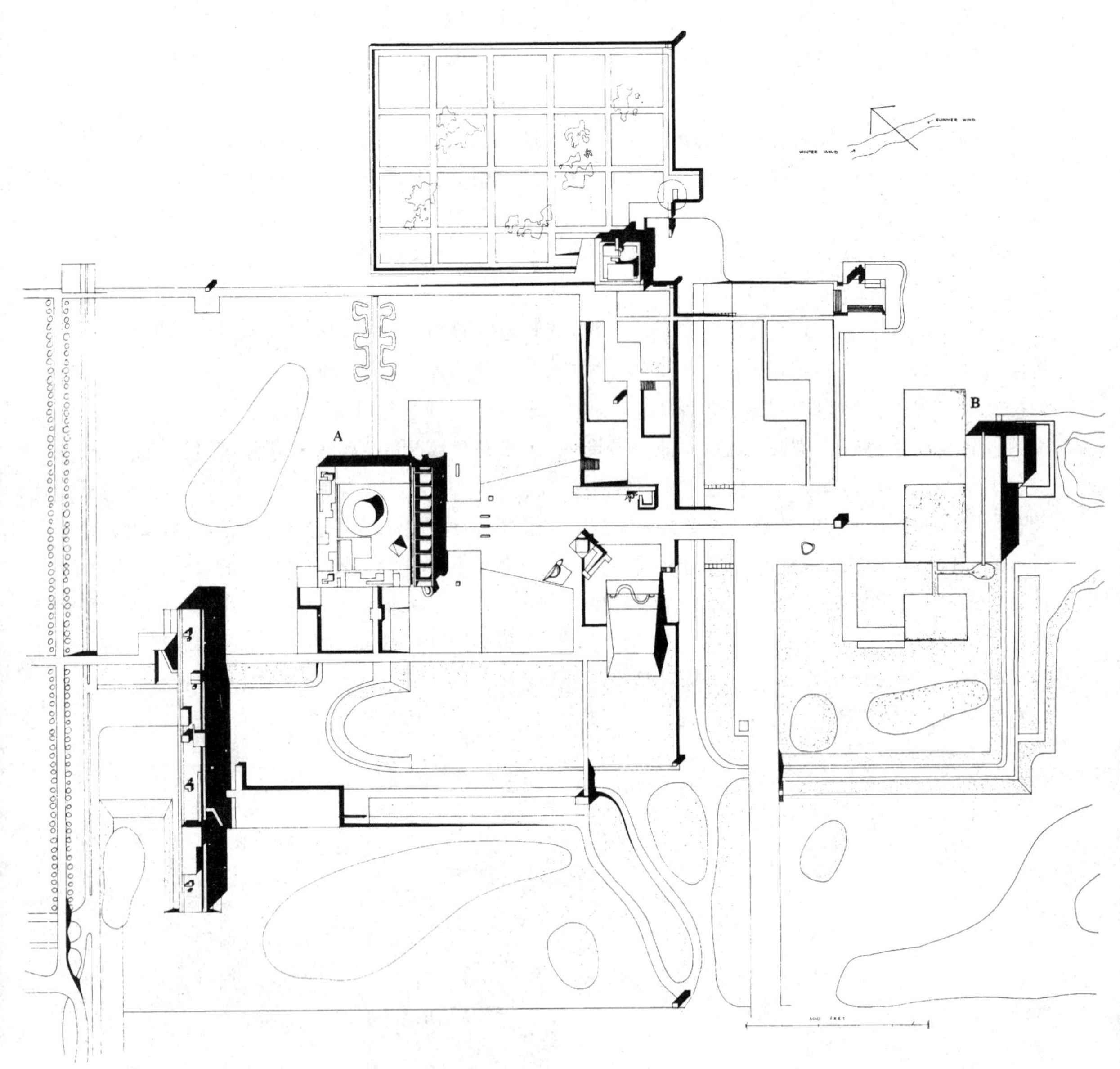

1 : 5000

空白画布上的新绘画——昌迪加尔

当贾瓦哈拉尔·尼赫鲁想到要通过建筑一座新城昌迪加尔，来表现新印度欣欣向荣的生命力的时候，他求助于西方文化所能产生的最伟大的建筑师勒·柯布西耶。他对勒·柯布西耶授予全权，以表现现代设计的最高灵感。勒·柯布西耶所做的设计便作为我们今天掌握大规模设计的衡量尺度。

上面这幅照片是昌迪加尔三个画面之一，表现通过控制镜头角度的一个景观。在这一点上，人的眼睛将一览宽阔的地平线，面对毗邻的荒废田地。勒·柯布西耶在他的政府建筑群间规划了铺砌规整的联系道路，同时还规划了一幢附加的建筑。他的建筑群相互之间离得如此之远，以致让它们主宰所在空间的想法失败了。而且不论再铺砌多少，这种想法依然无法实现。

甚至会堂承重墙与支柱的处理(如前页图中A处所示)，透视上如此富有戏剧性，但当从最高法院(如图中B处所示)沿着中央主要道路缓缓移动，由墙柱的边缘看上去时，却变为火柴梗的比例。勒·柯布西耶对昌迪加尔城如此反感，以致堆起人工的小丘(这从上面照片中可以看见)，以便在他的建筑中将现有城市存在的感觉屏蔽开去。尽管在他面前有着Moguls的作品、以及后来埃德温·卢伊藤斯(Edwin Luytens)在新德里的作品，这些都是惊人的光辉灿烂的范例，其中公共建筑屹立俯瞰全城，为它本身及城市居民的生活增添了光辉。而勒·柯布西耶对将他的建筑与城市结合，甚至使他的建筑保持相互关系的设计要求都是视而不见的。

勒·柯布西耶是一位伟大的建筑师，他在历史上的地位是无懈可击的。我们从他那里学到了许多当代运用的现代设计原则。但是从他已完成的作品中，我们不能直接学习运用这些原则去解决城市的更大的问题。为此，我们必须把眼光转向别处。

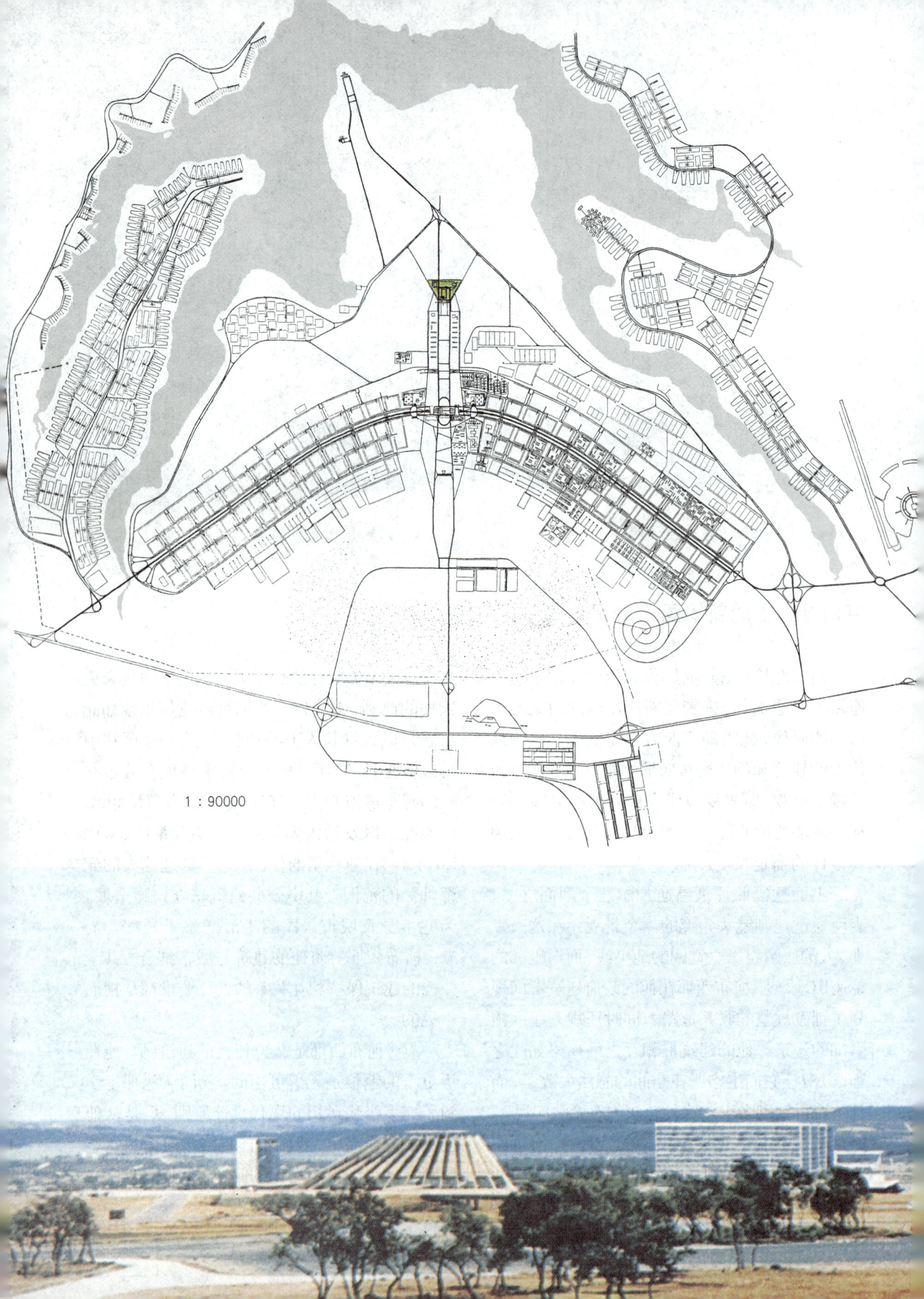
1 : 90000

伟大的尝试——巴西利亚

巴西利亚曾受到许多批评家的中伤，尽管他们大多并没有去实地看一看。但作为一个整体设计的城市最重要的范例，在当代建筑中却是一枝独秀。建筑师们若不从中获得教益，实在愚不可及。

不幸的是，若不实地感受，巴西利亚不可能被理解。巴西利亚基本方案的设计者卢西奥·科斯塔(Lucio Costa)提出了其中的一个理由。在我访问这个城市之前，他说过，只有联系巴西利亚天空中不断飞逝的流云，投在建筑形体上瞬息万变的斑斑光影，才能理解这个城市。不变的建筑与瞬息万变的因素，以及喷泉中水花飞溅、彩旗飘舞等细部之间的对比，早已成为城市设计的原则。巴西利亚的变化因素是由云彩提供的，它们经常萦绕整个城市上空，成为它动态设计的一部分。

没有亲眼目睹而只停留于图片，本人也曾对巴西利亚妄下过定论，本书后部附录是我访问前的论断。我曾断言同一类型的政府各部建筑之间形成的空间甬道(如下图所示)，以参议院穹窿和众议院圆盆之后两幢体量瘦削的行政办公大楼作为终端显得分量不足。但是在我亲自察看基地之后，我才理解空间包含在环抱城市的碗状群山伸展的范围内。一切建筑实体都是雕塑形体，而这又在前所未有的广阔规模上把整个空间设计处理得层次分明。

科斯塔清楚表明，巴西利亚从来不想成为典型城市的一种模式，它要成为一个伟大国家的独一无二的首都。左页的规划体现了他的设计的特性。从山顶的电视塔(中轴南端小三角内)到俯视湖泊的政府主要权力集中的三权广场，(中轴北端三角形内)有一条中央空间甬道，形成一条纪念碑式的轴线。垂直于这条轴线两翼伸展出曲线型的居住区，在它的中央有一条快速道路。快速路与中央轴线的连接点是一个特别的公共汽车总站和“公路大平台”，见第239页图。与快速路平行的、相距两个街坊的，是一条步行商业带，把住宅区连在一起。

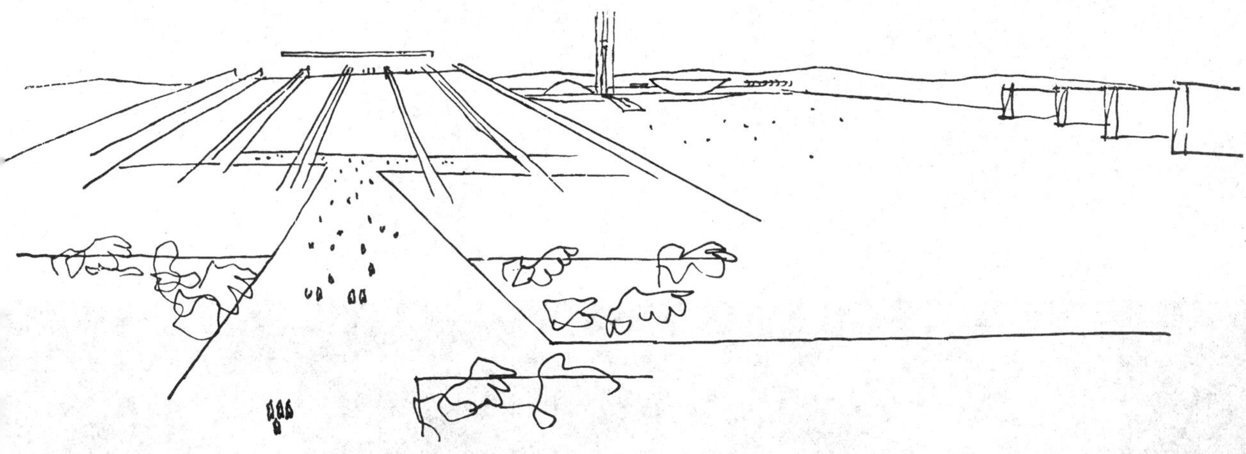

汽车与行人的相互关系

在巴西利亚，对立而统一的原则通过汽车与行人的互成对比的需求而得到特殊的建筑学上的认识。

巴西利亚可能是使用一条快速路作为居住区中心特征的惟一的城市。这代表着一种对汽车在现代生活中重要性的毫不掩饰的表现。同时，城市又为步行者提供了许多完全免受交通干扰的地段。第236页照片所示是其中最引人注目的一个例子。议会建筑的整个屋顶铺上了大理石，一条坡道从它下面的地面通上这个设有栏干的大平台步行区。空间由巨大的、拔地而起的盆子形众议院和上页照片中隐约可见的紧靠双幢行政办公楼的参议院圆顶加以调节。不像我们观察过的由实体包围的步行空间，这个空间却是一个悬在空间中的平面；它完全没有建筑实体作为界限，却提供了一个有利的地点去感受巴西利亚的城市结构穿透由区域自然特征限定的空间容积，有韵律地向外流动。

上面的画由奥斯卡·尼迈耶(Oscar Niemeyer)创作，他设计了巴西利亚几乎全部大体量的建筑和许多较小的建筑，他在画中进一步强调了某些建筑并不限定空间却在连续的空间中起作用这一概念。

公路作为建筑来处理

因为建筑是传统的，而快速公路则不同，汽车运动的设施由于其停车和下客，至今一直被比作管道设施，是他人的而不是建筑师的设计课题。但是在巴西利亚，公路已恰如其分地成为一种建筑创作并且作为城市设计中的一项因素。

上图和下图提供了公路结构与纪念碑式的政府建筑群体量空间形式联系的某种形式感。上图左侧为公交终点站外景，表达欢迎人们到达中心点的某种方位感。这个建筑是快速路结构的延伸而又与它不可分割，它的每一部分都与城市整体的设计有关。

参议院建筑与电视塔之间的步行道空间容积，为快速路主干道穿过这一事实成为建筑表现的机会，这一项纪念碑式的杰作被卢西奥·科斯塔称为公路大平台。

空间处理

巴西利亚行政大楼与高等法院之间的距离为1000英尺(约305米)，比昌迪加尔会议厅与高等法院间的距离还要短500英尺(约152米)，但这一点本身并不能完整地解释为何在巴西利亚保持了张拉力，且建筑及其环境造成了具有强大影响力的完整构图。

当代两个主要作品之间形成显著对比的原因提出了一个富有成果的分析课题:通过分析能更深刻地理解当代设计。最为明显的差别:一是巴西利亚国会建筑的体量，在整个城市形象中起着重要作用，而昌迪加尔则没有相对应的部分;二是结构部件的设计在景观前景中表现为相当有份量的实体，更有许多经过精心设计的细部，如雕塑、长凳及经过精心调整的铺砌穿插空间的微妙连接。

这个伟大的广场适宜于大规模的群众集会，然而它并不仰仗人群去产生更为满足的感受。

建筑相互紧密联结

重温一下第72页上讨论雅典广场所用的题目似乎是适当的。我之所以这样做，是由于在巴西利亚重又出现以往作品中显示的建筑之间相互关系的原则。左侧前方的最高法院、盆状的众议院以及行政办公大楼双塔等形体本身和相互之间的联系都是如此有力，以致它们之间跨过空间而保持的张拉力比大多数传统布局要大得多。这张照片把支承最高法院屋顶基座的凹曲线与盆状众议院的凸曲线之间的关系表现得淋漓尽致。它也显示了中柱左边的曲线与盆状建筑线型之间以及右边笔直的垂直线条与毗邻的办公楼双塔干净利落的垂直形体之间的和谐。

这种建筑之间的和谐呼应并不依赖小心摆布角度的照片，它无处不在并且随着一个人围绕建筑移动而渐次加强。

我们当代城市设计问题的答案并不取决于形式或像巴西利亚那样对称或刻板的几何形体关系。丹下健三东京奥运会建筑(如第36页所示)已经向我们显示两幢建筑之间新的几何关系，而这一点可以推广到更大的布局。

巴西利亚带给我们的，主要不是它的建筑形式或规则的对称形布局，而是整个城市整体形象的重新塑造。

在色彩中行进

在Ischia岛潘扎镇(如第53～57页所示)的规划和中国北京城(如第244～251页所示)的规划中，可以强烈感受到色彩度量的有力的调节，色彩空间感受直接由建筑加以传递。

在西方当代文化中我们还没有接受强烈的色彩作为建筑的一项主要度量。然而在鹿特丹和其他一系列的地方，特别是在欧洲，这种对色彩的需要通过使用花卉得到满足。

在美国，为追求变化，多种色彩的花卉同时使用，其结果是在相当长的距离内花卉虽与运动联系却没有过程或变化。某些当代土地重划基地中的建筑形式的确也有同样的情况。类型分甲、乙、丙、丁，每一幢和相邻建筑各异，沿街成串布置，机械地重复，显得十分单调。

在鹿特丹，如同这些Lijnbaan商业街照片表明的，色彩成片安排，运动进程句读分明，从而为通过空间的人们的情趣提供了相应的衬托。

这样完整地实现城市的规划不仅提供自然的空间，而且赋予它生活的质量和变化。

这不仅包括雕塑和花卉，诚如拉里·史密斯(Larry Smith)和维克托·格伦(Victor Gruen)在《美国的购物城镇》一书中曾经指出的，城市的形态环境必然由不同的事件加以渲染，要提供良好的经营管理，而且，城市中心设施要和郊区商业中心竞争也必须有较好的经营管理。空间的容量要与活动相适应，既不太大也不太小，而其构成要促进人们的不期而遇。

北　　京

北京可能是人类在地球上最伟大的单一作品。这座中国城市，设计成帝王的住处，意图标志出宇宙的中心。这座城市十分讲究礼仪程式和宗教思想，这和我们今天毫无关系。然而在设计上它是如此光辉灿烂，以致成为一个现代城市概念的宝库。

在色彩和形体中行进

这幅古画和左侧天坛的照片，以及下页的弯曲的紫禁城运河，提供了沿北京中心运动轴线行进的感受。从第 24 至 27 页瓜尔迪的绘画到这一点所探讨的全部空间设计要素都在全面起作用。如果我们作为身历其境者去感受研究这一空间运动进程，就可以领悟这个设计的真谛。这里有上升和下降的喜悦，后退的面和深入的纵深。大屋顶和柱子中凹与凸比比皆是。这是一组不寻常的建筑，它以许许多多的平台与地面相连接：当身历其境者沿轴线北进时，空间中的点在他视野中相对运动，一系列无穷无尽的起伏的轮廓线和曲线形体切入天空。

比任何别的地方更为清楚的是，这个设计是一个行进的序列。所有的建筑同属一个统一的模数体系、建筑的比例和尺度，随建筑的柱间数而增加，并符合一定的行进规则。按照这些规则，设计者要取得效果，只能运用这种方法而不是增加建筑的体量。

上页天坛的照片以纯粹的形式表明利用建

筑去调节在空间中行进的感受。中轴方向的运动不是通过建筑实体，而是通过简单的地面铺砌的设计去容纳和引导。朝着更强烈的圣地行进的行动的完成不是通过包围一个空间的墙，而是通过跨在铺砌的、层次分明的运动线上的一座独立牌坊，它的惟一的功能就是标志出运动中的一个点或是在一串运动感受中及时标示出某一个时刻的运动。

天坛本身是中国最神圣的地方，皇帝每年在此祭天两次，可能是最纯粹的空间感受，由三层渐次上升的栏杆限定的三个圆柱体把垂直方向的多层次的空间甬道推向运动。感受的高潮就是台阶与天相接之点。

紫禁城外侧的具有完整的“巴洛克”形式的曲线型护城河，即右侧的金水河，由围绕着它的汉白玉栏杆柱头予以强调，这表明即使在中国建筑传统体系的森严章法之下，还是有充分的余地在土地设计领域作丰富的表现，就像这里恰如其分的表现一样。

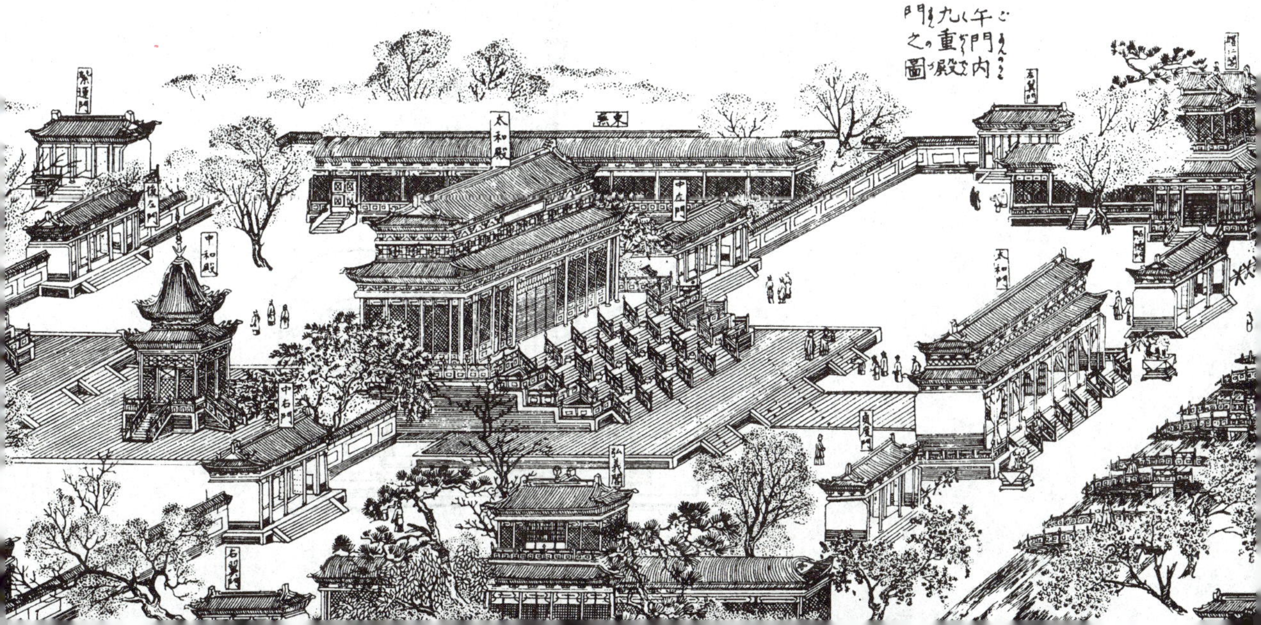

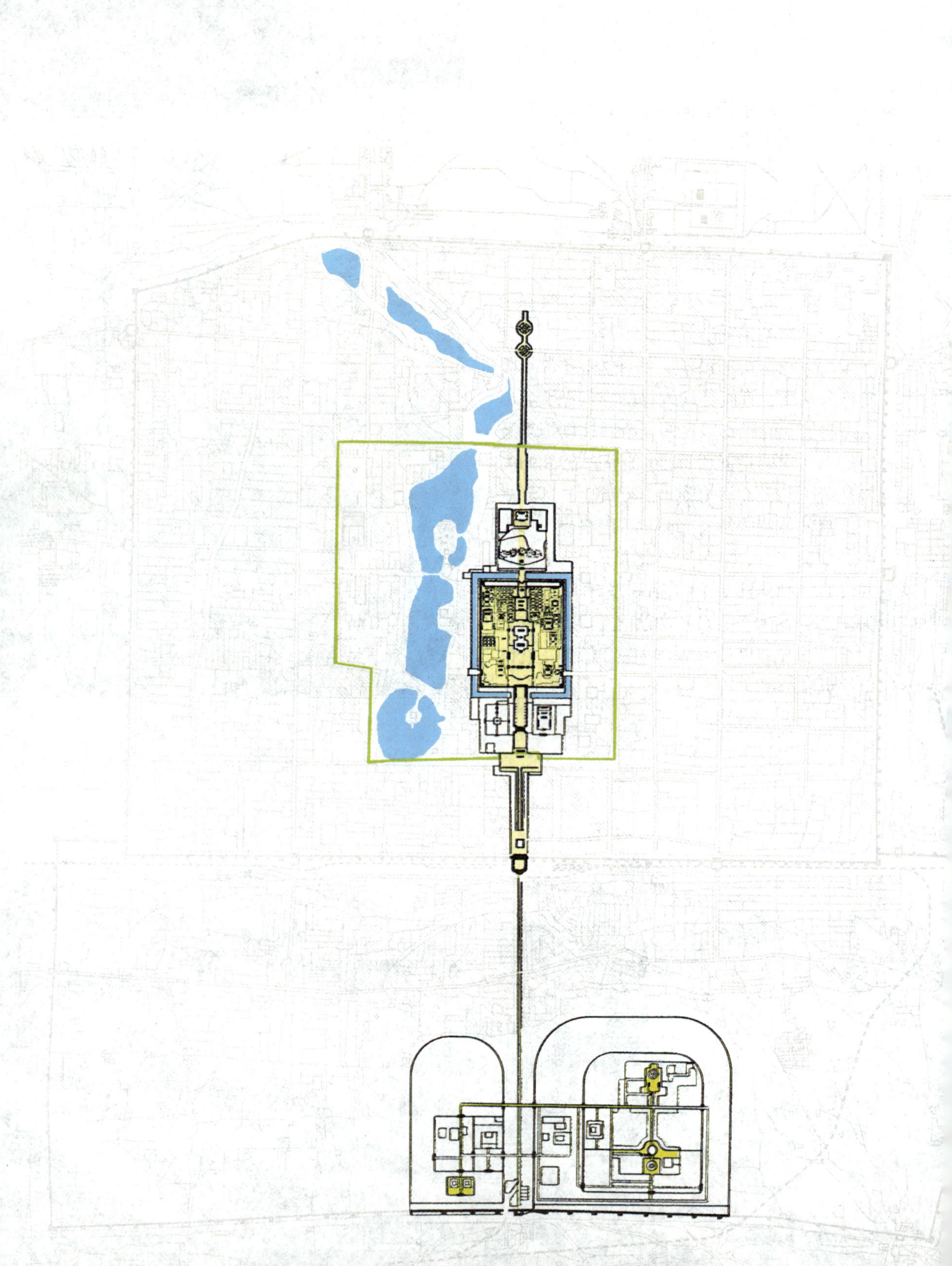

尺度与设计

北京古城总体规划中加以强调的中心设计结构，如上页所示。一条通道从北京南部跨过平原通到永定门，这座城门开在左侧的先农坛和右侧的天坛之间巧妙铺砌的道路上。这些空间的设计与中央运动系统巧妙地联系在一起，并以此为基础提供一系列垂直的、平行的调整变化。

北京城的基本特性由中央运动路线通过各有特定色彩的四个区加以表达。南面的一个长方形地区，由城墙包围，这就是外城，有着青瓦屋顶的建筑。为穿透城墙包围的广场，为内城具有蓝紫色屋顶、朱门、金饰的鲜明感受作了视觉上的准备。然后来到紫禁城的大门。空间收与放的韵律渐次加强，直到午门前的空间，预示着即将到达紫禁城——中国皇帝的宫殿(如第 244、245 页所示)。

从这一点开始，进入外庭院及其曲线形护城河，最后进入三大殿中央。庭院和三大殿的感受具有难以置信的色彩强度，金黄色的屋顶顶着蓝蓝的天空，造成一种无与伦比的建筑力度感。这种连续运动感围绕紫禁城的城壕北端，登上景山再向前，行进到鼓楼和钟楼，终止于北部的城墙。

事实上，太和殿的体量(如第 244 页所示)并不比永定门向北三英里中轴线行程中遇到的建筑更大。作为西方城市设计核心的支配性体量的原则完全消失了。的确，若不进入太和门中央庭院，是根本看不见太和殿的。

这种感受的力量在于期待与实现的原理的运用，在于确定时间中感受的韵律和积少成多的感受系列。空间和色彩是主要的调节因素，作为王国中心的建筑高潮的确具有足够的分量。

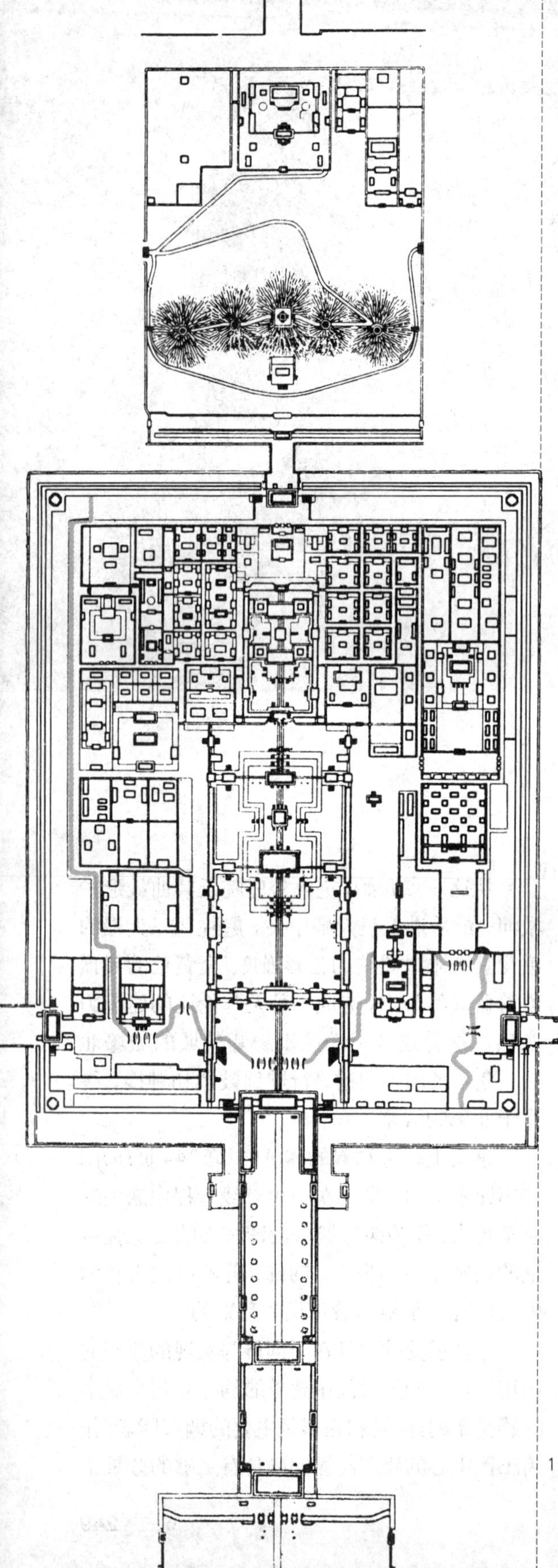

← 将此页按虚线所示处折回，以同步察看3种不同比例的北京紫禁城中轴。

从一种比例到另一种比例的流动

北京古城的规划可能是绝无仅有的规划，它可以从一种比例放大到另一种比例，并且任何比例都能在总体设计方面自成一体。在任何一级规模，这个城市都能施展其设计结合力，而又在内部包含一种截然不同的设计法式的种子，当比例放大或缩小时，作为支配因素而出现。

左面的平面图是前几页规划中的中轴要素。它由天安门开始直到皇宫以北的景山。到达故宫后，一个人通过甬道进入大墙包围的中央庭院又进入甬道，这里有一种清晰的向北作轴向运动的有节奏的变化，这种变化是以空间的敞开和封闭为基础的，并在到达故宫后系统地加强其节奏。

这里有相交的轴线和辅助的单位以衬托中心的设计。北京中心城虽然具有凝重的轴线平衡，却不是一种僵硬的轴线对称。相平衡的建筑在设计上可以截然不同，而且除中部空间追求形式外，在规则布局的范围内，却允许水道自由地弯弯曲曲。

矩形的城壕围绕紫禁城，把它决定性地

1：19000

与城市综合体的其余部分隔开来，影映出沿城墙设置的红墙、亭台、黄顶的角楼，提供丰富的色彩要素。

本页是上一页中部宫殿空间的局部放大平面，它展示出丰富的、杰出的、调整后的设计，本身具有内聚的素质。进入这一地段的来访者已经越过金水河，经过午门，来到太和门，见本页图的下部。

故宫中心设计体系由三大殿组成，太和殿在南，保和殿在北，方形的中和殿居中，坐落在一个 H 型的小高地上，分三个层次，都有丰富的汉白玉栏杆，其间用大的贴金的瓮予以加强。小高地的空间由两道宫墙分为三部分，土地的形式是整个设计的基础，空间的调节变化由宫墙的面决定，两者各自独立又互相联系。

在这气势恢宏的工程中，北京强调土地形态设计的支配性。土地的标高，水渠对土地的切割划分，在建筑群的高潮之处建造小高台地等等，这些决定着城市的设计。宫墙限定空间的范围，而体量较小的建筑则形成恬静与完满的点。

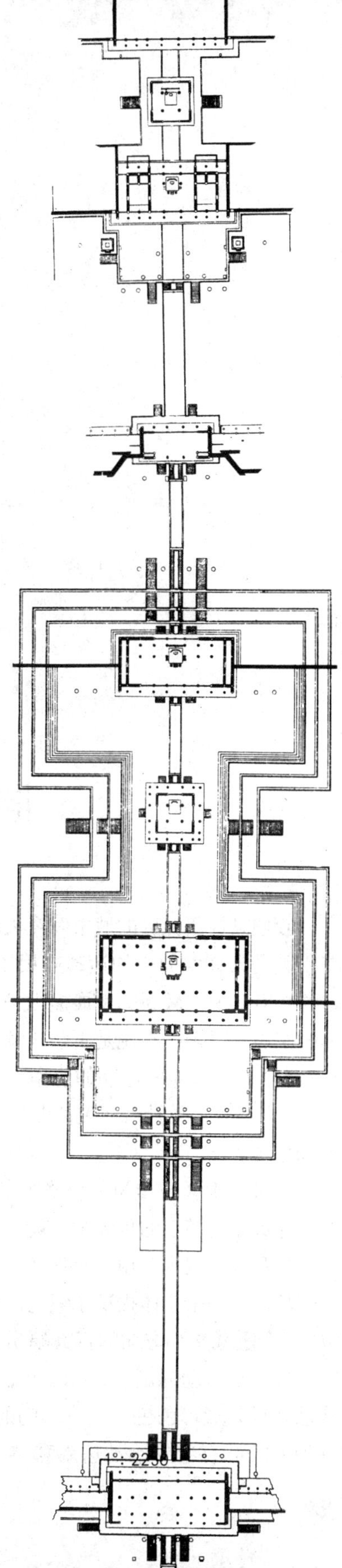

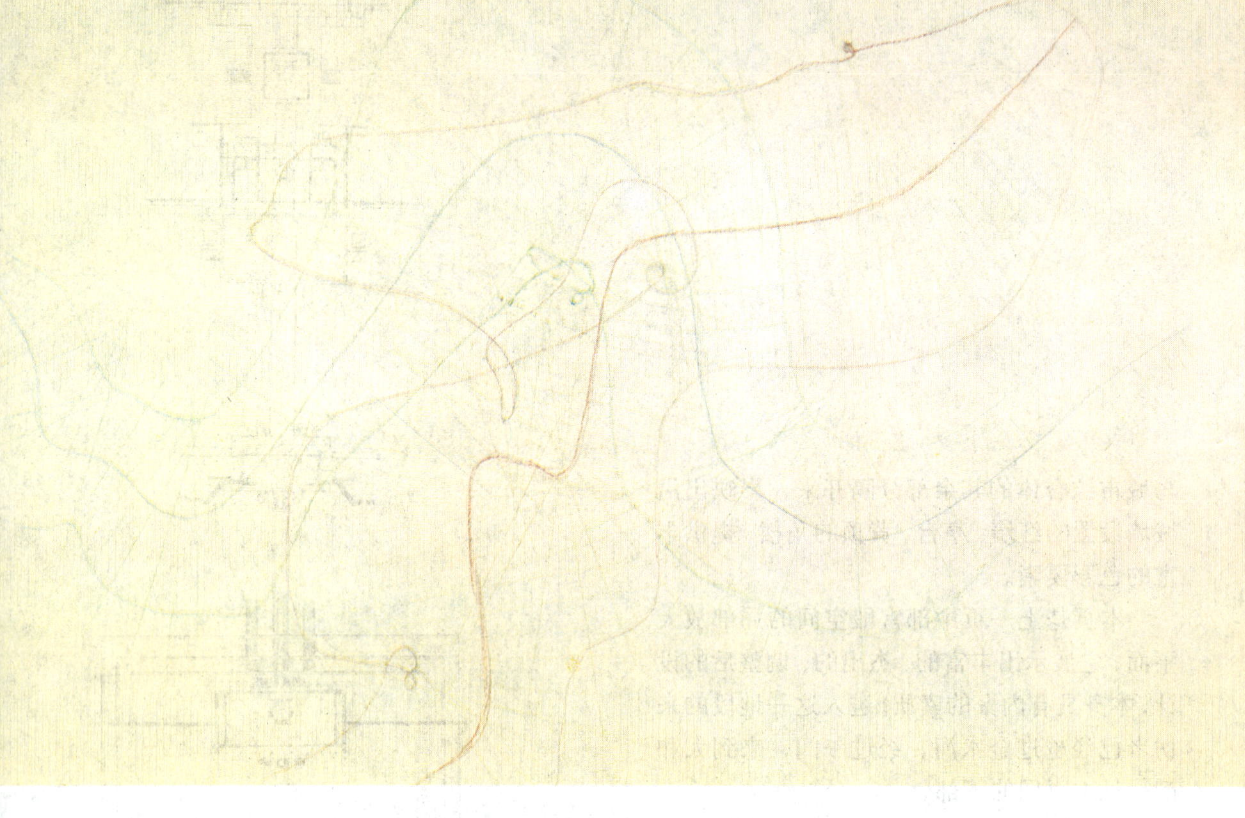

同时运动诸系统

我们以前研究过的城市同今天城市的一大差别就是人在空间中的运动应用了机械动力。这种相对来说比较新的发展提出一种全然不同的时空感。以前，不论是走路、骑马，还是赶车，一个人通过空间运动的速率大体上是相同的，因此，城市设计者研究的是同一种基本的感知系统。

如果要把区域作为一个整体来看，今天大城市区域在规模上的巨大增长就需要一种全新的形象尺度。这可以用一个例子来说明：把曼哈顿岛作为一个实体提供了纽约区域中心的形象。这个区域水平方向的巨大幅员已经要求急剧增加往来活动的幅度，正因为如此，这个区域已充斥着形形色色、五花八门的交通方式，每种方式都有它的运动速率和感知系统。至今，每种方式都已分别加以考虑，就如同在每一个建筑新时期开始时一样，建筑总是与其四周空地分开来加以构想的。然而，区域的意象正是从所有这些系统彼此相互作用所产生的印象并同步行活动所得到的印象结合而形成的。所有这些系统必须同时地加以考虑，这个区域才能产生一个有机的内聚整体的印象。

甚至我们那行政性十足的机构，对这一点也从中作梗。每一种类型的交通后面都形成了一套庞大的官僚政治和五花八门的特定利益，对运动的同时性为何物，很难有一点最起码的了解。

把这些复杂的系统作为协调的单元来研究的责任，一般是不能随意指派给任何人的，然而未来城市设计的源泉却正在这里。基于这种了解将带来一种纪律，而纪律却能在大城市的规模上产生秩序。

面对发展演变着的城市区域的复杂情况，我们必须直接回答这样一个问题：用什么样的纪律才能产生统一性。

有一句拉丁格言，意思是："本质之中统一；非本质中自由；两者之中兼容"；这个格言给予我们启示。我们现在要做的就是将本质从非本质中分离出来。

上页克莱的图解，由两组运动着的中线组成，这个设计的其余部分是这两组运动同时在空间场中作用的结果。从这两组运动垂直地放射出影响线，其能量来自中轴线，终止于空间场中。外部线条限定了空间场的范围，而空间场受到两个中心系统的影响。某一个点上极端的复杂性都完全处在这三部分构成的简单的纪律之内。这个图解与Pergamon的卫城和巴黎总平面之间的类比性见第62页和192页。毫无疑问，还可以想到其他许多类似的例子。

从这句拉丁格言的思想含义来看，这两条运动中线是本质，是共同的现象，或者说是基本的设计结构。外侧放射线及其相互作用产生的形式则是非本质，是个别的作品，因而是自由的恰当课题。右面克莱的两幅图是关于自由可以达到的幅度的饶有兴味的说明。上图中，从运动中轴移出的单个作品中都各具变化，但是都和一个可以明显地感到的韵律和形式的共同纪律相关联。在下面的图中，每个艺术家都是主角，他可以竭尽所能标新立异地表现他自己；只是由于运动中线强有力的内聚影响，把各部分结合成整体并使之具有力量，整个系统才具有一种统一感。

正是由于理解这种本质和非本质的分野，建筑师将从不必要的控制之下获得自由，城市设计师将产生伟大的城市设计作品。

纪 律

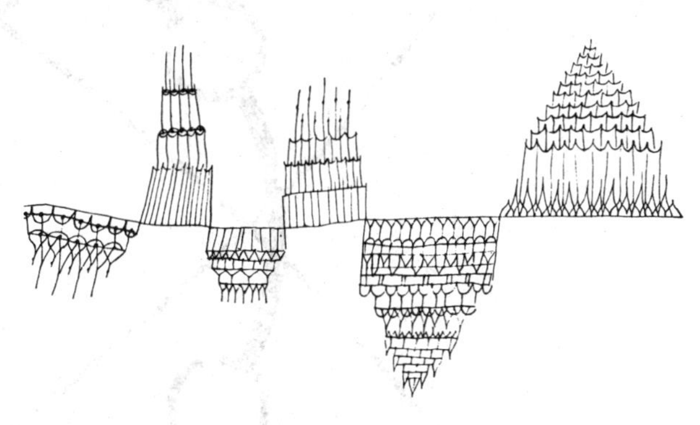

自 由

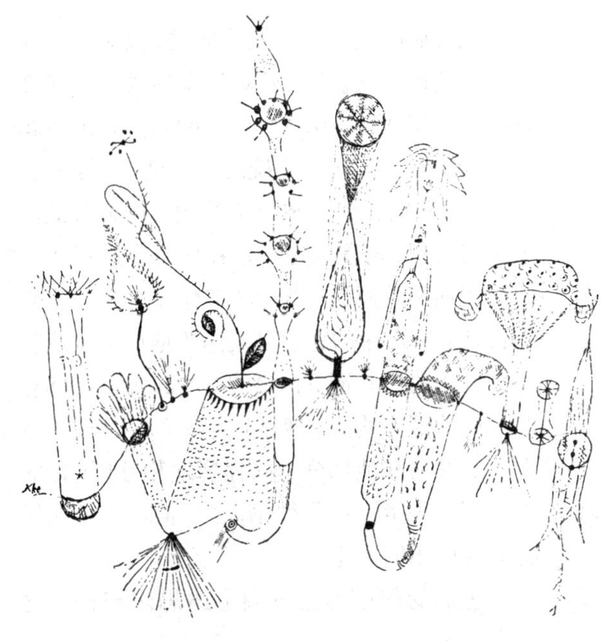

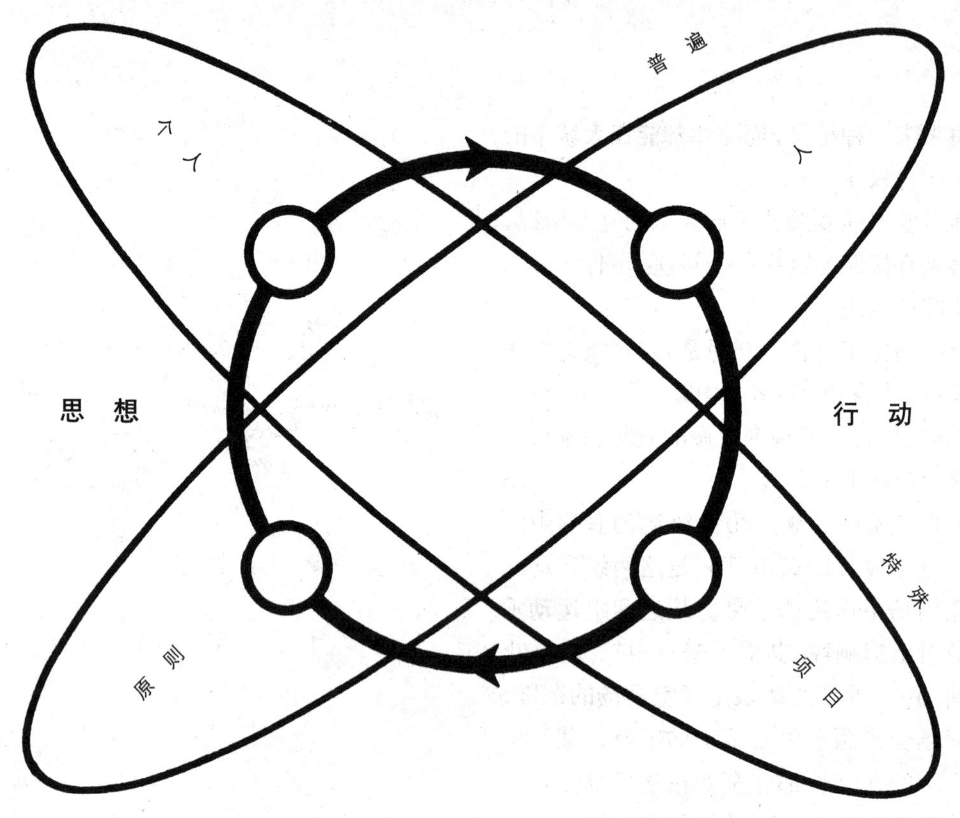

决　策

从发展的角度看建筑的形式，决策的方式是一个关键因素。以下两页形象地描绘了在文森特·蓬特(Vincent Ponte)指导下Montreal中心和费城中心步行系统的发展情况。在右图中，费城步行系统形象地描绘出，作为公众脑海中的思想，与作为在一定程度上已解析成为工程平面图的思想、作为最富想像力和进取心的设计者脑海中的思想以及作为地面上构筑物所表现出的思想而同时并存。这四种轨道都有其各自的形态构成、变迁速率和演变历史，每个部分又与其他部分不同程度地相互影响。右图试图使决策过程象征化，在平面图上表明设计思想的不同状态。

上面的图解形式表明上述思想与行动之间相互作用的关键要素。这可以分为一般和特殊两类。这样，把设计与设计原理及其运用的影响区分开来，把大多数人的意见、态度与最活跃而又有表现力的领导者的观点、设想区分开来，就形成了明显的对比。要再次说明，在这里存在着连续的螺旋形上升的相互影响，而决不只是一种简单循环。领导者可以影响人民，人民也可以影响领导者，或改变他们的观点。输入该过程的设计假想的性质、职能、适应性和可望具备的鼓舞人心的特性，对它所采用的方向和四项关键要素的相对位置具有很大的影响。下页图中上部阐明的环状运动已伸展成螺旋形，图中垂直方向的度量是时间。

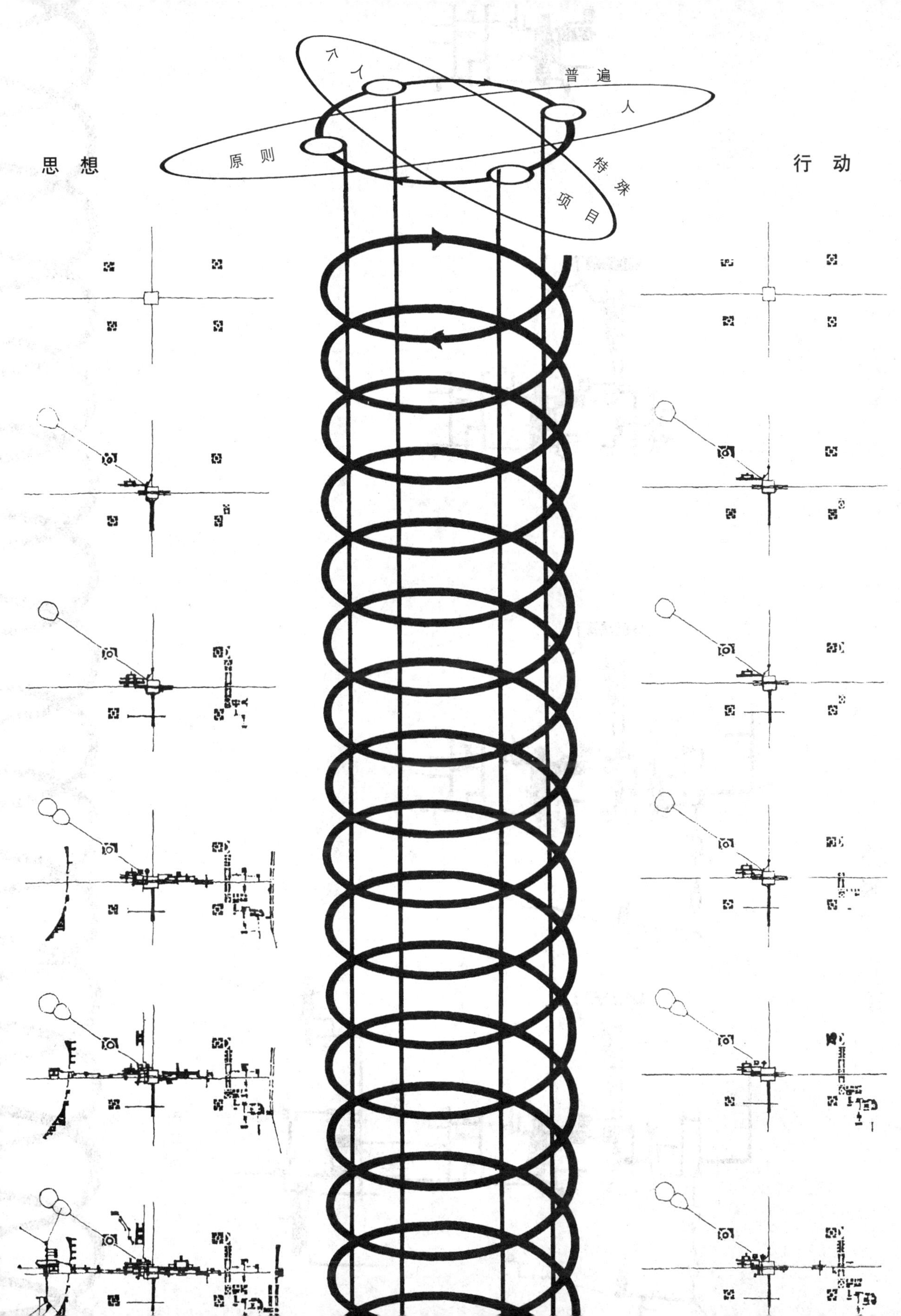

思想
行动
个人
普遍
人
原则
特殊
项目

形式的发展

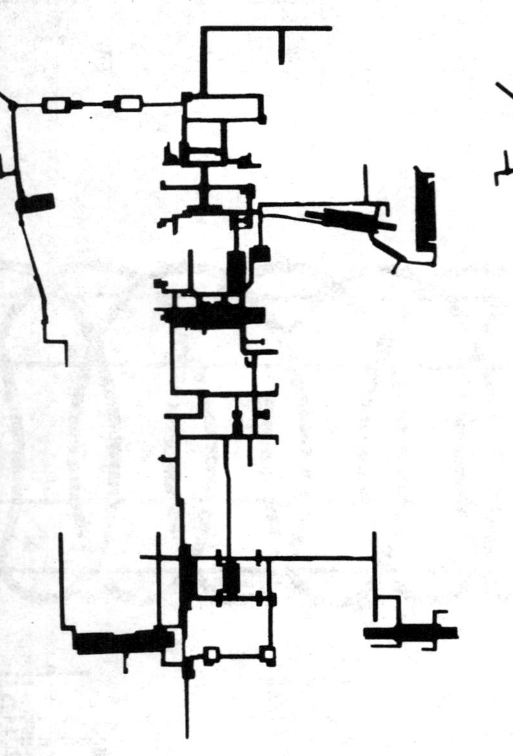

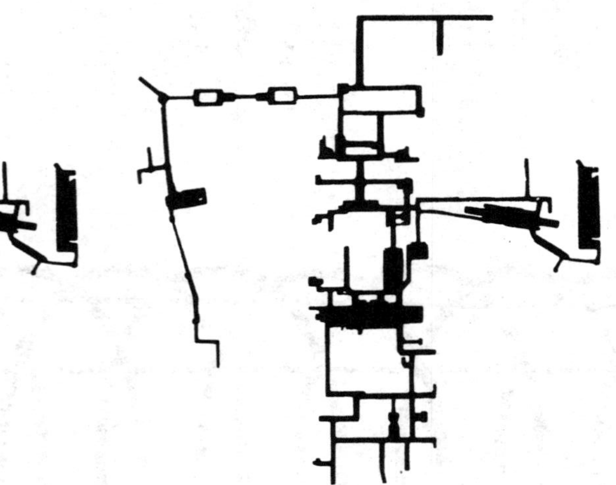

蒙特利尔

费 城

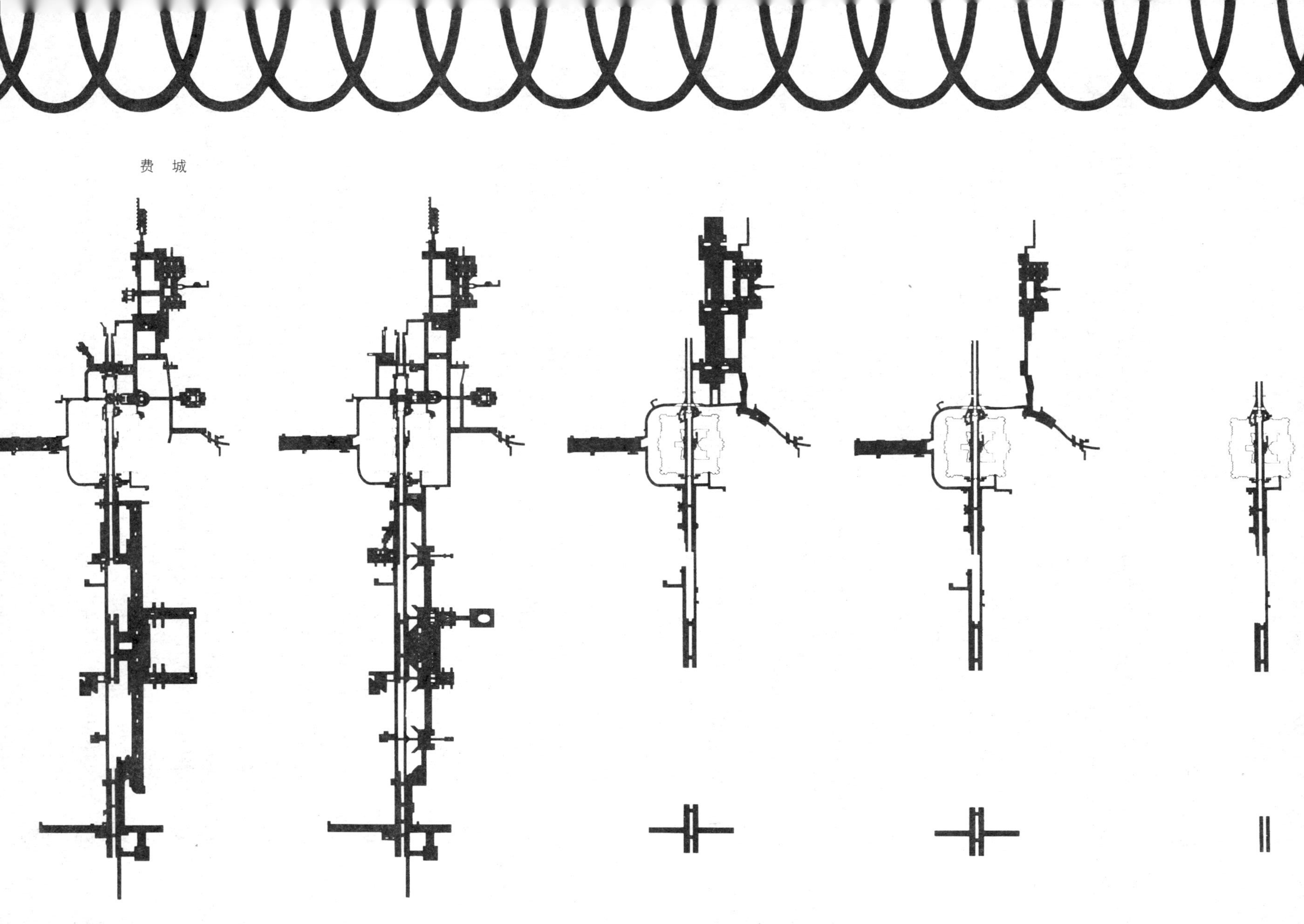

循环反馈

1968年在爱琴海上，在知名的希腊城市规划师C.A.佐克西亚季斯(C.A.Doxiades)指导下召开的第六届得洛斯学术会议上，开展了关于“生物演变过程与人类聚居演变类比性”的讨论。英国生物学家C.H.沃丁顿(C.H.Waddington)宣称必须运用技术，让人们参与他们自己的环境演变。美国儿科医师罗伯特·奥尔德里奇(Robert A.Aldrich)制作了包含人的密码的DNA(脱氧核糖核酸)分子模型，表明这些分子是怎样安排和组织人体细胞的生长，使一个人得以产生的。每一个人包含一定的环境的密码，而DNA则被按照人为环境的特性而选定，使在未来日子里以永不休止的循环方式保持活力。他把这个过程与制导火箭相比较，制导系统由外部和内部控制机件的相互作用形成的。索里克牛痘疫苗的发明者，乔纳森·E·索里克(Jonas E.Salk)注意到DNA分子变得越来越长。他指出，人包含在最早的DNA之中，但一开始就预期到人事实上是不可能的。沃丁顿提出的观点是，我们应当组织未来的形成过程，而不是未来该怎么样决定。

以下两页的图解提出一个关于城市建筑过程的示范模型。在自然界造化中表现得如此确切无疑的DNA的功能，给考虑人类聚居的规划功能提供了一个有用的类比。与其说要为未来强加一个硬性规定的规划，或者更确切地说是一系列可供选择的一成不变的方案，倒不如把这件事看作形成假想并对反馈作出反应以修订假想的连续不断的过程。在这个基础上，可以把规划看作一个连续的、不断变化的秩序的系统，这种秩序能把多种多样的单个行动相互联系起来，产生某种有内聚力的有机整体。从这个意义上来说，它包含“城市”的密码，就像生物学上DNA包含人的密码那样；而且，也按照这种意义来说，当它接收到瞬息万变的环境影响时，随时可以重新将自己进行再组织。

经过学术交流，唤起人们的兴趣和共鸣后，包含在最初假想中的形态规划的某些部分将被人们接受和建造，并成为人们生活方式中的一部分。由于这些因素的存在，它们将对为数或多或少的人们产生或大或小的直接影响。

今天城市设计的可悲之处在于，已经建成的城市对人们生活质量的这种影响并没有给予应有的强调。然而，反馈这个至关重要的因素恰恰是在这里产生的。如果一个设计者把自己与反馈的影响切断，或者戴上有色眼镜只接受愿意接受的那一部分反馈，那么整个循环过程就会受到损害乃至终止。

如何能更好地把概念、思想、制度、过程、设想和已建成的环境对人们生活的影响，传递给为城市建设拟定新设想的机构和人们?恰恰这一点是非常不肯定的。社会科学，特别是行为科学必须加以运用。不幸的是这些科学只是在社会现象的观察者们观察过去的社会行为时起作用。社会科学要在城市建筑方面起作用就必须把他们的思想投向一般的对开发步伐的加速，投向多运动系统同时并存的现象；并从人们的思想状况衡量社会的变化；以及通过足够敏锐的、能迅速对变化作出反应的社会指标来衡量人民生活的基本质量。这些应当加以设计，以便为行政当局提供持续不断的洞察力，从而使他们能根据规划对人们生活的实际影响，重行修订假想。今后几十年内社会科学对革新尝试的主要推动，很可能就在这方面。

在以下两页的图解中，作者试图指明在这一系统内假想的形成和修订的实际过程。

思　想

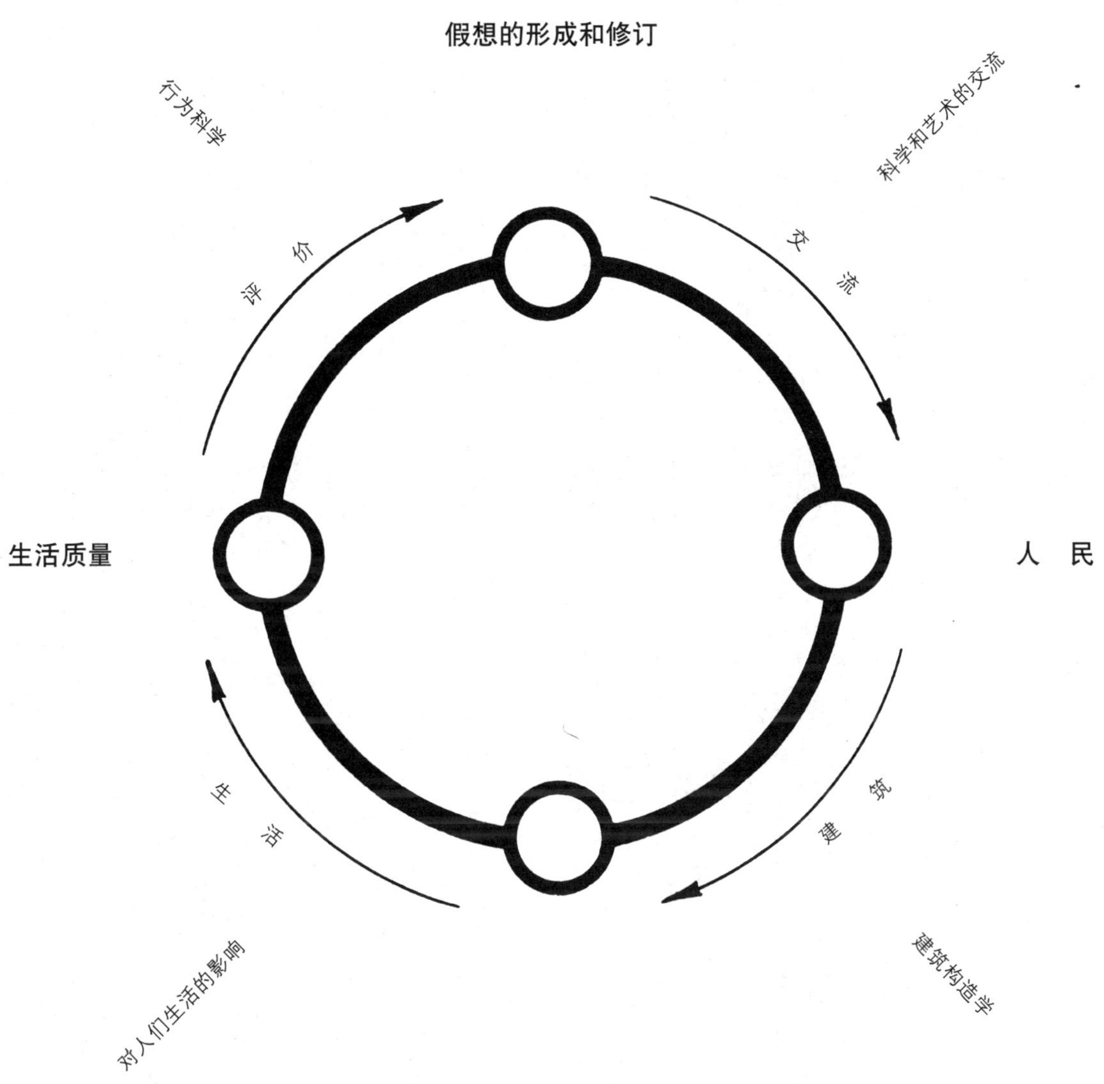

成果：造就环境

行　动

思　　想

假想的形成与修订

#1　一种假想包含了一个秩序系统、几项分散要素之间的相互关系的某种模式，用以建立一个新的统一体。如果这个模式结构明确并能与有关人们相沟通，他们将评议其中几个部分。根据计算机的二进制选择系统，接受某些部分，反对另一些。右图最左侧依次提出四个假想。(次页)最右侧表明社区反对的部分，当中一栏指明社区所能接受的部分。

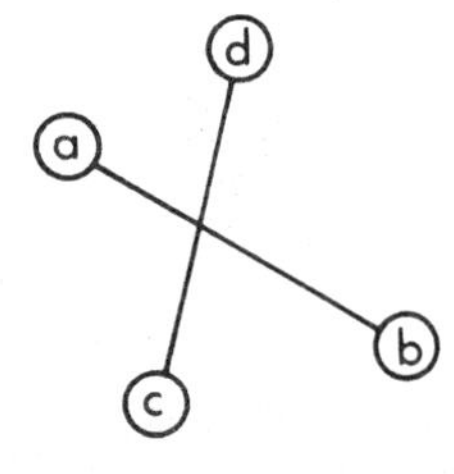

#2　第一回合反馈循环的结果是社区否决了#1假想。社区评议后留下来的产物不是一个秩序的系统，而是几项不相连贯的要素和关系(上面中行)，现在规划师的职责正是(或将是)把这些要素作为基础构成一个新的假想。必须加上附加要素和新的联系以重新构成一个整体。

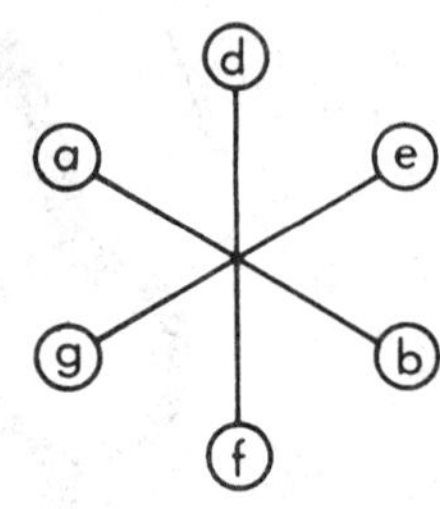

#3　对#2假想再作评议，社区(也可以是邻里、校董会、全城居民乃至美国国会)反对其中大部分假想和关系(右图右侧一栏)，但却接受了"e"，因而建立起一个新的挺伸方向，并将在进一步的假想构成中作为关键力。由这里产生更进一步的综合体，见本页右图。

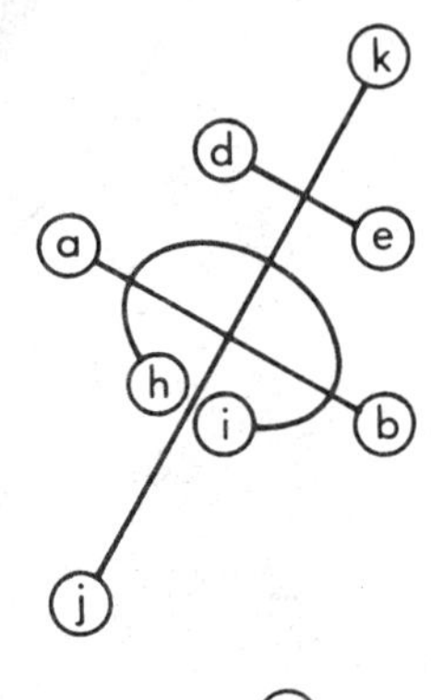

#4　社区反对#3假想中当局的中线，但发现其余部分是可以接受的。假想编拟者把它修订成本页右图的形式，增加了三项新的要素，当局的中线由一个开启的矢量或延伸方向代替。社区认为这个假想是可以接受的。就依此建成了。这样，这个假想就成为在现实生活的运用中评价是否实际符合了原定目标的一个课题。

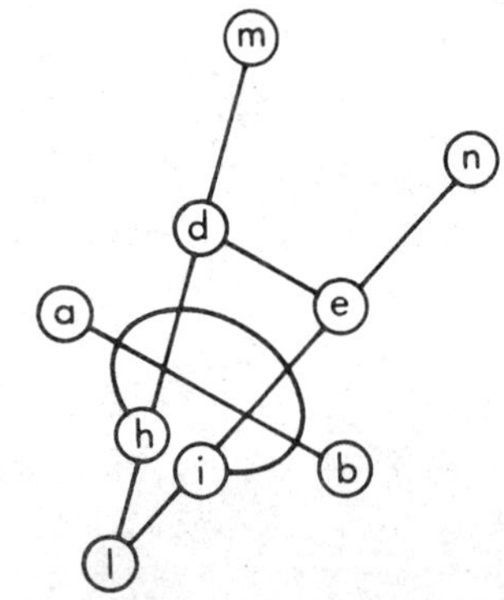

行　　动

+社区接受

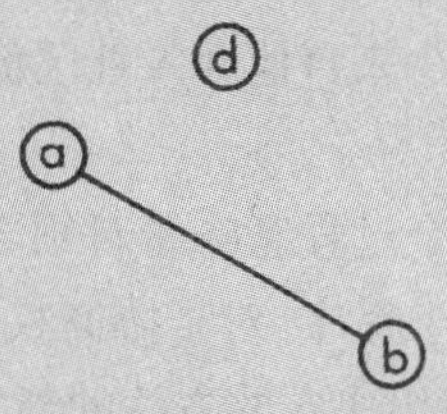

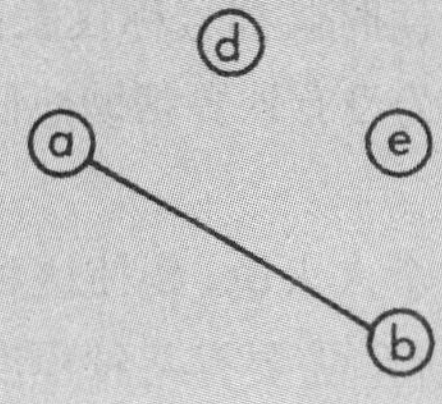

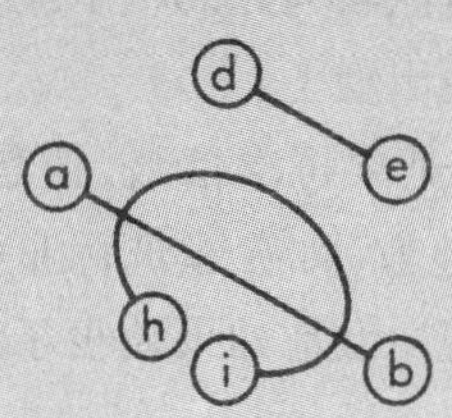

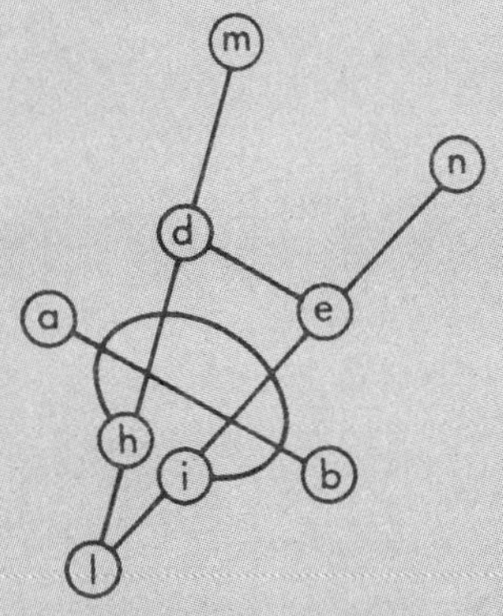

－社区反对

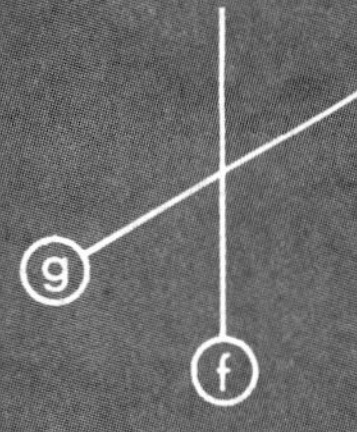

在左侧的某些假想并不形成连贯的序列，右侧社区反对的要素部分也是如此。社区可以接受的那部分，截然不同地假定构成连贯的发展格局。最终形式的系统包含在社区赞同的每一步骤之中，几乎就像社区预想到最终成果一样。

综　合

上述图解形象地描述的过程中最值得注意的一点是，最终的假想既不是社区的也不是设计者建立的，而是双方相互交流的产物。

要使这种交流富有成果，必须提出两个条件：

1.从设计者和社区对该过程的性质和如何起作用都要有一个了解。

2.双方都要有一个共同的愿望，完全投身其中，竭尽所能，服从必要的纪律，按要求作出完全的、创造性的贡献。

持续让公众参与这个过程对个人和周围的有关机构都具有深远的影响。

为了建筑的目的，就要求重新考虑建筑师和业主的基本关系，重新考虑谁是真正的业主。建筑学方面妄自尊大的传统习惯，必将让位于老老实实承认业主也有一份作用这个原则。对业主个人利益的传统承诺将让位于一个含义更广泛的业主；据此，对直接业主的关照将扩展到周围的人们和社区。为把这一点完全地纳入规章、程序、设计思想、建筑实践、风景建筑和城市及区域规划，要求从根本上改造建筑职业和教育制度。

对于单体设计者、建筑师或规划师，至少必须对他自身形象进行革新。然而倘若他证明自己能够从事这个过程，能够而且愿意完全面对反馈，包括由此而意味着的痛苦，并且有效地运用反馈来修订假想，他将发现自己被这种相互交流极大地改变，发现自己从面对面接触的热力中得到锻炼。经过一定时期以后，他将说不清楚在假想的形成中有多少是他自己内在努力的成果，有多少来自他介入社区价值的过程。

对于社区，这个过程意味着对领导权的新的诠释，意味着对于程序、对于协商权的授予，对于迅速观察并做出决定的方法的新发展。它包含承认建筑专业人员所提意见的价值(不一定从社区外部)，也包含放弃“建议性规划”的过分简单化的观念，这种观念认为似乎理所当然地有那么些人任何时候都号称代表社区，也似乎理所当然地认为没有外界帮助他们也能承担全部工作。

对于社区中的个人来说，要使这种反馈循环完全能有效地进行，需要有某种程度的自我克制和自我修养，因为它意味着双方的意见都要听取。然而，当社区中的个人通过实践发现这个过程的确在起作用，他自己和他在其中发挥作用的社会的看法将为此而根本改变；新局面便迅速而自然地出现了。

最后，重要的是要再次指出，假想的形成和修订可在任何地方，如在建筑行业中，在社区内，都可以出现；但是如果缺少了该过程，则将是毫无意义的。

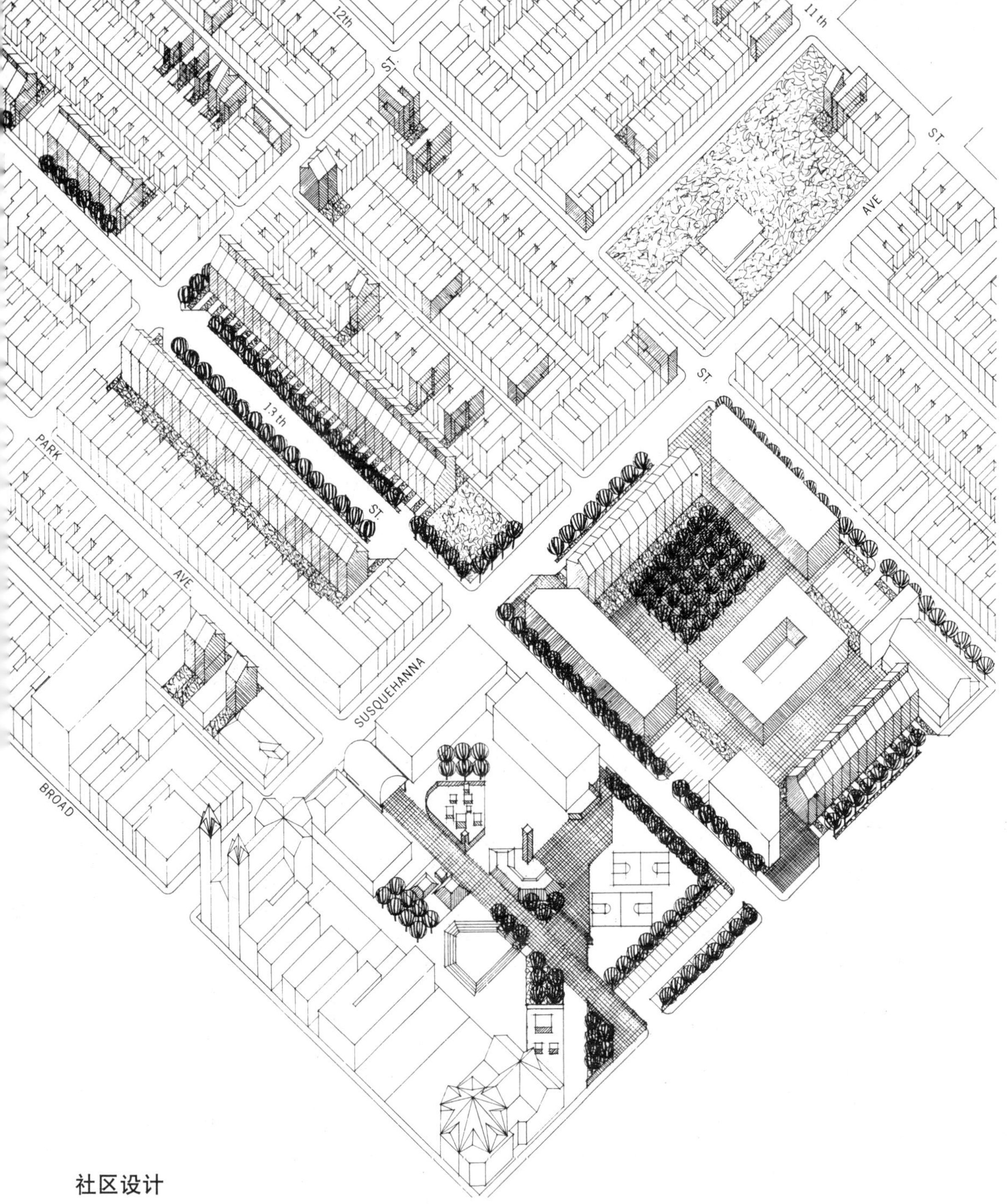

社区设计

上面一幅图是由帕特里克·B·道(Patric B.Dawe)为费城规划委员会创作的，它表明一个老的邻里规划怎样通过清晰的运动系统，插入新建筑和旷地，并尊重原有建筑而产生了新的方位感。不再拆除整片地区的建筑，而是当空地一出现就在旧建筑组织结构中插入新建筑，这样就赋予一种有机的复苏，加强而不破坏社区体制、心理和人际联系，加强埃里克松的生活联系圈(如第46~47页所示)。

这个规划显示了非常强有力的设计组合，有居民参与设计，并发挥了重要作用，还保存了大部分现有社区。

思想付诸行动——费城

“城市设计思想”和“设计结构”的基本性质现在可以借助保罗·克莱和贝聿铭建筑师在费城社会山的3座塔楼的实例加以说明。

下面左侧的图解是克莱所作，其构成除线条以外一无所有，却从整体上设想出通过空间而运动的渠道。下图右侧是贝聿铭的作品，是代表他的业主泽肯多夫(Zeckendorf)先生呈报城市再开发局的社会山设计的局部。这个作品与克莱的图解的格局是惊人地相似，看来他正在考虑3座塔楼与周围步行系统运动挺伸的关系。这里我们看到设计结构由运动的路线(由影线表示)和5座塔楼的实体(3座位于社会山，2座位于左侧的华盛顿广场)这两项要素组成。正是塔楼的实体和运动的空间构成基本的设计结构。这种设计结构一旦建立，建筑师只需要保持设计结构的整体性，而不必受一成不变的规定的束缚了。正因为如此，一般建筑不允许突破保留给五幢点式建筑的上部空间，以保持基本秩序；进入他设计的地区的入口必须和运动系统的形式有联系。在这以外，他可以有设计的自由。

一个基本设计结构就是许许多多的人们共享的感知序列的结合，由共同的感受发展成一个组合形象，从而产生一种基本的秩序感，个人的创作自由和变化都同它联系在一起。

也许要问，这一点怎么和历来考虑步行为主的设计有所不同，为什么要强调在第252页上讨论过的，以不同速度而同时运动诸系统？贝聿铭在这里作了一个精辟的回答，他巧妙地布置和设计他的塔式高层住宅，使之与构成西南方前景的建于18世纪和19世纪精致而易受损害的建筑保持关系，同时在与Delaware快速道路上快速运动的关系方面又作为一个有力的节点，屹立在Delaware河湾连绵一片的地区中(如第296、297页所示)。

在第266、267页上可以看到社会山设计结构由1947年改善费城展览会的思想到今天完全成熟的设计的全过程。第266页上是1683年费城原规划五个广场中的两个：北面的富兰克林广场和南面的华盛顿广场。美国最重要的历史性圣殿独立厅往北的独立林荫大道，把这两个广场连接起来。加上1944年规划所建议的历史纪念性公园向东延伸，把3个辅助性历史建筑连在一起，这正是建筑师罗伊·拉森(Roy Larson)的作品。关于花园步行道网的建议是作者提出来的。这些步行道与街道分开，贯穿街坊内部，展开成一个步行系统，把许多古老的教堂和住宅纳入到林荫小路系统之中。

第267页上的平面图一方面表明设计结构向Delaware河延伸的情况，而在另一面，它又连接华盛顿广场。还可以看到用黑色表示的是几幢现代建筑，包括5幢“贝氏塔”，循环运动向北展开和完成，以一个步行系统把水面与基督教堂、友谊会所和路易斯·康设计的犹太教堂联系起来。新的设计结构是与运动系统结合的，它是从自然特征和区域地形中产生的，这一切就保证为这一地区的设计结构预先提供发展秩序。

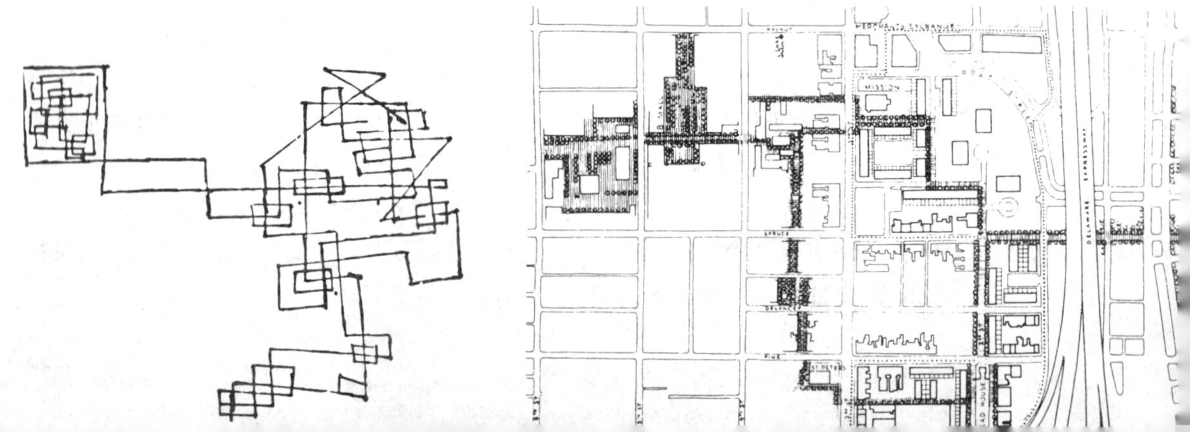

对形式的艰苦探索

1947 年

费城贝氏塔的形式今天看起来似乎很显而易见，但它却是长期艰苦探索的结果。右图，作者为1947年展览会所作的设计由一系列板式建筑不规则地布置成一个内向的系统，对这个地区和它的周围并没有提供任何优雅和秩序。这个方案是如此缩手缩脚，以致在公寓和河流之间竟然提供了一条轻工业地带，而水上游憩活动却被局限在商业性直堤码头间小小的水域之中。

1957 年

十年流逝，历史古迹地区继续凋弊，建筑师文特森·克林(Vincent Kling)、罗伊·拉森和奥斯卡(Oskar Stonorov)受命重行考虑1947年规划，他们制订了右面的规划。作为一个连续的设计，其范围扩大为由华盛顿广场到河边的广大地区，但是板式、塔式高层建筑形体复杂，占地大，从而给社会山提出了与18世纪建筑协调的难题。

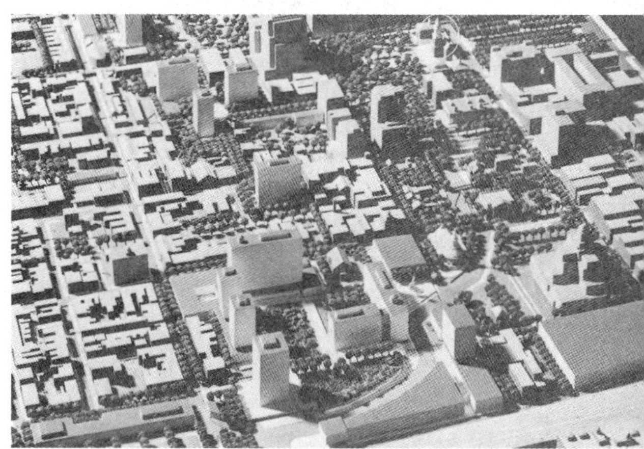

1958 年

费城改建局挽留建筑师普雷斯顿·安德雷德(Preston Andrade)与规划委员会的工作人员Willo von Moltke合作，进一步修订和提高这一地区的规划，以备作为项目招标的前题。这次方案取得了很大的进展，它把公寓的体量简化为6幢塔式住宅，3幢坐落在水边，3幢位于华盛顿广场，但即使在这里，也有一幢六层板式公寓与第三街上最珍贵的18世纪建筑遥遥相对。

1960 年

泽肯多夫先生在竞赛中夺标，毫无疑问得益于他的建筑师贝聿铭精彩的设计(如右下图所示)。人们也许要问，有了像上图那样具体的方案作为设计的指导，建筑师还有什么创作自由？贝氏的回答却是保存原方案的优点并把它提高到更高的水准。板式公寓由三层高的住宅代替，并使之成为隔街殖民时期住宅与三幢塔式公寓之间一种杰出的过渡性建筑(如第267页所示)。

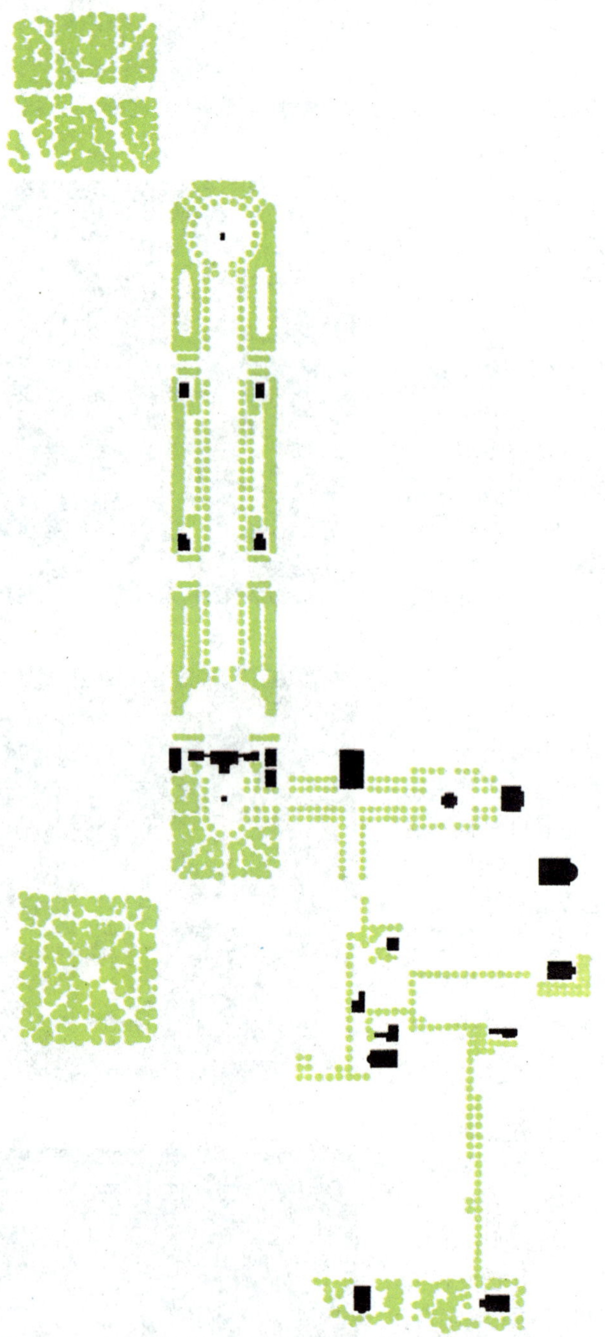

1947 年

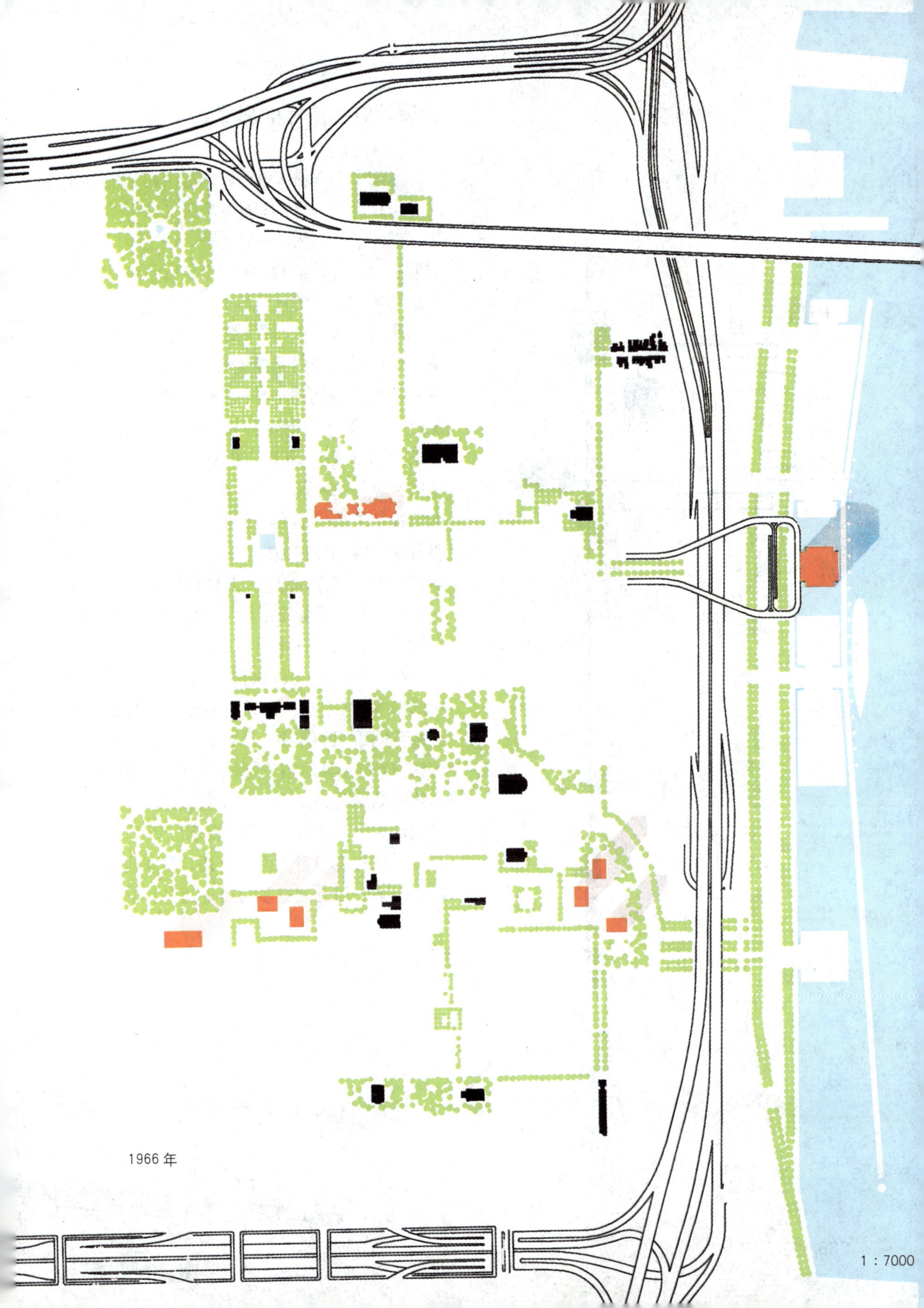
1966 年
1 : 7000

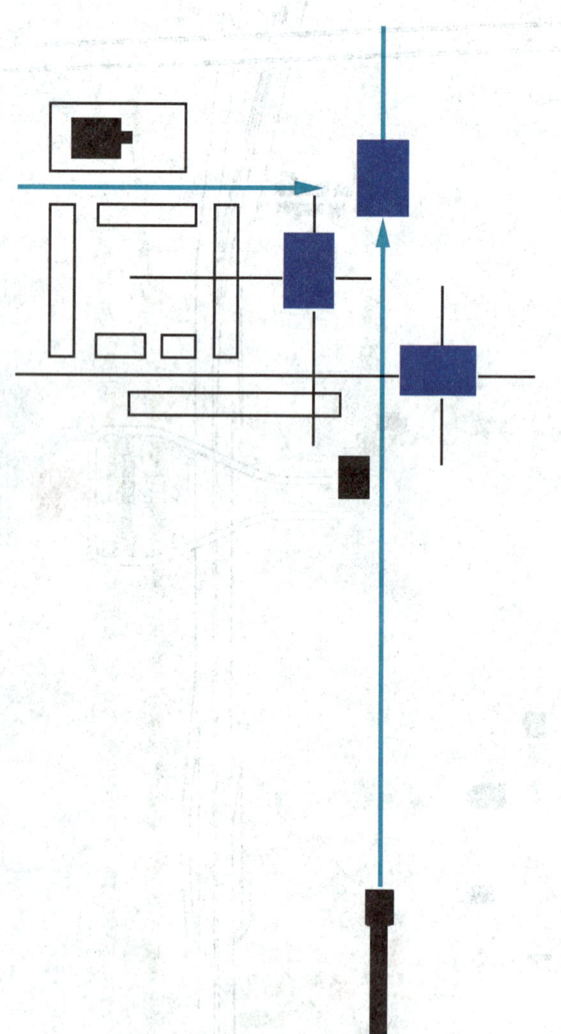

由设计结构决定的形式

左图表明3座“贝氏塔”是由向基地延伸的外来设计力决定的，而不是仅仅联系基地本身任意定位的。然而一经建成，这三座塔式住宅便决定了设计结构，并作为步行系统和机动车运动系统之间的视觉联系。

北端一幢大楼，位于第二街最低处的18世纪市场所形成的向北伸展的轴线上，它的另一方向，则是经过历史性的圣保罗教堂(如图中黑色所示)绿化道的延伸线。南端一幢位于另一条运动轴线上，那里有由Spruce街上历史性住宅区纵深决定的一组运动。当中的一幢则是前两幢位置决定后合乎逻辑的处理。它们之中不管哪一幢朝任何方向移动一下，都会破坏整体设计的统一性。的确，对任何设计的考验就在于对它的建筑群能不能加以移动而不损害整个规划。显然，在这里答案是否定的。

第270、271页表明城市中心整个设计结构的演变，其中本节所描述的要素交织成整体三维空间组织的体系。黑色表示独立厅、艺术博物馆，位于林荫道一端，而市政厅位于1683年的两条William Penn轴线的交叉处。活动最频繁的中心地段用CBD表示；街面下一层日益发展的步行系统纵横穿插，用虚线表示；街面以上一层有架空步行道连通各百货商场。

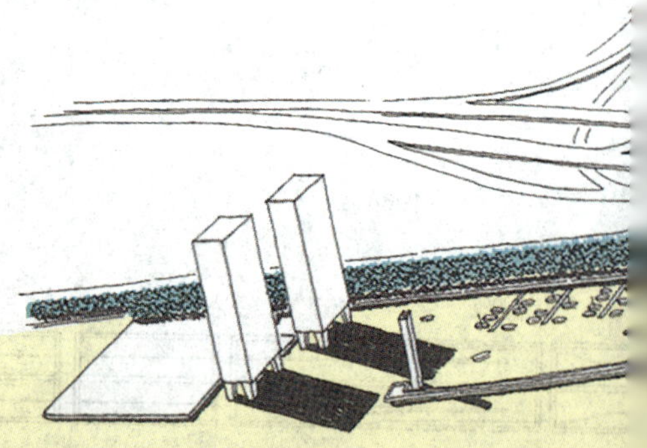

由形式到建筑表现

我们已经看到形式是如何从设计结构衍生出来的，这两者代表着城市设计过程的两个基本方面。这里还有与之相互关联的第三个要素，那就是建筑表现。路易斯·康已经把“属于每个人的”形式与“属于建筑师自己”的设计含义差别区分得一清二楚。作者却宁愿加上设计结构作为首要的要素，而用“建筑表现”来代替路易斯·康的“设计”。

以“贝氏塔”为例，它们具有将19世纪建筑与20世纪城市结合起来的功能；但若没有贝聿铭先生对这项要求的高度敏感和精心设计，恐怕未必会成功。实际的建筑由墙承重，与18世纪住宅建筑竖搓窗相呼应，也是基于同样的原则；但从快速道路和河道上看来效果却也很突出。

建筑表现的局限或自由是由这座建筑在更大的设计结构中所起的作用决定的。罗伯特·格迪斯(Robert Geddes)为Delaware河畔发展规划所作的透视图表明了这种情况。

关于位于社会山的5座贝氏塔，图中以红色顶表示，它们周围地区混和着18、19世纪的房屋，并有花园小道穿插其间。因此，如果在这里要存在秩序，这种秩序将建立在天际。布局完美、风格统一的贝氏塔提供了这种规则，它们包容空间，彼此之间的张拉力给整个空间带来秩序。

格迪斯的规划恰恰相反。在这个规划中，秩序建立在地面上。长行有规律的树和建筑基线统一的海湾大道，提供了一个统一的平台，从它上面某些经过仔细推敲的地点，可以突出最激动人心富于变化的建筑。其中每幢建筑的建筑师都可以是一位艺术高手，并且按照第253页下图建议的方式沉醉于自我表现。由于各建筑在较大的设计结构中都有各自明确的位置，而且平面规划又有秩序，即使单体建筑的表现极富个性，仍然可以得到整体秩序。

两座建筑设计实例，有一个惊人的对比，那就是：Château de Chambord在地面上有秩序，上空却显得凌乱，而新的波士顿市政大厦却具有相反的特征。

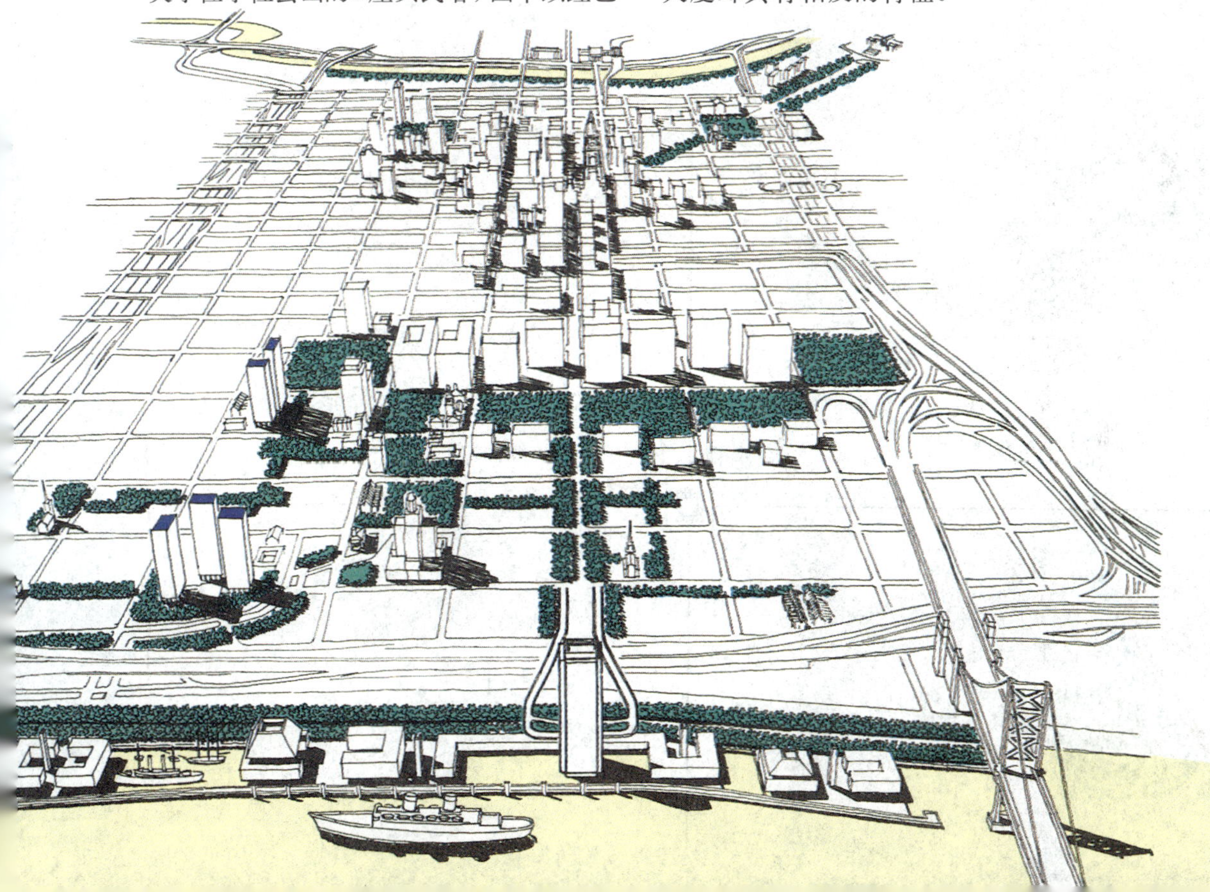

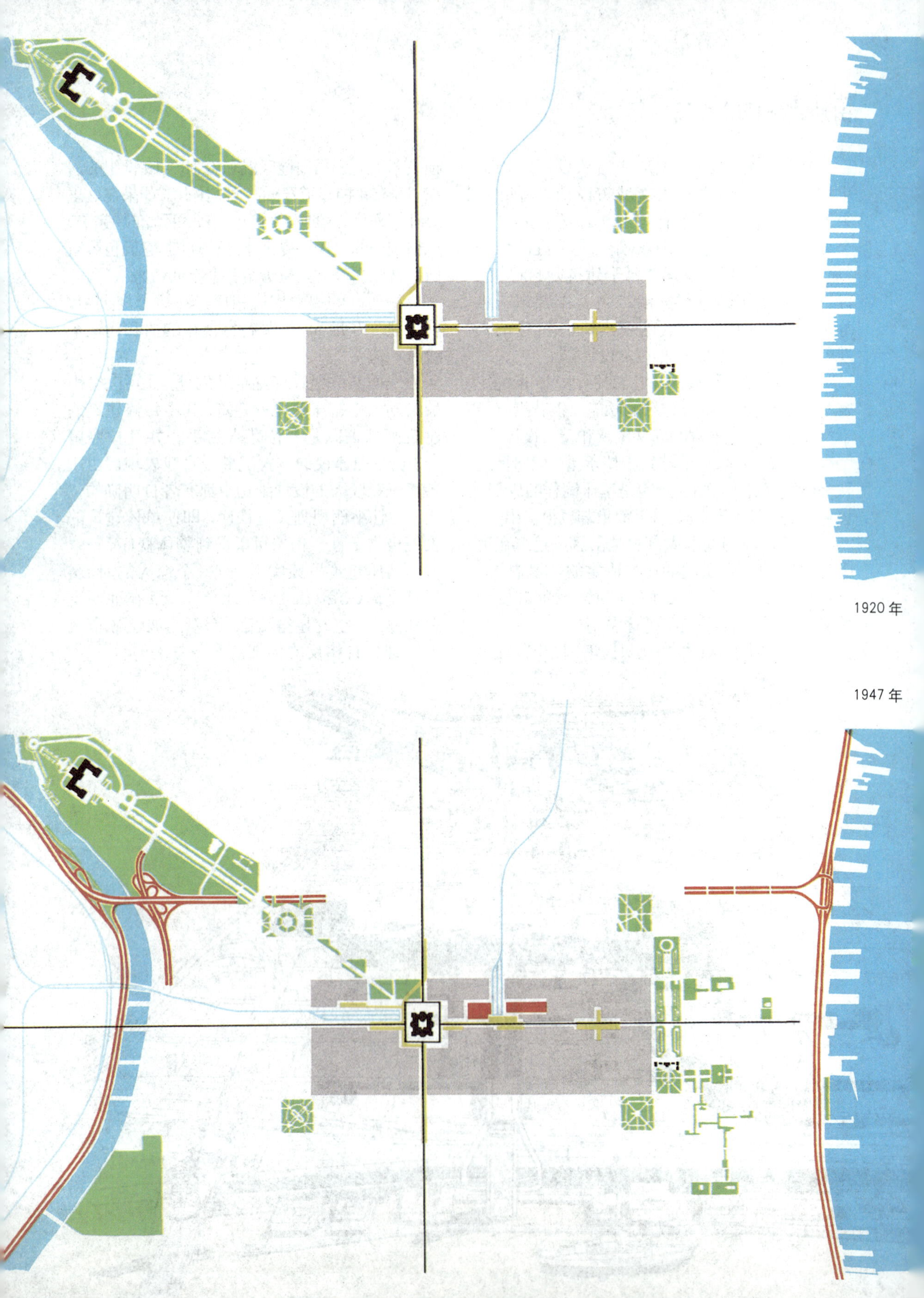
1920 年
1947 年

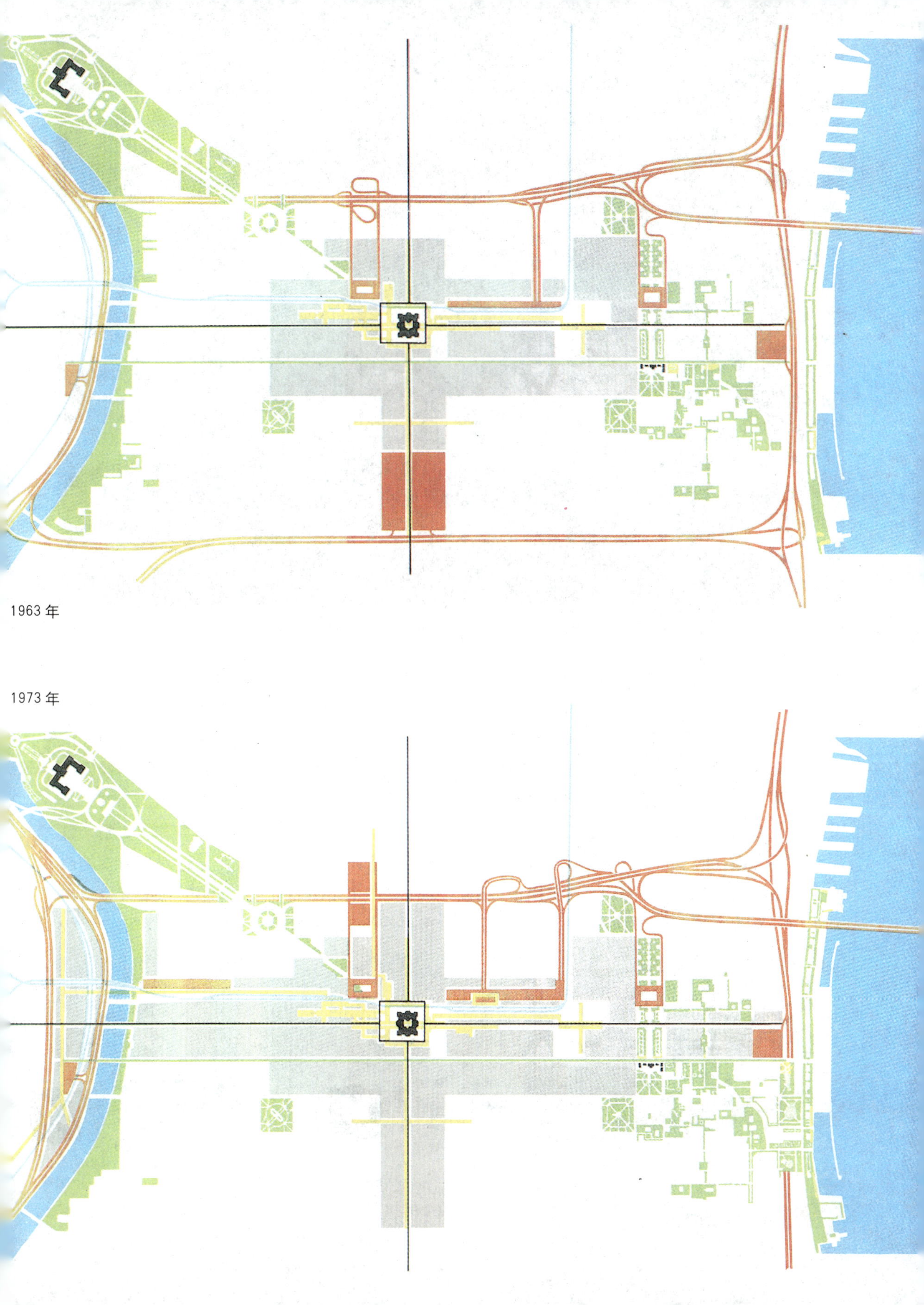
1963 年
1973 年

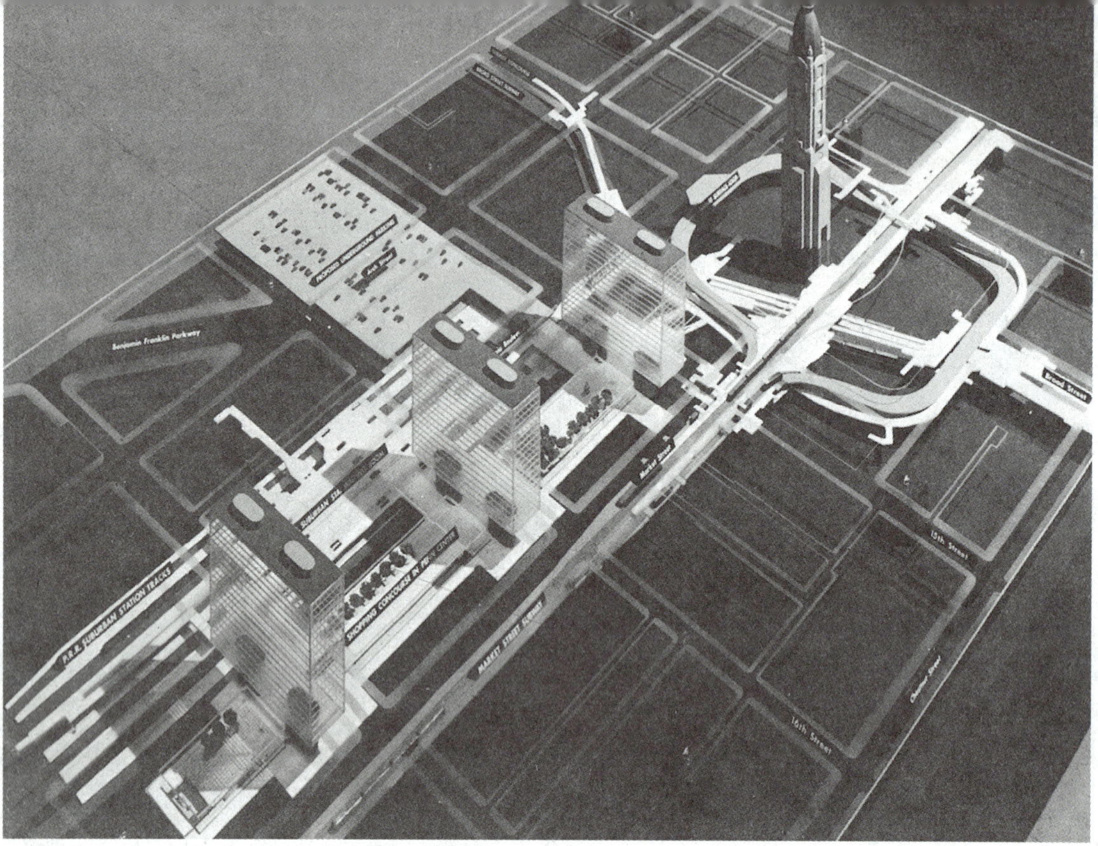

意象的产生

社会山位于最密集的城市中心的边缘，因而人行与车行系统可以在同一地平面实现分离。当设计者进入城市中心地区，要做到人车分行就只有依靠第三维，即通过在不同高度上运动的相互叠接的多重平面来达到。这一点从宾夕法尼亚铁路部门在废弃的高架铁路旧址基础上所开发的宾州中心设计方案中可见一斑。

在 1952 年城市规划委员会为这一地区所作的规划中，主要的步行系统放在上图模型中街面以下标明“宾州中心商业公共层”的一个平面上。这层平面有花园向天空敞开，整个铺面全部都在街面以下展示。通过对原方案的修改，使绝大部分空间有了屋顶，敞开部分只占次要的位置。从此以后，人们一直探索着为较

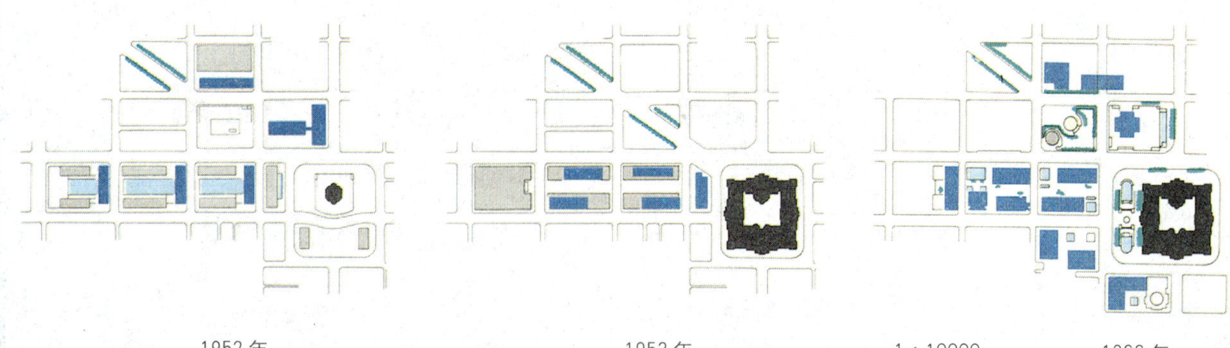

1952 年　　1953 年　　1 : 10000　　1966 年

低层铺面引入阳光的效果，这也在很大程度上取得了成功。上一页表示了这个规划发展的三个阶段，向天空敞开的地下铺面用黄色表示，市政厅用黑色表示。

1952 年城市规划委员会方案遭到反对后的第一个步骤，就是 1953 年由罗伯特·道林(Robert Dowling)提出了一个新的方案。这个方案采纳了地下步行层连续一体的做法，并与地下铁道、公共汽车终点站以及地下车库联通，但是整个空间都加了屋顶。规划委员会建议在三个经过仔细推敲的分布地点突破屋顶把光线和空气引入地下。这项建议被纳入官方规划并得到实施。IBM公司不仅无偿地增建了另一个花园，还根据规划委员会宾州中心原规划顾问文森特·克林的规划，在建筑内部建造了一系列的过渡层，由街面逐步引入地下步行层。同样由克林设计的宾州中央银行大楼也增加了另一个地下层敞口。费城市政府收购市政厅西侧一个狭条街坊的决定取消了这个街坊上原定建造的一幢房屋，否则它将阻断从宾州中心广场看市政厅的景观。这个街坊也给广场提供了另一个花园，并且可以把街面下步行道和北面的市政服务大楼联系起来(如第 278～279 页所示)。在这座也是由克林设计的大楼中，有一个卓越的建筑表现[如下面阿诺德·纽曼(Arnold Newman)的照片所示]，地下步行层的重要性展现于建筑内两层高大玻璃包围的前厅容积之中。这是原方案构思的再现。

TIME 股份有限公司，阿诺德·纽曼摄，选自《生活杂志》

AIRLINES

意象的成熟

上一页的照片大体上是一个旅游者到达市中心时对车窗外景观的感受。这种地下花园如下图模型左侧所示，通过一个格尔德·乌特舍尔(Gerd Utescher)设计的喷泉加以美化，这个喷泉是由小学生们的分毫捐款建造的花园成为到城市中心的一个有吸引力的入口，而且还是地下铁道中建成的第一个花园。

这个花园的辟建在《设计的性质》一书第33页中有详细的表述。当成千上万的人们——企业家、政治家、购物者、各种专业人员和工人们以及刚要出去游乐的人们——不期而遇时，穿过并感受这一空间，以往的抽象原则变成了为数众多的人们所共享的一种切身体会。例如，把地面降低到地铁层平面、从视觉上把地下层同地面层联系起来，以及通过初来乍到之际的兴奋和辨认方向的感受强调进入中心时感觉上的连续性等。由于人们发现这种体验是愉快的，也由于它不是孤立的而是一连串体验中的一环，这种趋于成熟的一致看法本身就进一步扩展外延，形成更广泛的连续关系和更多的环节。

下面的模型是费城公用事业部开发的，它是这种共享体验的产物；这里用透空的面表现不同层次相交的地铁和地铁—地面系统(用蓝色表示)，以及把各部分联系在一起的步行单元网络(用棕色表示)。

这里表现的自然形态是一个非同凡响的设计过程的产物。公用事业部并不只是请文森特·克林作为McCormick地铁工程师事务所的顾问介入这一工程，而是把他作为一个平起平坐的合作伙伴。因此，这个地铁站不是一项由建筑师加以装饰的工程形式，而是一项在地下展开的建筑。

第278、279页图是垂直于宾州中心主轴线的剖面，它表明宾州中心原始构思是怎样发展成长的。

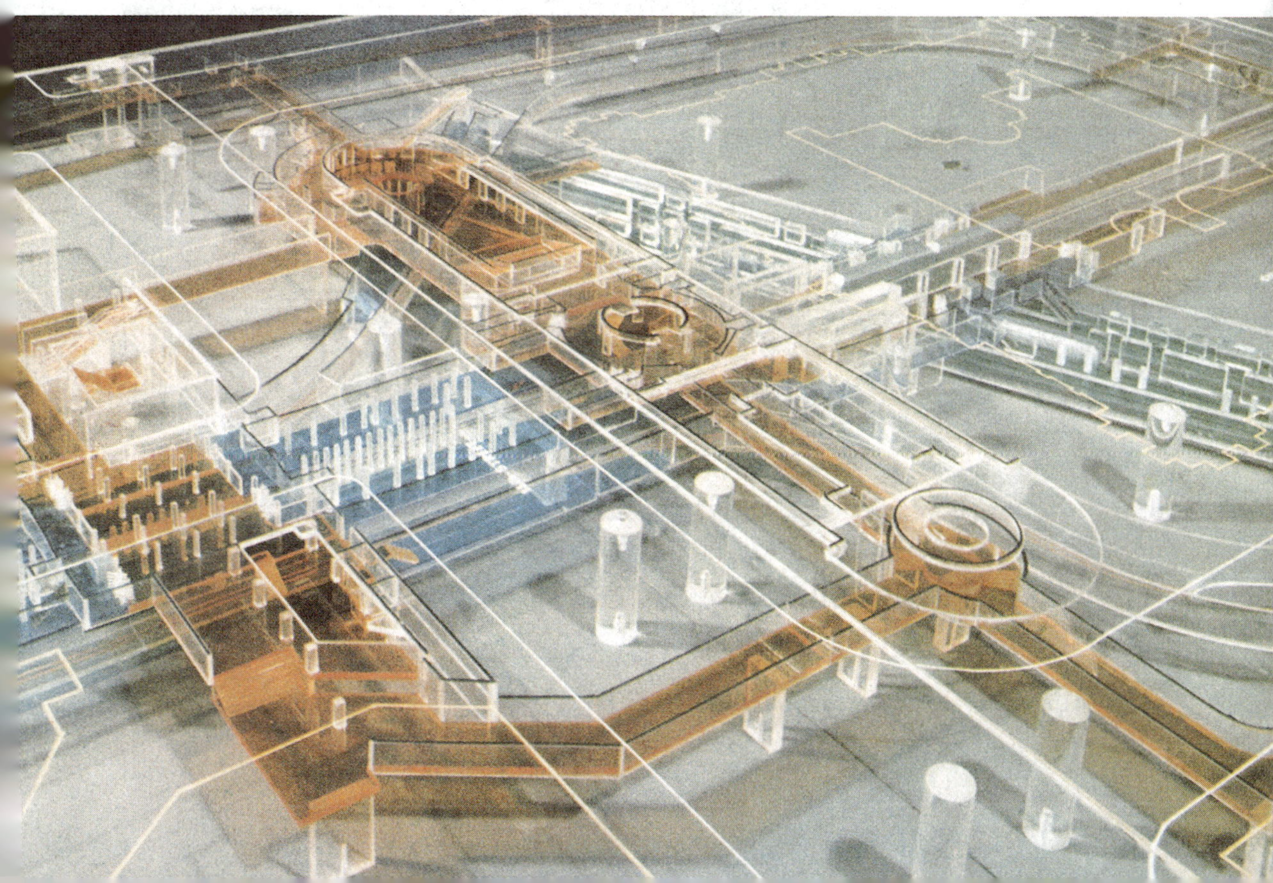

运动系统在起作用

自1947年以来我们就为之持续奋斗的基本观念在上页的两个模型中得到清晰的表现，这是美国SOM建筑设计事务所为市场街以东工程所作的模型。上面一个模型是运动系统相互作用的纯形式表现：地铁和铁路用黑色表示，步行公共层用红色表示，街道层用桔黄色表示，公共汽车及车库用黄色表示，自动扶梯用白色表示。这些都是作为建筑形式的发源来表现的，而下面的模型则是由此产生的形式。

本页的下部是Wallace的托马斯·托德(Thomas Todd)和McHarg、Roberts等建筑师为布法罗(Buffalo)市中心规划的设计结构所作的一幅画，表明这一原理如何运用于整个城市。在一个经过调整，使车辆与步行运动分层分流

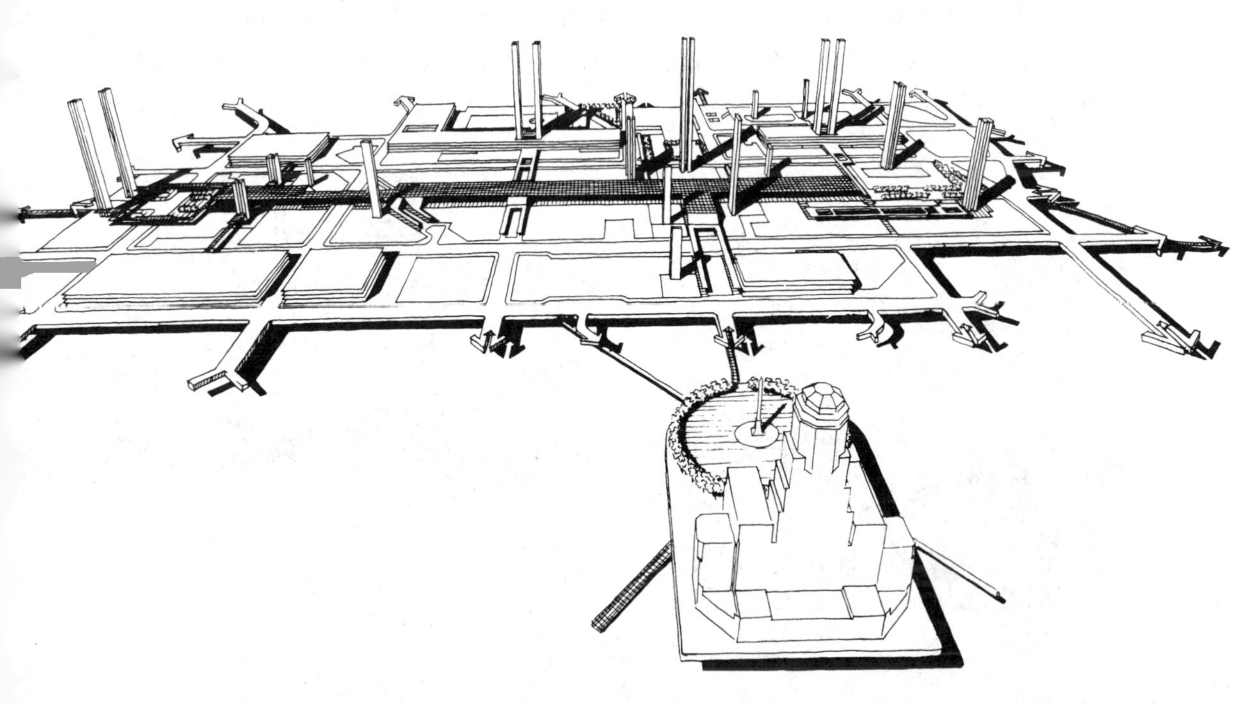

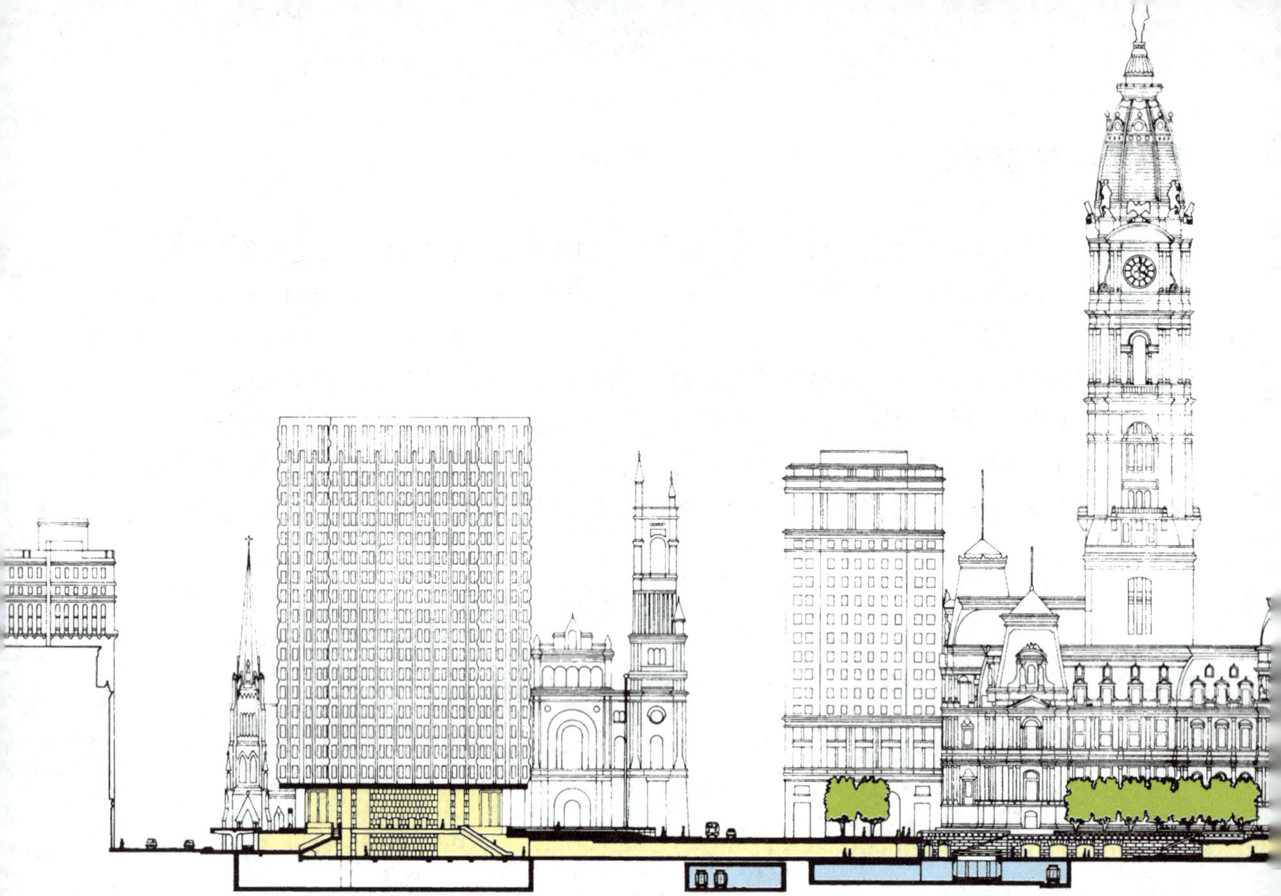

的丰富的地区，电梯交通枢组自下而上升起，而且，在这里新的和旧有的建筑也交织在一起。

以下两页表明宾州中心东部如何从中心步行系统分岔，伸展成3组建筑项目并成为建筑设计的核心；每一组的设计者都提出自己对不同层面之间以及内外之间的相互联系的处理，这种处理组成每个规划的中心焦点。

上图是市政服务大楼及其两层玻璃外墙的门厅，详见下图，这个门厅把街道地下层和街面层结合在一起，并且把街景引入建筑内部。

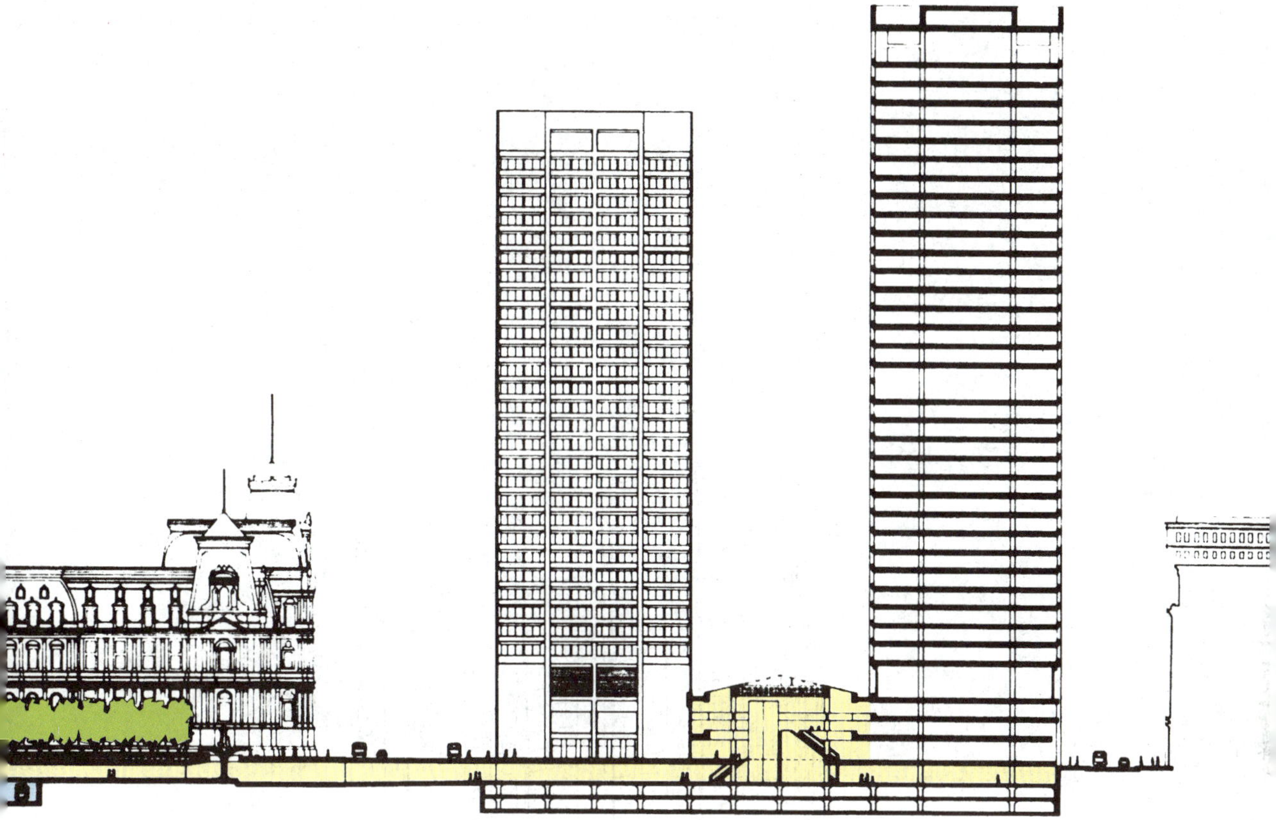

上图是西广场，一个贴近市政厅的下沉式庭院，它把向天空敞开的感受带给街道地下步行系统，并把光线引入地下二层的地铁层。

下图及其左侧图表明下沉式庭院、人工瀑布、大台阶和由庭院展示的自始至终作为对景的市政厅和相邻的建筑，其中有两幢与这个院子直接成轴线关系。上图是它的剖面，右下图则是市场街1500号开发，及其中央有玻璃顶的商业廊，这是一个由步行层伸展而成、联通不同层面的截然不同的建筑表现。

BANCI
EDI
SANTO
DO R
IDEIVOFO

建筑表现的起点

东起社会山、西至宾州中心的步行系统，强调建立通过东市场街已逐渐衰落的零售区路线的需要，以强化购物区，把第八街、市场街上三家百货公司与集结在市政厅周围的商业活动联成一体。为满足这一需要，需对市场街东侧进行改建。

这里设计的基本观念就是在街面下一层的步行区建立花园，并能通向地铁站，作为地铁系统的一个扩展部分。街面层的商店退到有顶行人道的后面，在街面层上一层有一条连续的商业步廊联通公共汽车总站和车站，并各有坡道通快速道路。四家百货公司都用封闭的玻璃天桥联通商业步廊，对三个层次入口富丽的建筑表现，Willo von Moltke于1960年所作透视图作了描绘。右下图是从地铁车窗看露天花园的景观，右中图是街道上所见景观，右上图是从商业步廊俯视市场街和下沉式花园一侧地铁的情景。

在宾州中心，工程开始了，却还没有任何计划。许多建筑师和规划师感到，在拟定计划之前不应有什么行动。但等到计划制订出来可能已经太晚了。地区性运动系统本身的空间组织提出一个计划设想，一旦这个设想清晰地表现出来，它就建议以民主评议、争论和反馈的过程汇成一股力量，促使设计产生。

民意反馈

第281页所示的系统的规划者们以为他们完成了一个好的设计，但从经济分析得出不同的看法。把零售活动分为三层形成的铺面线长度，已超过这个地区当时的负担能力。另外，政府和私人建筑、零售和办公楼之间颇为复杂的交织也产生了企业财务的问题。为了说服这些反对意见，规划者们与建筑师朱尔戈拉合作，后者于1963年绘制了左面的图，并于1964年画了以下两页的透视图，构成了第二个方案，其中有一个作为主体的全空调玻璃天棚商业步廊，位于街面上一层。这条步廊用自动扶梯与地铁相连，在它所跨越的十字路口上上下下，提供富有戏剧性的景观。

左面这幅图表明从市场街北望时这组建筑将营造成的效果。下面的立面图上，步廊架空由市政厅伸向百货商场群，地铁在街面下。

这个壮观的方案解决了多层次的问题，但却遇到了灾难；因为百货公司的董事长们说，他们不希望人们从二楼进店，那意味着将要重新组织他们的销售方法。因此，规划又得再一次地重行构思，设计也要重新考虑。

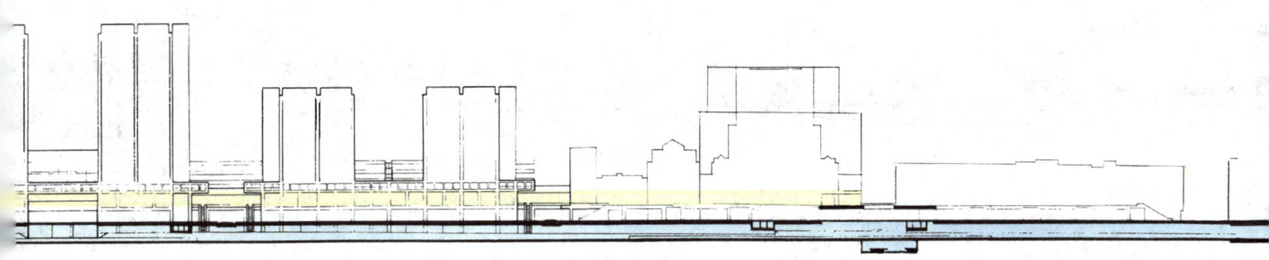

建立对话

市场街东侧(如上图所示)的下一个规划重新提出，街面下一层作为主导步行层并在开发方案中央部分内去除街面层作为主要特征的一切痕迹。在这一点上，这个规划兜了一个大圈子，重新回到宾州中心的原始构思(如第272页所示)。在新的规划中，全空调的步行商市由主要步行层起向上高出六层。它的北边是公共汽车终点站、车库和铁路客站，南边是地铁和商店，顶棚是一个玻璃斜面。这样限定的空间容积，平行于市场街，有几条街道穿过封闭的玻璃管状空间。市场街北端两个作为地铁和商市的步行入口的下沉式庭院之间，有街道通入一座桥式结构。

第284页上图表示南北走向街道由市场街向北看的景观，这条街道从一座桥梁上穿过下沉式商市。前页下图表示在步行商市内往西看的情景。上图左侧可以看见一列地铁，右侧上方是公共汽车总站和停车层，前方背景中，用玻璃封闭的街道经过商市空间。以下两页表示这个规划如何适应市场街沿线开发。

根据第259页图示的过程，规划师在市场街东侧(如第281页所示)的第一次规划中创造了一个完整、内部连贯一致的设想，并且以足够清晰无误的形象加以表达以取得反馈。倘若设计者不能将批评意见作为一种动力并提出另一种内部模式完全不同的系统，那么对这个设想的反对意见很可能会使方案陷于僵局。这些反对意见带来了第三次结构重整，创造了又一个设计，这个设计无论从美学观点还是从实施角度看，都大大优越于前两个方案。它使开发筹资以及行政管理问题大大简化，从规划的观点看，它从空间组织系统地区性力的表现变为设计结构力的表现。

因此，只要规划师有能力进行交流，广征博采、重整结构，通过对话的过程就会产生一个有影响力的规划。

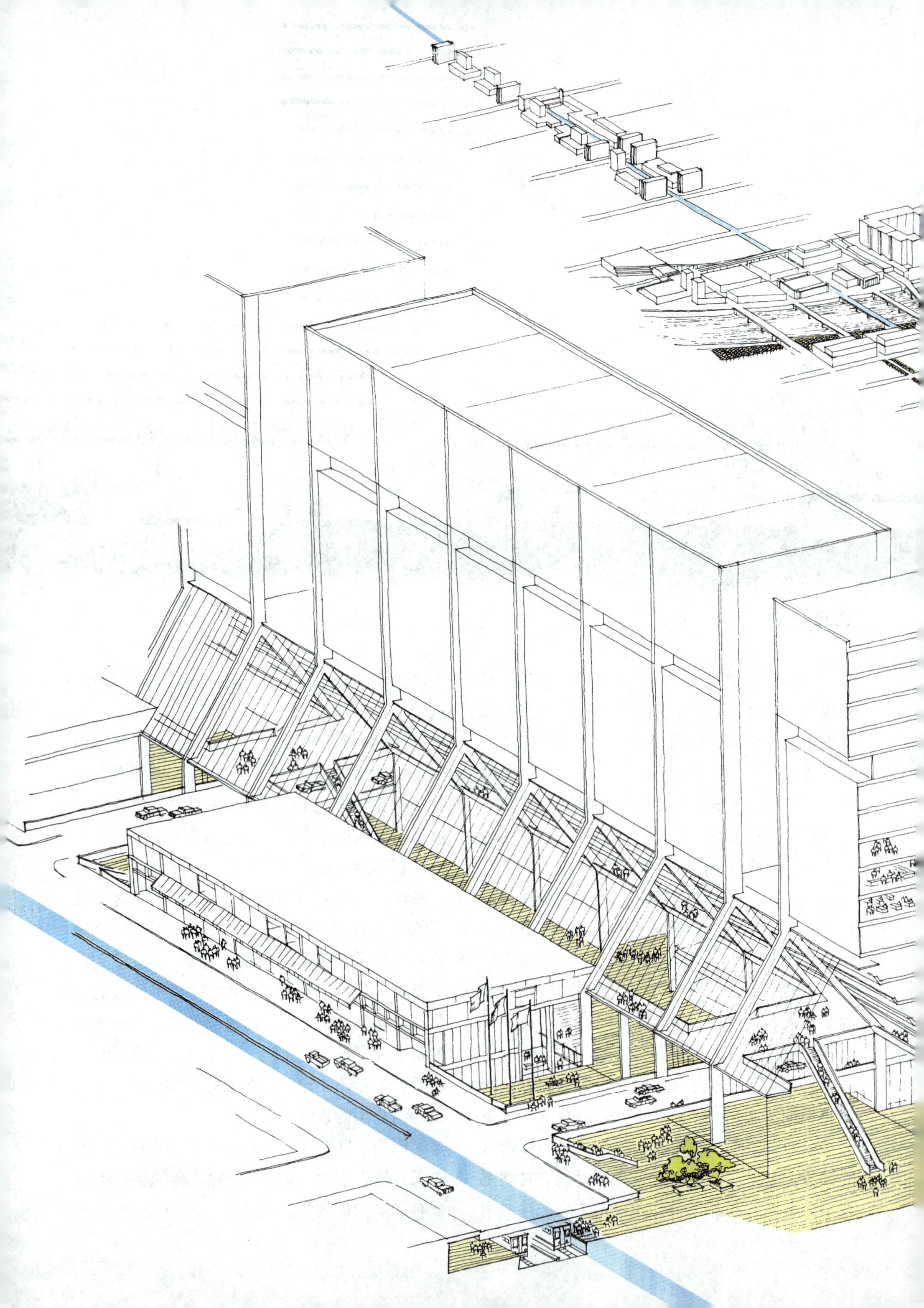

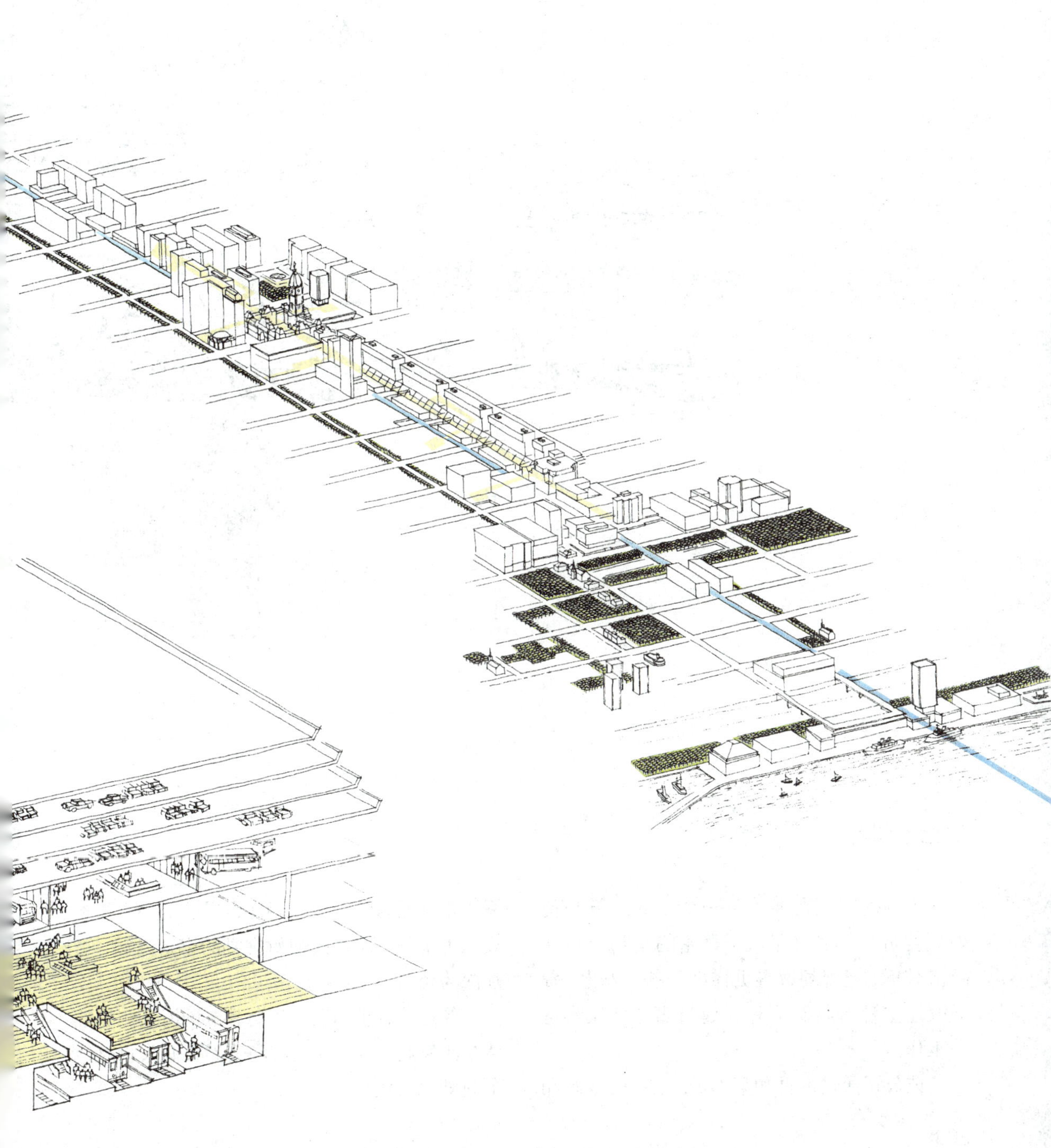

对话在继续

市场街东侧发展的下一个步骤，就是使规划委员会的建议服从于严密的结构分析和经济分析，把规划做得更详细一些。为此，费城改建主管当局委托SOM建筑事务所从事这一工作。

该公司通过本页和第276页这样的绘画和模型，将规划做得尽可能比以前更具体，基本概念更清晰，使市民面对规划的丰富内涵，更加深为赞赏。

经过这样的过程，公众对市场街东侧的热情被激发起来了，企业家和政界头面人物对这个规划也充满信心。

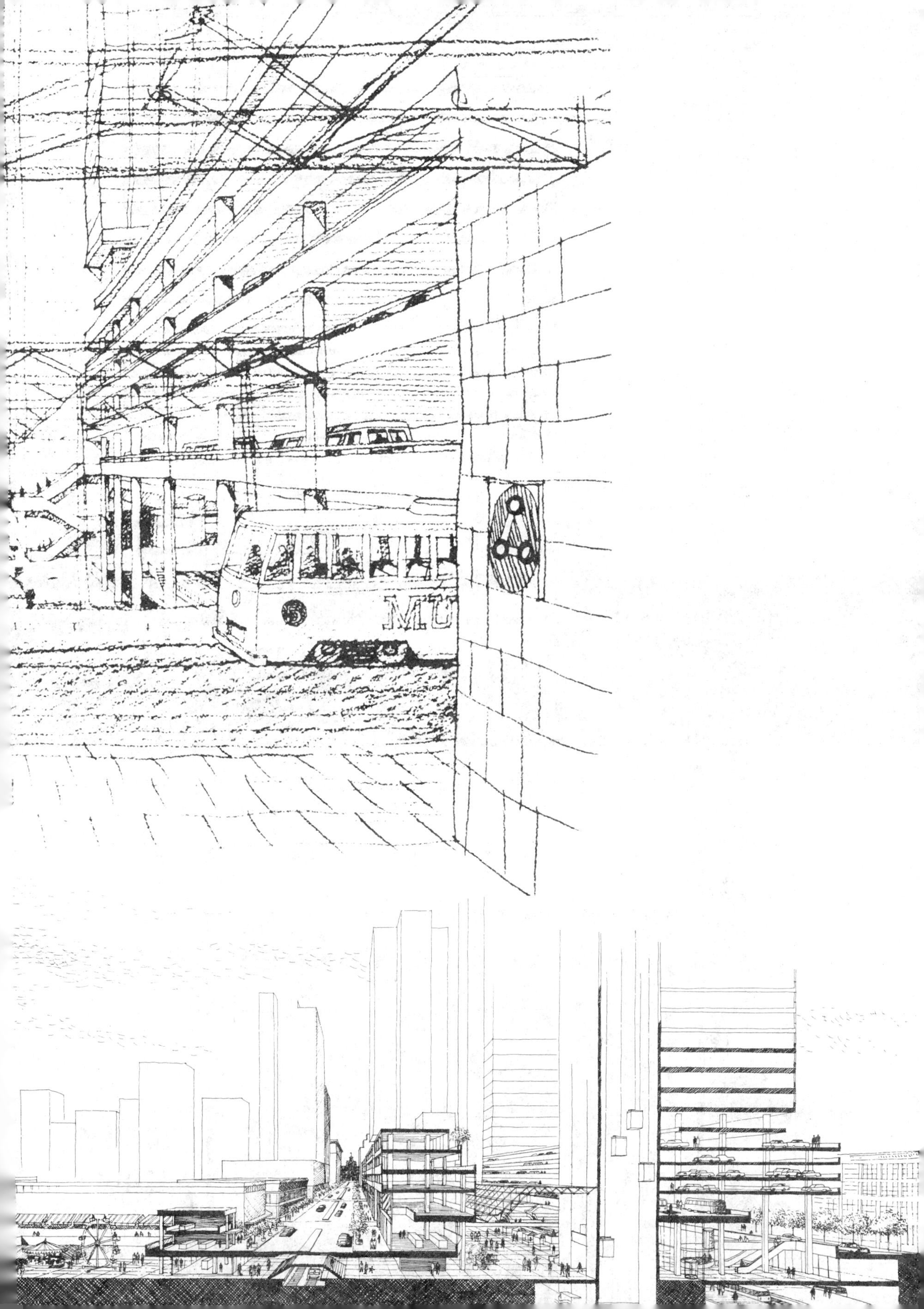
5
MU

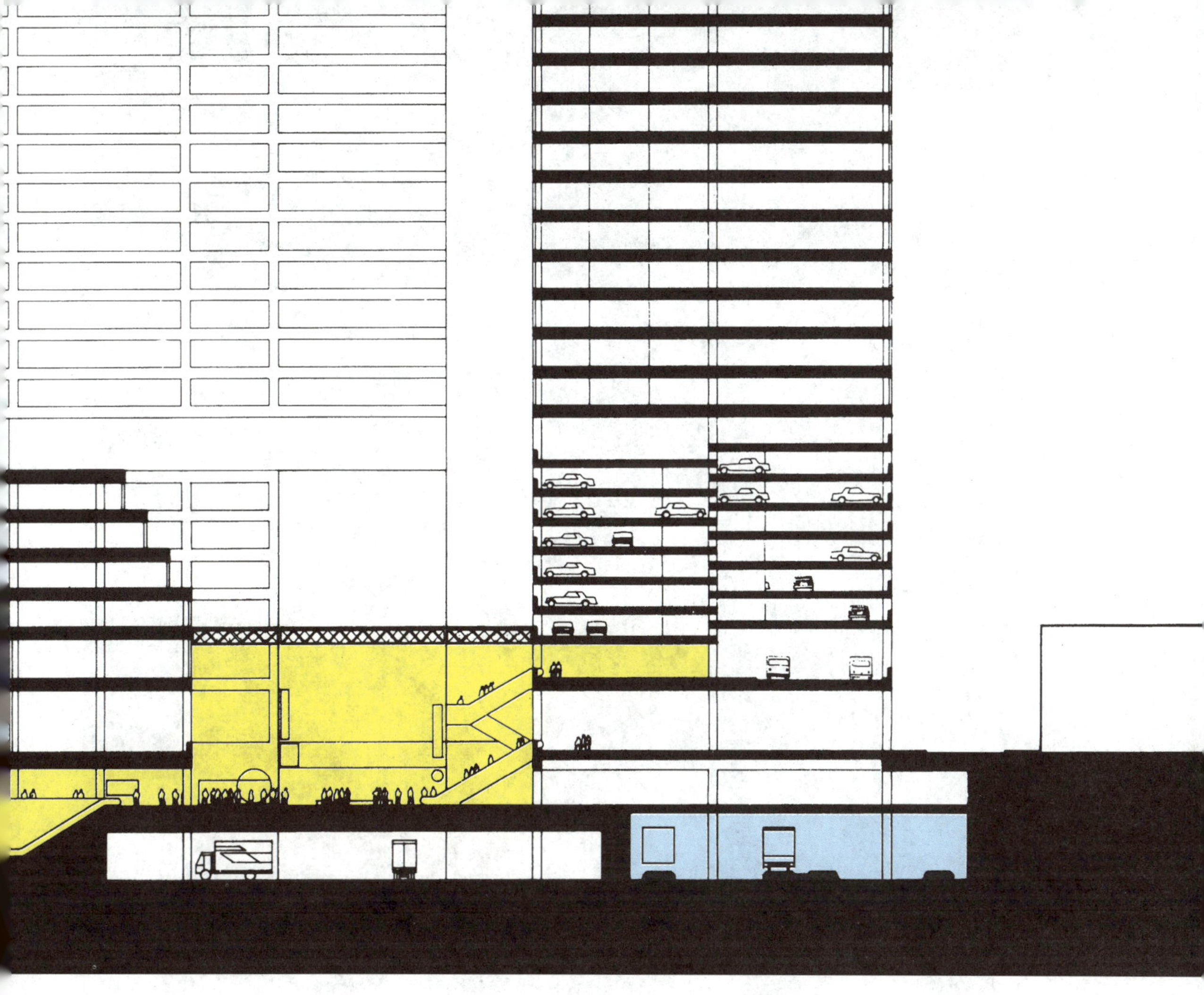

决定方案

到1969年末，费城已成为在实践中验证同时运动诸系统能不能为城市设计提供可行基础的试验场地。通过在城市规划委员会就学的青年建筑师约翰·鲍尔(John Bower)和继SOM之后作为市场街东侧协调建筑师的鲍尔与Fradley事务所的合伙人文特森·克林的卓越的工作，答案已是明确而肯定的了。

上图表示的是费城储金会与约翰·沃纳梅克(John Wanamaker)百货商店(如上图左侧图所示)之间1234号的市场街将地下至街面上空联接成整体，这是一张结构剖面图。

剖面右侧市场街东侧的基本设计思想在鲍尔的设计中，被重新提出并加以发挥。室内公共步行空间、步行通道及其两部自动扶梯从市场街地铁(如蓝色所示)下部穿过，引入更低一层前厅空间，这个空间在南北两个方向向上向外展开。这个地下步行层以一种开创完美新水平的丰富有力的建筑语言与天空取得联系。

这个规划已经过两次基本的修改，其最终形式如第290页左下图所示，这是由地铁层向北看的情景。这个规划使鲍尔获得了信赖，因而选定他为协调建筑师，以继续进行市场街东侧相关的工作。

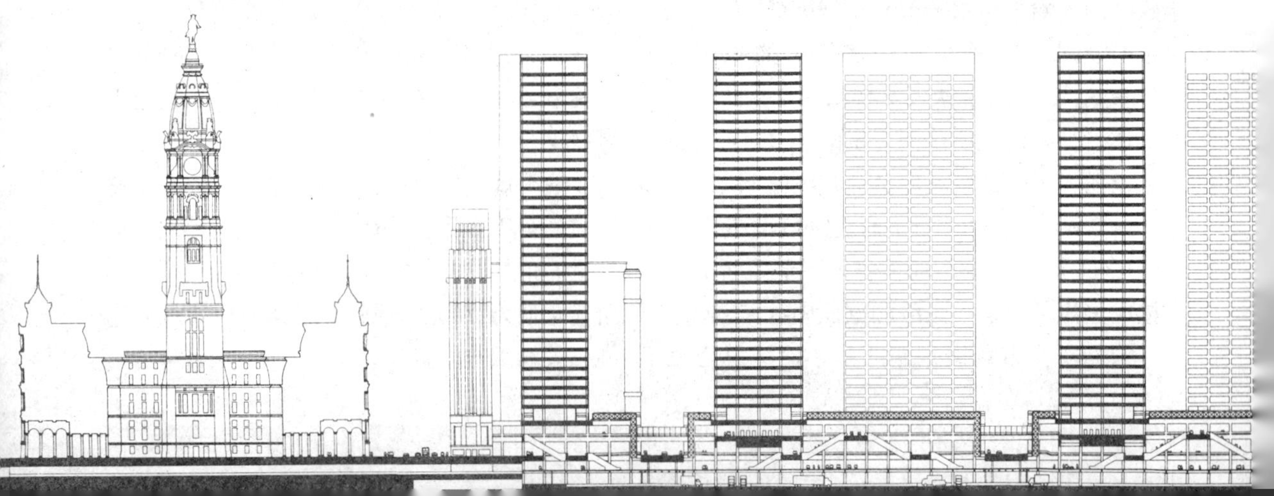

实践中的运动系统

这些照片是市场街东侧所作模型的局部，它表明运动系统在市场街东侧的设计中起着决定性的作用。

上图与罗马尔迪·朱尔戈拉于1964年所作设计(如284页上方所示)为同一地点。这里第十二街在市场街以北伸展，迳直穿过步行层上部。两侧的庭院上空敞开，把新鲜空气引入地铁层并为北侧大玻璃围护的步行商市提供充足的光线。建筑物穿过这个空间从步行层明快地上升到街面以上，街道丝毫没有表现出在宾州中心那样的沉重压抑感。

自动扶梯位置明显，加强平行于宾州市场街轴线的方向，并为整个三层提供一条经常起作用而有效的定向的中线。

公共汽车终点站和车库的脊状结构是地区运动系统在建筑上的延伸，在背景环境构图中表现得恰如其分。

下面的剖面图表示多样的联系方式，各种特征和运动方向形成了商市、天桥、自动扶梯多层次的交织，同样，在系统中各个点也产生了清晰的视觉导向和鲜明的位置感。

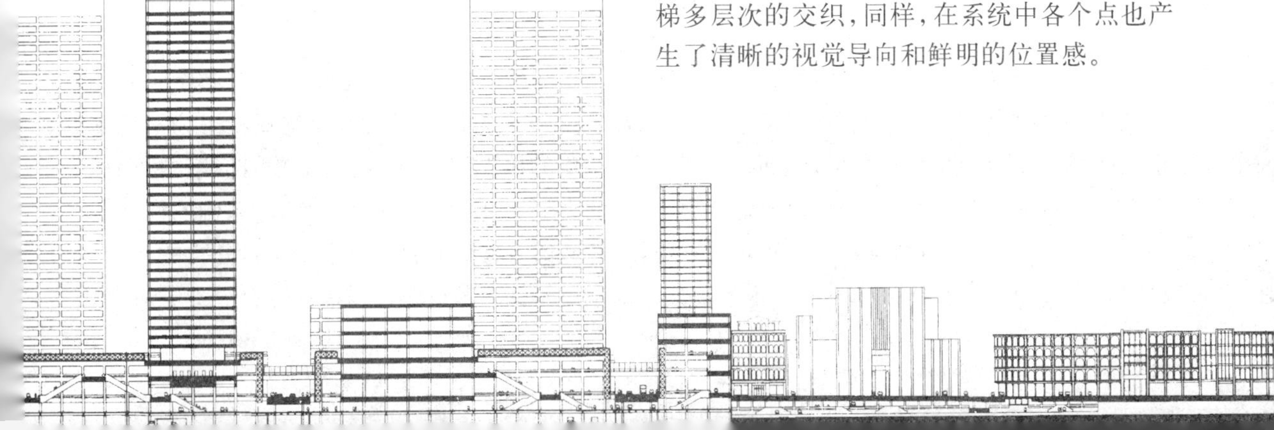

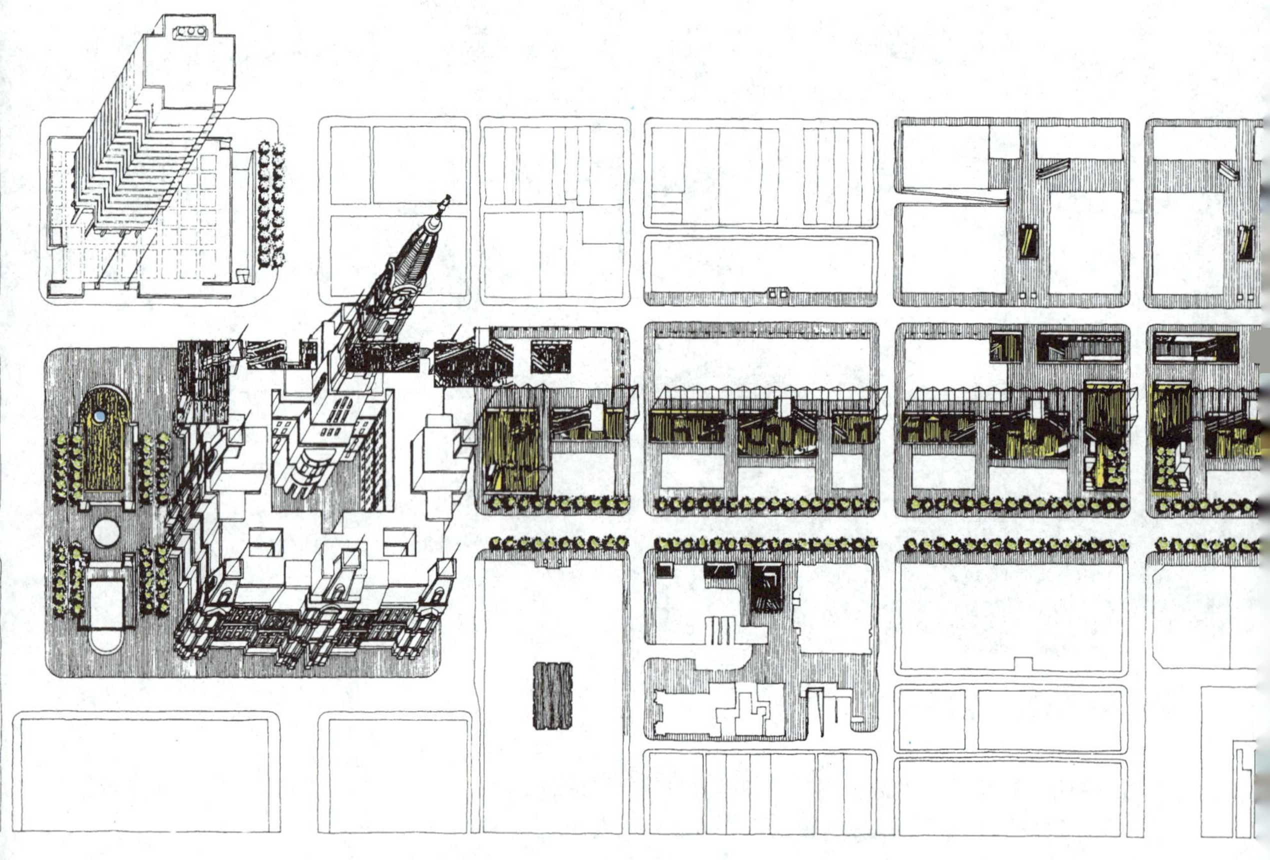

人民街

鲍尔为市场街东侧所作的设计，如上图所示，是一种新的人民街，它与挤满车辆的市场街平行，缓解了市场街的交通负担，从而在宾州中心提供一种新的连续感。它以当时未曾梦想过的种种方式，实现了规划委员会1952年规划构思(于1947年，如第272页所示)的全部主要目标。

约翰·鲍尔是市场街1234号整个工程的建筑师，而且他已被改建当局指派为市场街东侧的协调建筑师。在这样的情形下，按照他的合同，不允许他设计市场街东侧的任何一幢建筑，他直接的工作限于步行商市的范围，也就是人民街。作者相信当这个设计完成后，

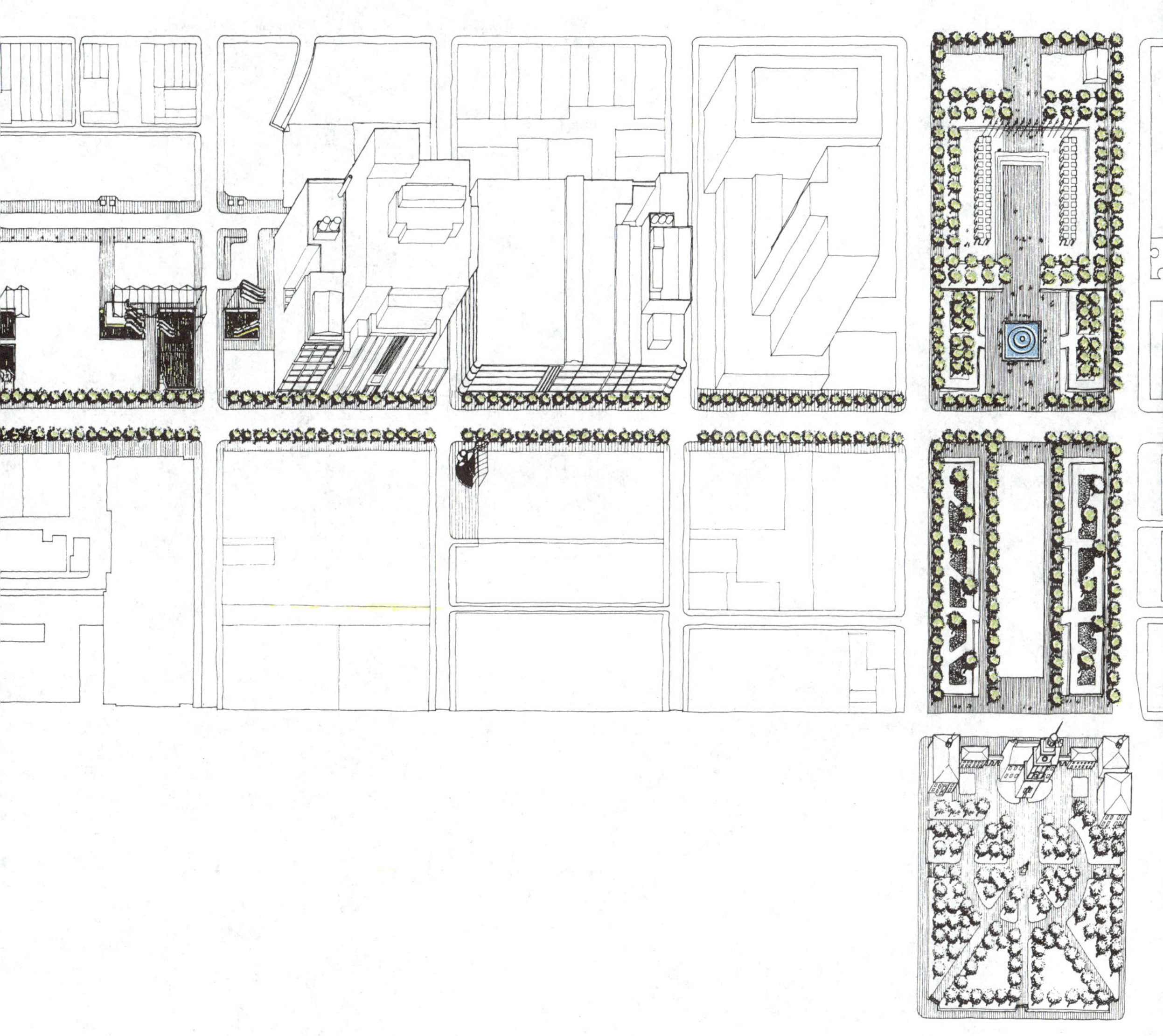

将决定性地显示，人民街及其运动系统上的建筑确实是有意义的。沿街布置的几幢建筑是由不同的业主以及不同的建筑师去开发的，它们很有希望具备一种高超的建筑模式，然而，在重要性方面却又从属于步行街。

这里或许尽量有力地说明存在着一条运动的中轴线，它已成为许多个人创作的结合力，也就是第252~253页克莱插图所描绘的内容。这里或许已接近市场街东侧的最终形式，而市场街东侧则说明了第260、261页图示的假想，是根据社区居民对其中某些部分接受或反对的情况而修改形成的。

城市设计确实建造起来了

许多年轻的城市设计师在思索着进入城市设计领域，他们观点的典型表达是："不错，我不过是要看到我做的城市设计照样建造起来。我对从完成设计到实地实现之间要浪费许多年的时间真受不了。"正基于这种态度，设计才华在城市设计领域的发挥还没有达到应有的程度。

每个人都必须决定他将处理的问题的范围：是一幢孤零零的建筑还是两三幢成组建筑，或者是一个整体环境。完美的程度将由他所确定的目标的规模而定。费城出现的情形证明按照当代城市发展的步伐，对十年内可能实现的东西就要考虑到较大范围的设计模式。

虽然社会山贝氏塔只是整个城市建设的一个小小的局部，但它们确实说明了这种形成模式的某些方面的原理。上面的照片使人想到，18 世纪的鲍威尔宅第与 20 世纪的贝氏塔之间取得相互联系的理由是外墙结构方格内玻璃的统一使用。这在旧式双悬竖搓窗和这比较新的工程中都是如此，两者的外墙尺度不同，但比例相似，都构成建筑和玻璃的结构支承。

左图照片中的三座塔式建筑给本来会是混乱的轮廓线带来了秩序。当这些塔式建筑由宾州装卸区(Penn's Landing)有规律的建筑基线加强后，它们确实与地区的影响力有了相互联系，形成城市设计结构与Delaware河的交汇点。

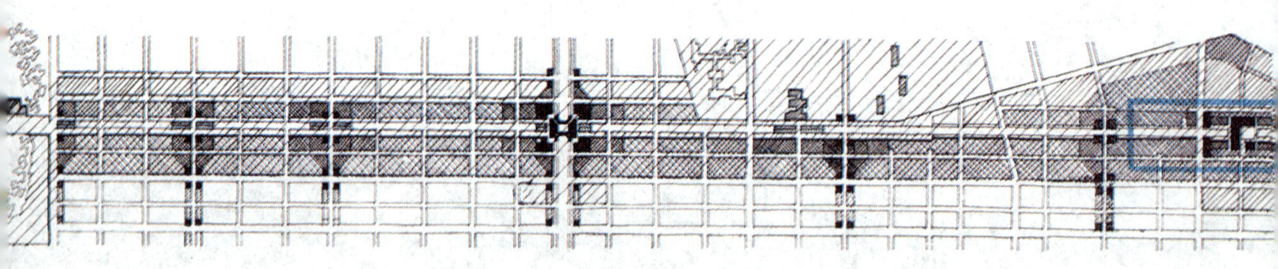

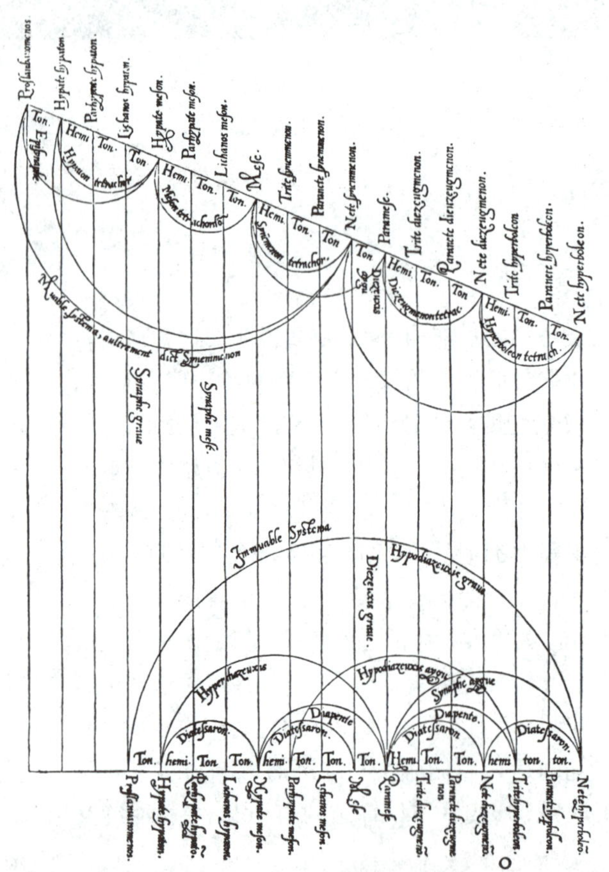

设计向外挺伸

设计向外挺伸并不终止于河边，它沿着最大的设计力线的渠道——1683年William Penn原市场街轴线，越过河道迳直伸展。建筑师罗伯特·格迪斯受费城改建当局委托，在城西高地上设计了一个科学中心，它跨过市场街轴线，可俯瞰全城。格迪斯继承和运用市场街在两条河道之间现存的设计韵律，从Delaware河岸地带开始他的设计，并将有韵律的格局一直延伸到第四十街地形高处的顶点。他在本页上方的一张图中表明这种延伸一直延续到城市边界。设计的效果在于将市中心的影响延伸到费城西郊纵深，为这一地区带来生气。上图中绿色代表沿斯库尔基尔(Schuylkill)河规划公园与轴线垂直的设计力，构成主干线外附加的分支。设计结构在社

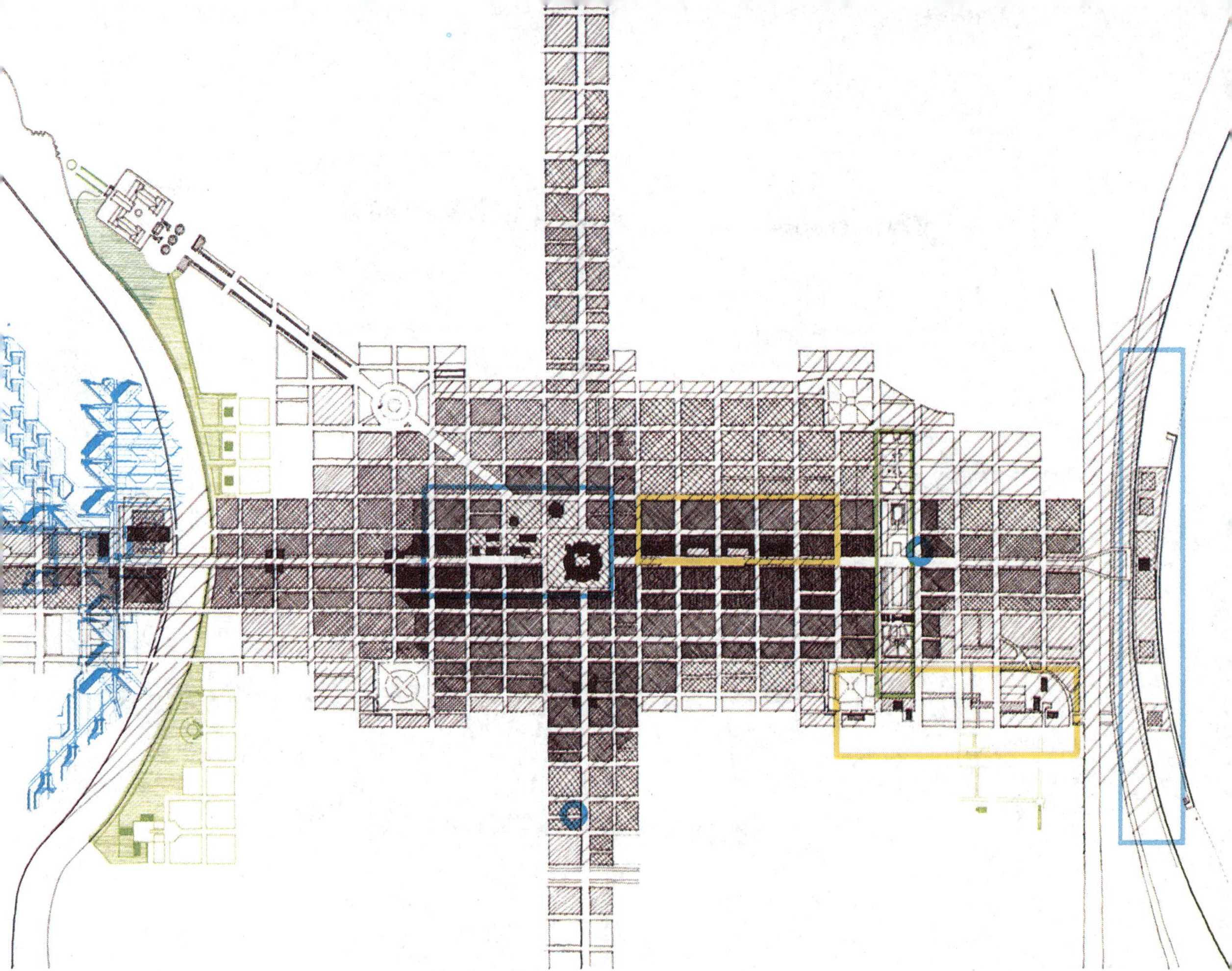

会山内向南展开也用绿色表示。

在这个规划上圈出了一系列的建筑师们的“势力范围”，或者说是城市中某一个或另一个设计者占主导地位的地区。深蓝色表示文森特·克林在宾州中心的作品；绿色表示Roy Larson的作品——独立广场；黄色表示贝氏两组塔式住宅之间相互有着紧密联系力的地段；淡蓝色圈出了格迪斯的影响范围。约翰·鲍尔在市场街东侧的作品也用黄色表示。对这些范围来说，这些建筑的设计包括建筑之间空间在内的一种设计。斯库尔基尔河以西的蓝色地段是朱尔戈拉负责的，而两个蓝色圆圈则标示出建筑师路易斯·康设计的重要建筑。

上述各地段中，每个地段都有其自身的内在尺度。这些尺度大得足以创造整个环境，但又不致于使人感到单调。可能是一种巧合，或者是由于建筑师(或实质上是政府)所作的一个决定，使建筑师与空间发生最初接触，以建造单幢根生于土地的建筑。如果这个建筑师富有创造性，这幢建筑就应当与环境建立交互作用，从而产生一种影响更大地区的形态。鼓励这种过程是(或应当是)政府的一种职能。而且，在达到最高境界时，这种设计活动的本身就是一种艺术。

前页左下图是文艺复兴时期引自维特鲁威著作第四卷的分析图，它告诉我们沿着一条运动线韵律的变化有一定比例关系，就像在乐曲或数学公式中一样；而在费城市场街，这条运动轴线长达3英里(约4800米)。

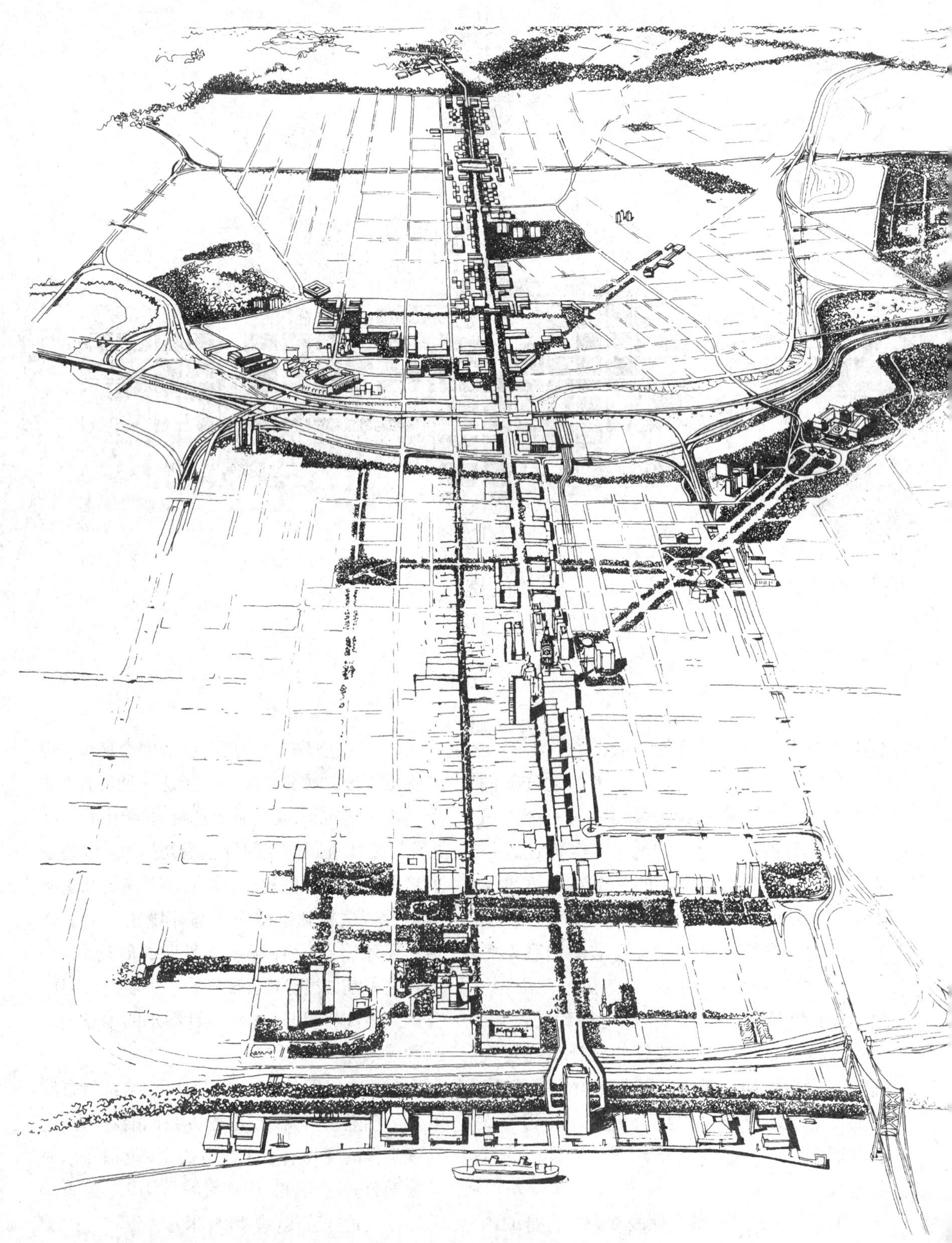

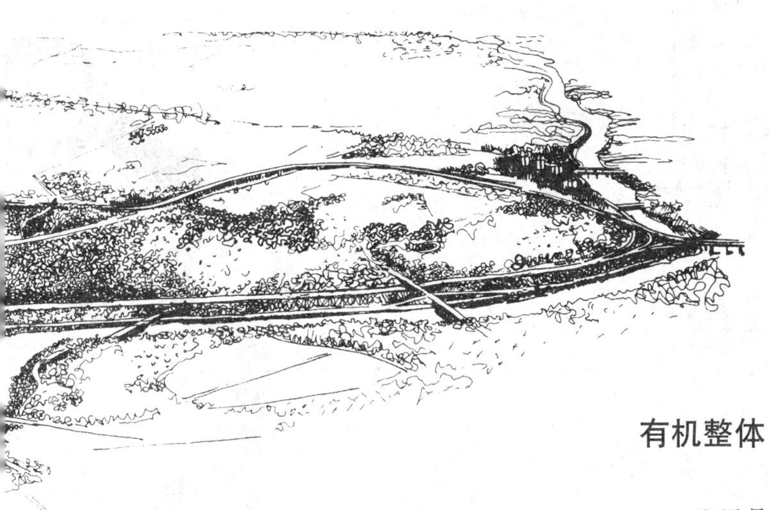

有机整体

这里是作为费城成长发展基础而不断演变的设计结构的概略印象。这个结构并不是一蹴而就的，而是一个局部接着一个局部、经年累月、苦心造就的。它之所以能够体现统一性，是由于它的每一个局部都是根据同一个有机成长过程的原则而同其他局部相联系的。这幅鸟瞰图本身的性质就清晰地表明它不是最终形态，它所激起的新的成长和繁荣已经出现，还将作出许多充实和修订，以适应城市发展的新要求。这些规划必须扩展到城市用地范围以外，提供整个区域的结构和形态，提供城市扩展所需能量的渠道。其目标，就是在每个发展时期，从每个市民的角度，都取得一种以不断扩展的秩序为目标的意识。

由于这个规划不要求定局(费城的工作就证明城市可以大规模结构重整)，当局和市民不仅仅是消极接受，而且是积极渴求它所提供的新憧憬。这是作为设计者的想像与民意反馈相互促进的一项共享的成果。这项工作证明建立一项程序的价值；根据这个程序，市民介入规划、丰富规划，规划的结果，也就为公众所接受。

费城规划的一个重要因素不在于地面建成什么，也不停留于纸面，而在于对法式的憧憬已深入青年人的心中，并期望着它的实施。

综合规划

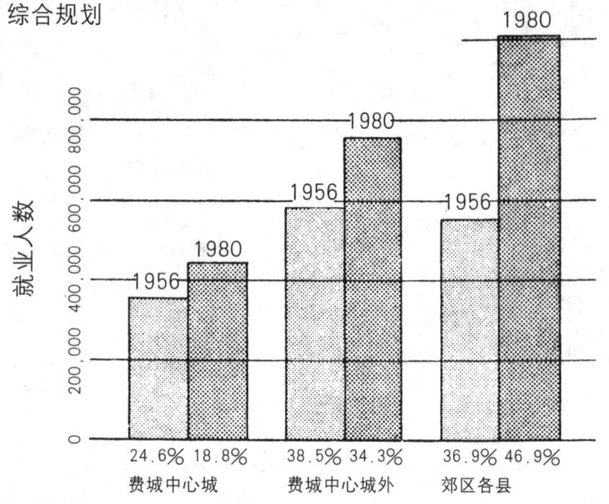

功能规划

地区规划

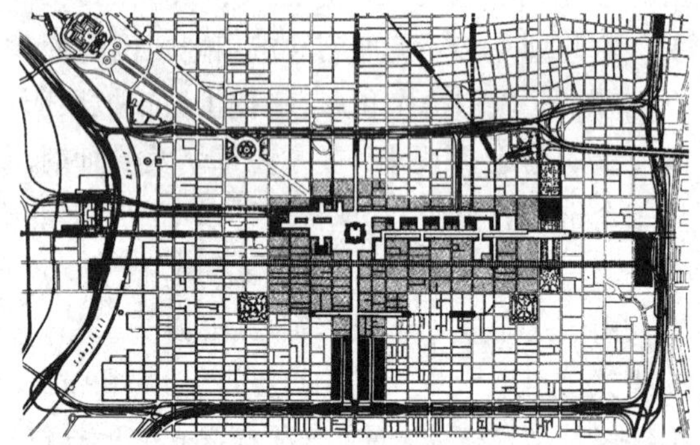

项目规划

设计程序

构成费城全部创作的基础是一个完整规划程序，它是以前阐述过的原理的实际运用。由于这个规划综合社区利益的许多方面，它把大部分社区领导吸收进来，把大部分城市总的能量调动起来，纳入一个统一的过程中。

1. 综合规划。深深地植根于对社区的了解，基于经验和探索，提出一系列相互联系而又微妙地平衡的目标。

2. 功能规划。在区域的基础上，从便于掌握的若干个因素彼此间基本的内在联系出发，提出形体组织。

3. 地区规划。为城市的一个有限的地理区划范围，提出物质要素之间的三维关系；要结合功能规划，它对为实现综合规划目标将要解决的问题产生影响。

4. 项目规划。从清晰的三维关系提出为实现地区规划目标的一个或几个项目的基本性质。

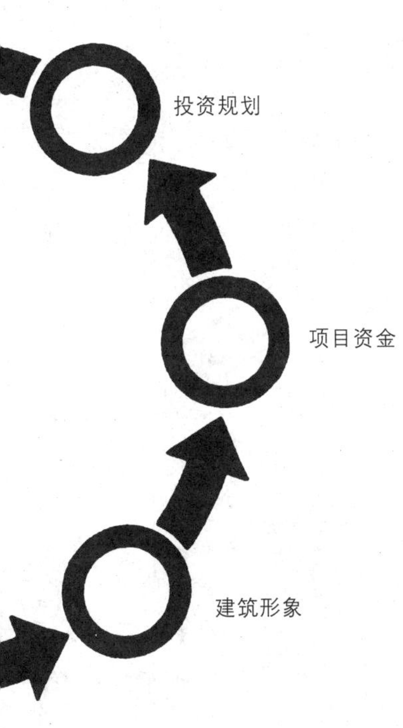

建筑形象

项目资金

编号	项　　目	每年运转费用估计	总估价	1964 年预算费用	六年计划费用
	公共房地产部门	$	$	$	$
70	**Transit Improvements**				
71	Broad-Ridge-Locust Subway system — cars — purchase from Delaware River Port Authority		260,000		26,000x 234,000*
	Broad-Ridge-Locust Subway system — replacement items		2,000,000	35,000x 315,000	165,000x 1,485,000*
72	Broad St. Subway — South Broad St. and Northeast extensions		98,258,383	(1,220,525f) 7,351,000t 23,238x 209,145	4,983,333f 79,975,000t* 571,667x 5,145,000*
73	Center City Commuter train connection and allied facilities — including land acquisition		43,000,000	30,000x 270,000	18,000,000f 15,700,000t* 900,000x 8,100,000*
74	West Plaza — 15th St. — improvements		4,385,000		2,923,334f 146,166x 1,315,500*

5. 建筑形象。提出项目完成后人们在其中看到或在活动中感受到的是怎样一番情景，为社区了解规划、公众将来接受规划提供强大的动力。

6. 项目资金。基于项目的造价估算，它对提出项目投资的规模和现实性、对为政府辩论提供明确的课题，以及对提供基数以便在投资流转计划程序中求得一个位置，都是必要的。

7. 投资计划。实际上是一种投资时间的分配，它提出公众为完成一个项目需要采取行动的顺序和规模，并成为使一系列综合规划目标在空间和时间上各得其所的一个灵敏的调节措施。

根据市政会采纳的投资计划，每年都要对综合规划加以审议。这种审议可能导致对规划各主要部分之间关系的修订，也可能提出需要充实功能规划的新领域，从而使整个循环再度产生有系统的交互作用和反馈。

投资计划

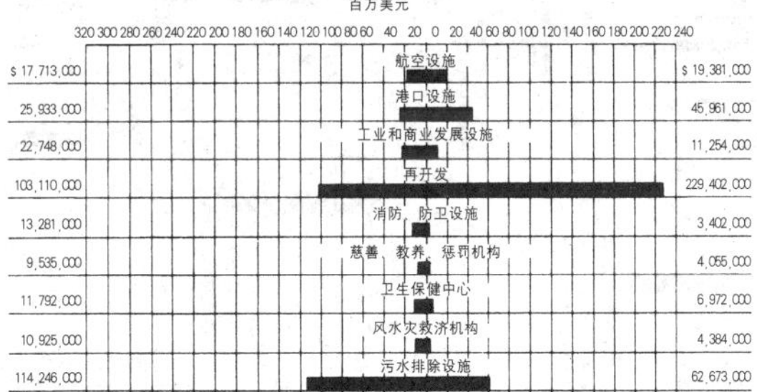

综合规划重新估价

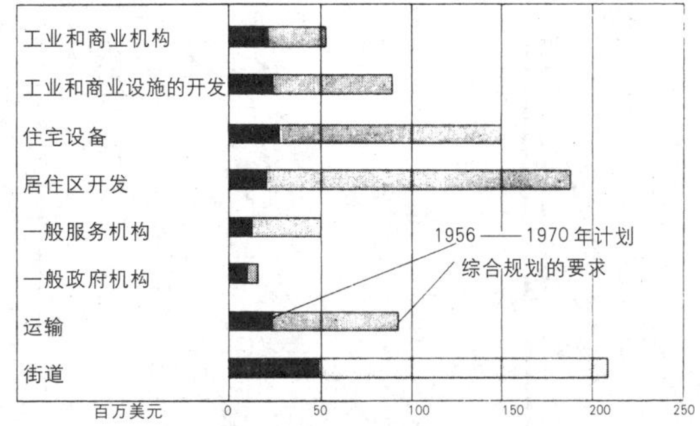

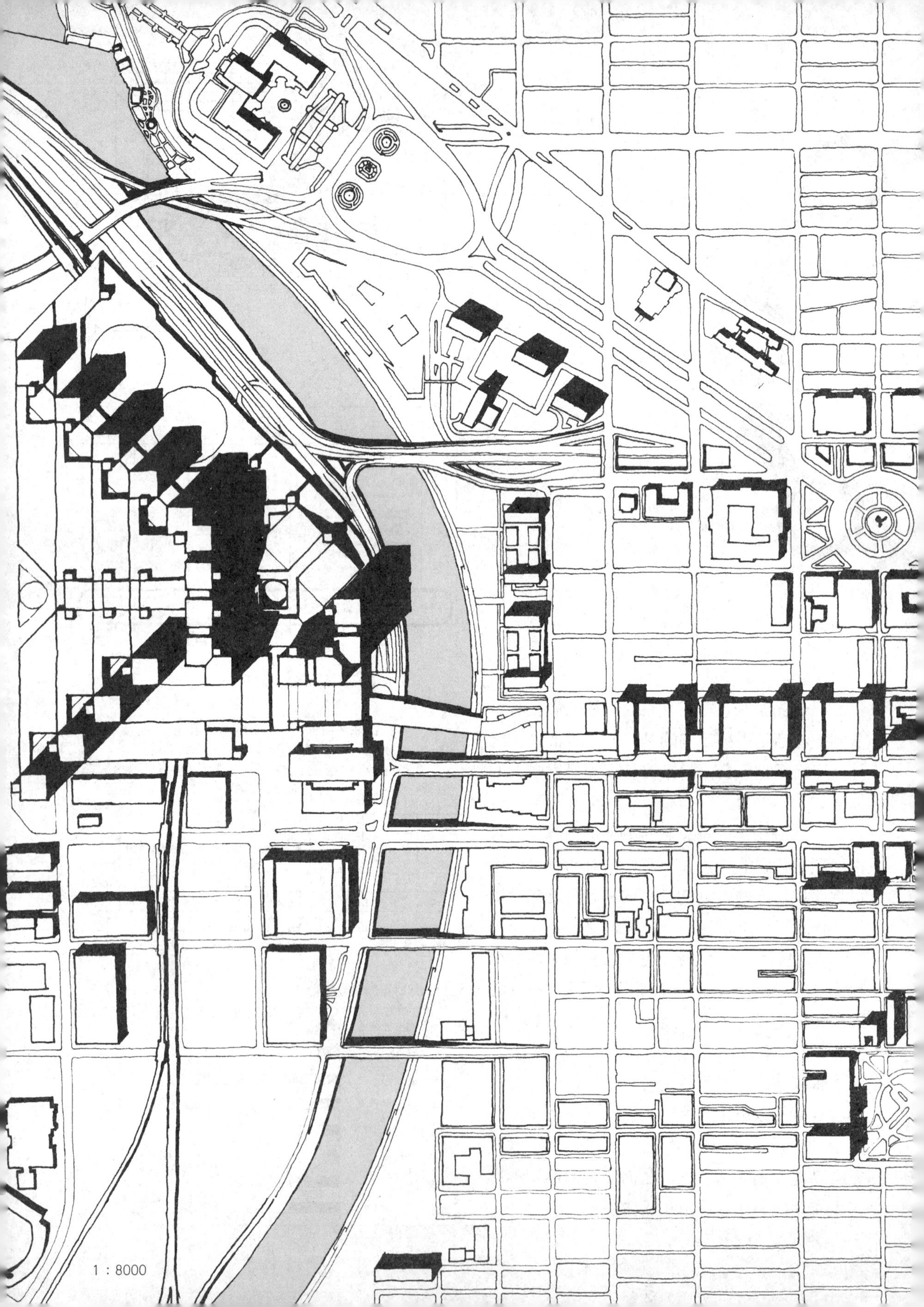
1 : 8000

巨型城市的尺度

宾州铁路局委托文特森·克林，在罗伯特·道林的咨询下于1966年为紧靠市场街北部和斯库尔基尔河西岸铁路上部空间计划开发所作的设计(如以下几页所示)，其目的在于确定在不断扩大规模的基础上持续地重整结构。

市政厅标志着费城的中心，它是由区域南北轴线宽街和西向的William Penn市场街轴线相交而形成的。此线从旧世界*(*指来自英国)着陆，由河岸边发源点移向内陆，这正是美国向西开发运动中的缩影。

现在，巨型城市及其新的生命线——从波士顿至华盛顿的高速交通线出现了。因此，在1683年William Penn轴线与1970年或1980年巨型城市运动系统的交点，应当以一种新的设计尺度建立一个新的中心；宾州铁路局又一次成为先驱者。

但是，仅有一个新的尺度是不够的，还必须有建筑来支持它。有一点是重要的，克林已经组织建筑群并使其形态反映出斯库尔基尔河谷的形态。在他的设计中，这些建筑在河弯处作娥眉形处理。这种处理方法将市场街西向运动、南北向巨型城市高速交通系统和斯库尔基尔河缓慢而久远的运动衔接在一起。

永恒与变化

朱尔戈拉受费城1976年200周年纪念公司之聘，为拟议中的国际展览作规划。他于1969年拟订了斯库尔基尔河以西地段的一个新的设计方案。拿这个设计与文特森·克林的规划作一个视觉上的比较(上页与本页)，显示出两种方式的耐人寻味的差别。克林规划的主导思想是形式，而朱尔戈拉规划则侧重运动。

国际展览决定迁往他处，以使朱尔戈拉设计的计划项目束之高阁，然而，作为这个设计的基础的概念却依然发挥着作用。在铁路轨线上部空间进行商业开发，能够像国际展览一样，从他设计的运动系统的基本组织中，得到同样多的益处。

从这个事例中，我们可以领悟到一点关于永恒与变化的道理。如果一个建筑师主要探究形式，他的成果在未来岁月中被修改或全盘否定的机会是比较大的；如果这个建筑师探究运动系统，而这些系统在构想时联系到更大的运动系统，那他的成果流传下去的机会，以及实际上历经岁月而得到加强和扩展的机会的确是很大的，即使沿着这个系统的建筑被拆除重建都没有关系。

尽管秋去春又来，落叶又萌芽，大树枝干犹存；因为，本来就是枝干决定树的形态。

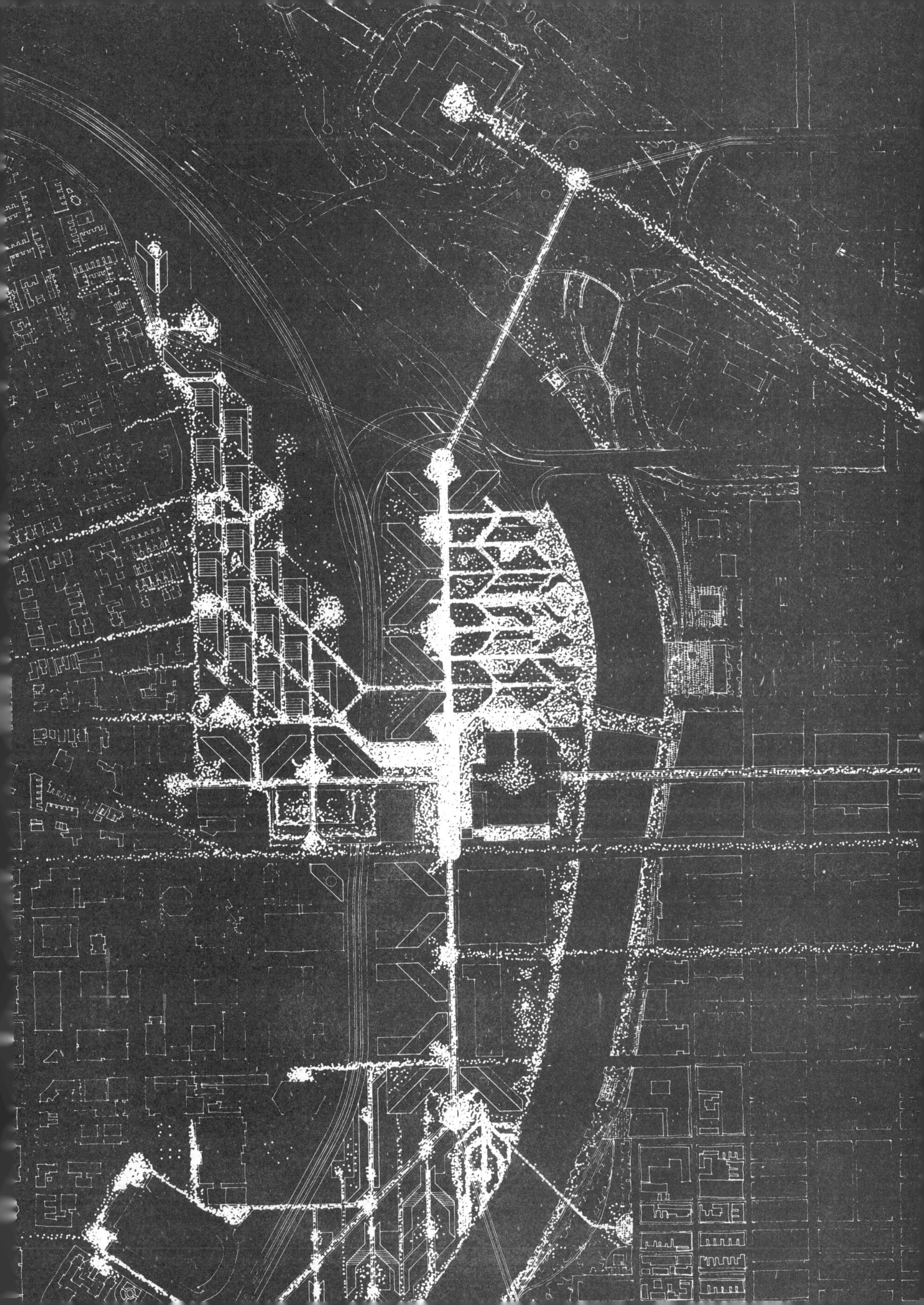

格里芬与堪培拉

本书中许多的城市设计实例，都是在贵族拥有并运用庞大的个人权力的历史时期完成的。我们惟恐作出这是产生伟大而有力的作品的前提的结论，事实上并不是如此，作为反证让我们看一看伟大的新兴国家澳大利亚的首都堪培拉，看一看围绕着这个城市开发的情况。一个历来产生过的、设想到和培育过的最伟大的城市设计在这里，在极端民主的境况下已经并继续繁荣昌盛地发展。然而美国建筑师弗兰克·劳埃德·赖特的长期合作者，Walter Burley Griffin的原始思想是如此强有力地影响着这座城市，使这个城市规划的整体存在至今，并且可以说它对现时代也是贴切中肯的。

本页所示的规划图由格里芬作于1912年，它表明作者如何能将自然特征——黑山、Ainslee峰、国会山、由河道改造的人工湖，以及通向各功能性焦点——政府、商业、教育。娱乐、居住等的功能性的运动系统同时地兼收并蓄，成为他的设计的必不可少的基本要素。以下两页将格里芬的堪培拉规划与朗方的华盛顿规划作一比较。两个规划时隔一百余年，却有着惊人的相似之处，然而格里芬避免了朗方那成问题的锐角交叉口和基地，他的做法是配合主干道调整方格网系统。只要注意以下事实就可以感觉到他达到这一要求的非凡技巧。那就是他那几个主要节点中，有4个是六边的，3个是八边的，而国会山那个奇妙的焦点却有九边。这是一个有着清晰明确的几何形格局的规划，不是把形式生硬地强加于地形之上，而是敏锐地调节形式以适应地形的固有奇特变化。这是一个不论交通技术有多大变化，依然能继续适应的规划，一个能够无限扩展的设计体系。

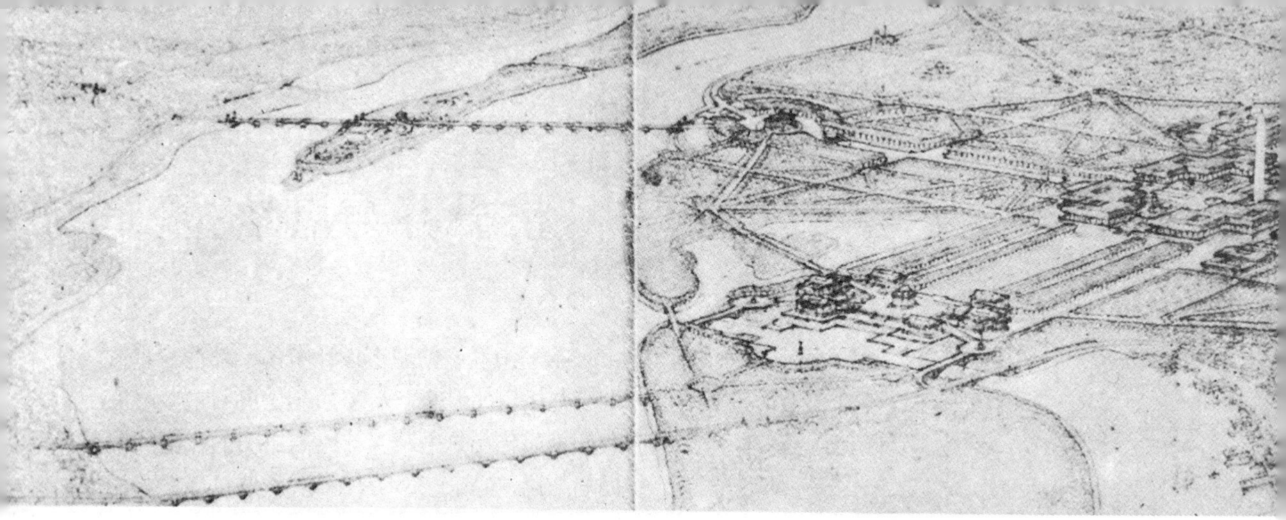

格里芬与朗方

体现在格里芬和朗方作品中、同时构想城市的功能和形态法式大系统的能力，似乎已大部消失，而事实上是被许多规划者讽刺性地以“系统方法”名义系统地贬低了，这些规划者把关注自然实际看成不合时宜和肤浅。

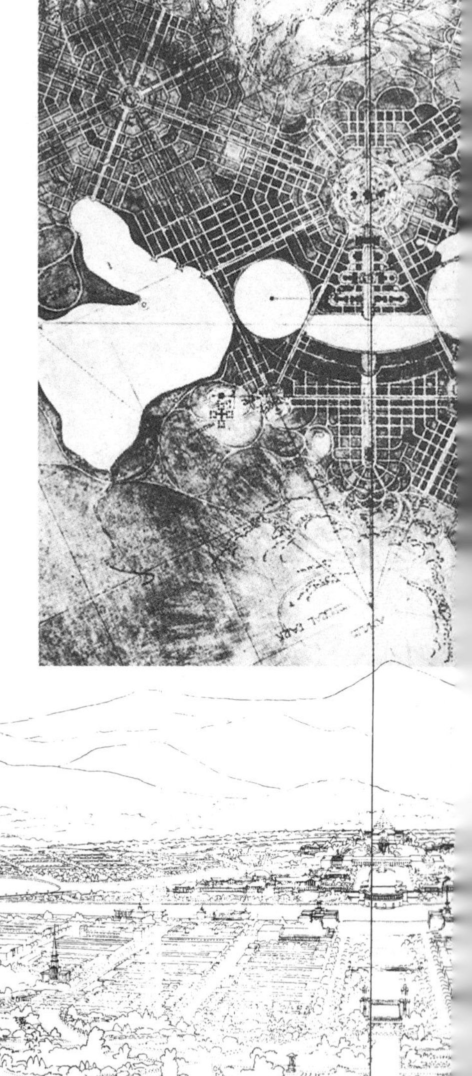

Washington

一座富有人情味的城市——斯德哥尔摩

大卫·赫尔登(David Hellden)所作的这些斯德哥尔摩的画表现出一个使人流连忘返的城市形象，表达了斯德哥尔摩的精神风貌和正在更新的方式。

这些绘画说明较近时期的Norrmalm改建计划,(总的说还是赫尔登的作品),它建造在地铁上部，由一组综合运动系统发展而来。以下是Norrmalm南端规划的步行大平台，由街道伸展到地铁站,与步行道相连,如次页图所示。这里是在城市生活不同时期建成的建筑群和谐的交织。空间一端设有柱廊的建筑，是Ivar Tengbom的音乐厅,在它的前面有Carl Milles的Orpheus乐神喷泉,这对沿着步行道新设置的、连赫尔登自己也认为进深太浅的商店，倒是一个喜人的终端。

从画面中显然可以看出运用了几个不同层次。商店屋顶上种满了花草树木，其中设有憩坐区、餐馆和咖啡馆，步行桥横贯其间的旷地空间，以楼梯与不同层次联系。

所有这一切就是运动系统的核心，它为这一地区的有秩序发展提供了一个要素。斯德哥尔摩市事实上几乎拥有了所有紧靠城区的土地,并正在开发横贯全部城区的有轨快速交通系统。同时，该市正为新社区的有规划的发展准备可用土地,这些新社区成组布置在已建的快速交通新站的周围。这对城市向区域扩展提供了层次分明的设计结构,并且对城市新旧区结合部的结构予以调整,以加强整个城市结构。正由于Norrmalm改建计划中5幢高层建筑集中布置，设计精心，具有内在联系,功能上与整个区域的发展相关联，斯德哥尔摩古城的美感才没有被破坏。新工程的实现是对前人成就的一个有力的衬托。

Mode
Restaurant
VARUHUSET
Livsmedel
MODE DE PARIS
Bar
BUTIK
TOBAK

建筑表现与建筑形式

这幅画描绘的是体现在斯德哥尔摩的Norrmalm工程设计中的多重运动和不同层次的丰富感。下一页的绘图表达了大卫·赫尔登对这一地段的看法，5幢有节奏的高层建筑高耸入云，它们将高踞在下部用地的丰富和混乱之上，以形成秩序。

但是斯德哥尔摩市政府陷入了许多其他城市经历过的巨大错误之中——如在伦敦圣保罗教堂周围地区的改建设计中那样，建筑形式与建筑表现截然不同，毫无联系。

这5幢大楼的准确位置、形式和尺寸都由市政府规定。大卫·赫尔登本人根据他考虑的色彩和韵律设计了其中第一幢。后来又来了第二位设计者。这第二幢建筑的建筑师决定两幢建筑之间应有的关系，就像圣加洛对最神圣的安农齐阿广场所作的决定一样，他设计了一幢在选材、设色和造型表现上与第一幢非常相似的大楼，只是有一点小小的区别。有了这个先例，以后几幢的设计就用同样方法进行，然而第五幢，与原规划意图相比，差别大得惊人。其结果导致了一片不协调，就像一支四重奏演出，每一位表演者都稍稍地走了调。这比5幢建筑的形式毫无关系要坏，当然，这比四个设计中任一幢重复四次更糟糕。

这是一件不容置疑的事实，简单地重申一下：一个有机体是由单个部分组成的，所以你不能只顾一部分而置另一部分于不顾，除非你想冒险。把5个设计者综合在一起而获得统一性有多种办法，这在研究过去实例时也屡见不鲜，但这些办法必须是有机的。建筑表现作为一个关键性因素而出现，其重要性不亚于总的设计结构和新的形式。

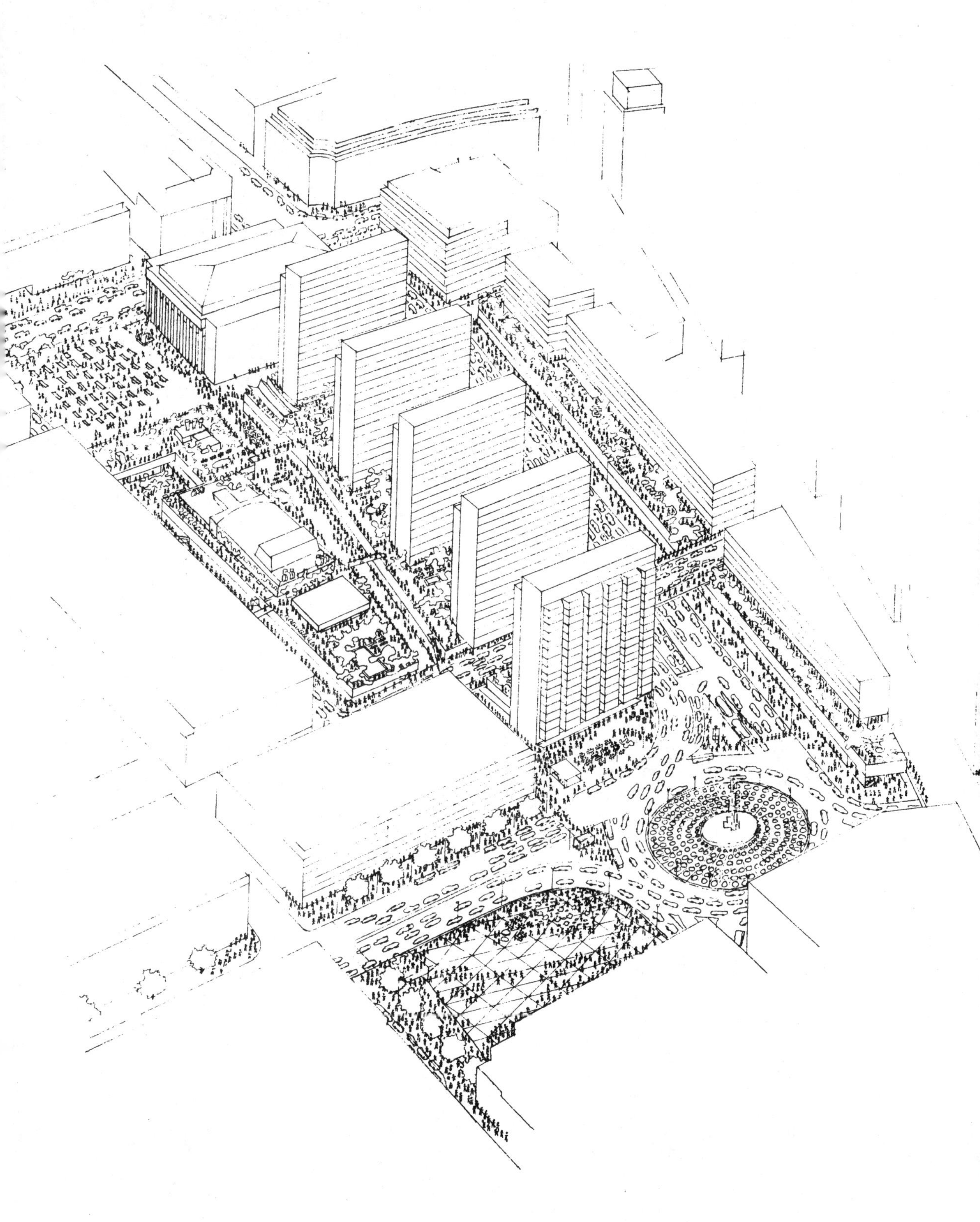

出乎意料的趋势

今天城市设计的主要问题之一是过早地注重形态。形态是由设计结构推导出来，而不应当照抄照搬设计结构。设计过程中一开始就造成带任意性的形态必然会使思想变得荒谬，阻碍基本设计创新精神的发展。形态一经形成，就很难取消，而必然在它不该发挥作用的地方强加其影响。

与之相反的思想的一个光辉范例是1971年维也纳国际城市规划竞赛的得奖方案，这是格迪斯(Geddes)，奎尔斯(Qualls)和坎宁安(Cunningham)建筑事务所的作品，如上页模型照片和本页图所示。右图2500平方公里社区用地发展的三个阶段，表明这个设计结构能适应发展的需要，形式是鲜明的，却又能适应变化而具有弹性；综合起来，仍然是一个设计整体。

保罗·克莱在他的关于绘图艺术的形式要素的清单上写道：点、线、面、空间要素，就像一个“云雾状的所在”。这个要素在一般建筑师和规划师的思想中已经消失，而该方案的主要设计者乔治·奎尔斯(George Qualls)在整个方案中央旷地的设计中却运用得惊人地成功。这个不规则的空间被笔直的横向道路一分为二，为社区单体建筑设计者提供了一个明确的方向、参考的框架和场所感，却又不受先入为主的形式的束缚。事实上，所有其他的参赛方案都是从形式出发而不是从各运动系统的相互作用中推导出来的。

评价不同方案的价值高低的一个方法，就是将一个人设身处地作为社区某个部分的一组建筑的设计者，看一看整个规划限制或启迪创造性活动的程度。

这个模型和后面保罗·克莱的作品的联系值得注意。

阶 段

1

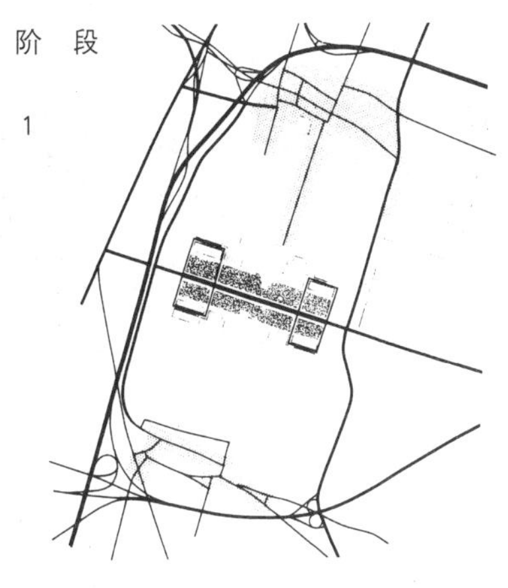

2

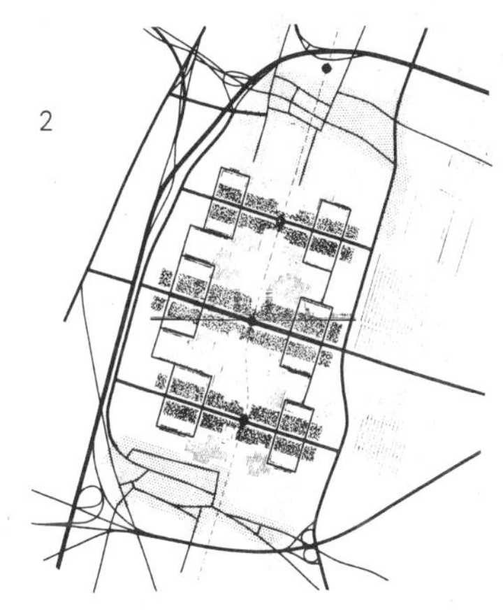

3

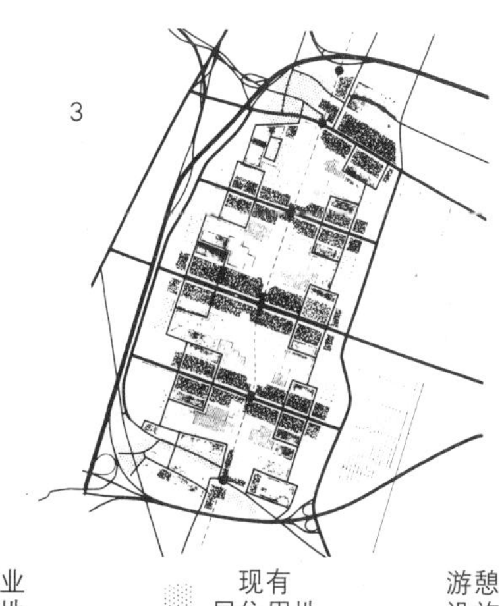

发展灵活性的地带　高密度居住用地　低密度居住用地　绿地　工业用地　现有居住用地　游憩设施

'Any city planning worthy to be called organic must bring some measure of beauty and order into the poorest neighborhood.'

Lewis Mumford

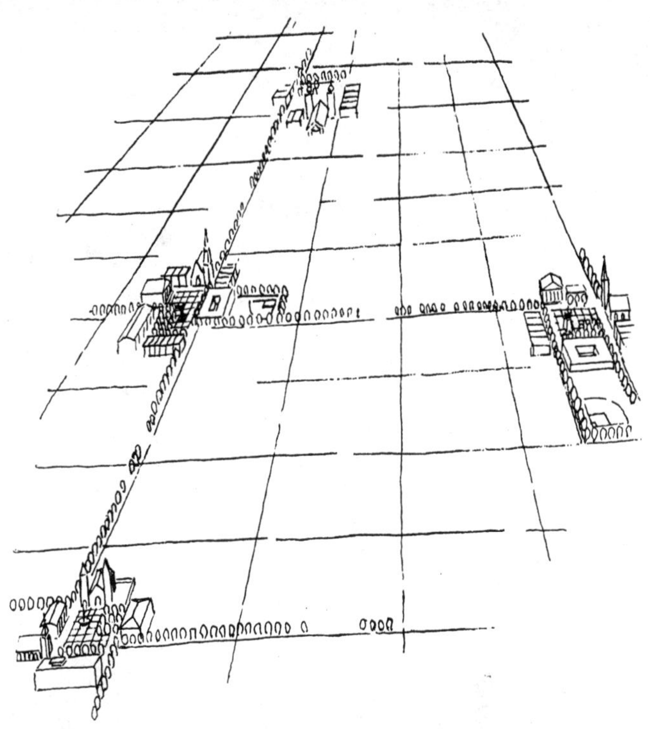

展 望 未 来

规划与建筑的整合

保罗·克莱的水彩画《对位的建筑》，表现了规划与建筑的关系。灰色的矩形假想为按照通常的规划程序确定了范围，而建筑的光华照亮整个范围。占据一个很小的范围的建筑韵律确立起一种和谐，并在整个空间回响。这表明并不需要对一个地区的每一平方英尺都设计其细部方能得到一件伟大的作品。

上面这幅画代表着Willo von Moltke和我自己在一片规模广阔的居住区应用这些原理的一种尝试。这个规划设想就是要环绕现有令人喜爱的里程碑建筑和机构开辟格局鲜明的中心，并仔细地布置在整个居住区的组织之中，建立有力的建筑形象和韵律，以影响周围层次划分得不那么鲜明的地区。这一切将使居住区产生识别性、忠诚感和自豪感，并作为与城市和地区取得共同识别性的纽带。

用这种途径去实现城市更新，就可能取得广泛的成就而不致毁掉整个邻里地区，也将使居民具有更开阔的意识去参与更广阔的开拓性努力。居住区的整顿与改建在这个框架下，可能以一定的步伐和规模而实施。

不自然的建筑和没有个性特征的城市之间联接点的决定，确实是一件敏感而复杂的事，值得引起杰出设计师们的注意。它决不是靠统计学、计算机或者在规划图上纸上谈兵就能达到的。这个问题的实质在于设计的性质。这类决定通常都是在设计前就留待统计学家、行政长官去解决的。克莱对这个问题表明了自己清晰的观点，他认为，这样一个自在的程序缺少赋予生命力的素质，作为一个程序，在基本部分实施之前就将背弃它的目的。

因此，我们决不能只停留在规划上，就像刘易斯·芒福德(Lewis Mumford)名言中倡导的，我们必须以这样一种方式进行设计：将在城市建筑中积累的最佳经验带到我们城市的每个区域、每个邻里中去。

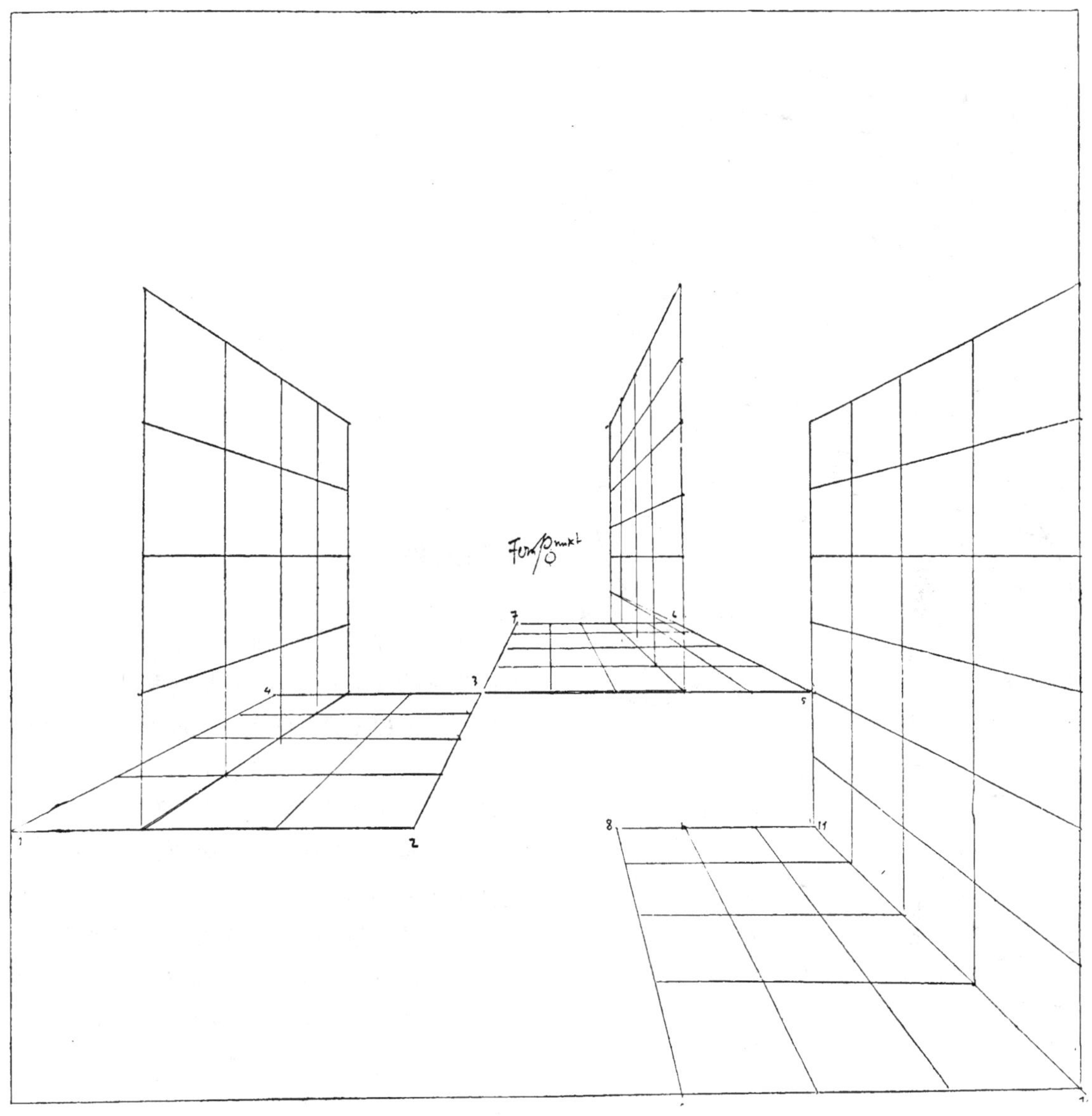

通过三维空间

我们作为身历其境者开始，以身历其境者结束。在这里，我们通过保罗·克莱的目光看见他以一种全然不同的方式联系到他的环境，既不同于欧氏几何学，又不同于牛顿的古典物理学。克莱存在的空间以及他所寻求的无垠，与本书扉页文艺复兴图解中固定的中心线引起的空间相距遥远，而更接近于他自己所提出的“消失点”，这里表现的是意识感觉的广大的新范围，情绪和感知的相互作用，一种我们刚开始意识的全盘介入。为此，我们就能发展出一种展现未来的感觉，远超过我们已经知道的这类感觉。

如果我曾被要求表现人的真实面貌，我需要如此迷惑人的一组线条，以致对本质要素作一项单纯处理将显得文不对题，其结果得到的也只能是不可理解的一团乱麻。

此外，我无意去表现人现在的真实面目，而只是想表明他们将来可能是怎样的。

——保罗·克莱

走向未来

本书讨论了运动、时间的动力学和变化。左面克莱的线条表达运动的概念和从一处到另一处运动过程张紧的线条交织成整体组织结构的概念。在此又加上了连接和装饰的点、静止的场所。这些都是重要的，它们激发了最高超的建筑表现，然而只有联系运动到达和期待运动离去才能理解它们。

运动的建筑和静止的建筑这两项要素，结合在一起把城市造就成为一项艺术，而这正是人民的艺术。城市设计的成果人人都能感受，不论资格，人人平等。它能够成为生活方面人人共享的一种伟大的民主状态。

我们能否取得成就的关键，在于我们是否能从解决问题时只见树木不见森林的做法中脱颖而出，开始对城市全局着眼，作为一个有机整体来研究。这里，让我们可以再次感受保罗·克莱的话：

因此，一种整体感已经渐渐进入艺术家对自然对象的概念之中，不论这种对象是植物、动物还是人，也不论它或他是处在建筑、景观，或是世界的空间之中，首要的结果就是观察这类对象时产生了更富有空间感的概念。

附录：伟大的创举——巴西利亚

这一段关于巴西利亚的叙述写于我访问这座城市之前。

除昌迪加尔以外，衡量今天建筑职业成熟程度的标志就是巴西利亚，她的国家的新首都。这也是从一砖一瓦开始新建的当代的城市，完全不受祖祖辈辈在地面上铸成的错误的影响，这里的设计者得到彻底的解放，运用可能产生的一切最富创新精神的概念。这里不像昌迪加尔，城市总的设计是一项设计竞赛的结果，而是由卢西奥·科斯塔在一个信封的背面作草稿构思而获奖的。

我认为没有一个人会不赞同巴西利亚的基本组织，巨大的困难来自把科斯塔的草图转变为地面上的建筑，这成为以后由奥斯卡·尼迈耶(Oscar Niemeyer)承担的任务。一个城市由两个人按全然不同的比例构想出来这个事实，意味着从设计比例的意义上说，旷地的设计实际上无人问津。当建筑由科斯塔定位、尼迈耶设计后，这个问题依然悬而未决。要想产生建筑效果，这些建筑是太庞大了，至少在中心是这样的。

在巴洛克时期，建筑师必然会把位于广场一端的国会建筑和面前的空间的设计作为统一的设计课题。把这张照片与18世纪雷恩的布局(如第173页所示)作一比较，就能看出这是如何完成的。然而在巴西利亚却不必进行妥协，以便使新建筑与老建筑结合成整体，就像在格林威治那样。在巴西利亚，所有的空间和建筑要素都处在同时设计控制之下。由于更大的布局的基本概念，纯粹是巴洛克式的，没有一点新的东西。因此，其结果可以按巴洛克式的标准去衡量。

显而易见的是，不论政府办公建筑设计作为自成一体的构图如何优美，就它承受各部办公建筑端部形成的甬道空间的挺伸这个基本的作用来说是完全失败的。事实上空间从旁迳直向前流动，当它应当达到高潮之处，也难以激起半点涟漪。两座高层板式办公楼面对面相对如此之近。使用者都能相互窥视对方窗内。此外，这种两幢办公楼夹住一个狭窄空间的构图概念确实树立起一个空间运动，它是这样脆弱，一进入与较大空间的结合部就无声无息地消逝了。

使人震惊的是，这个提出大规模设计新概念的机会竟然没有产生任何新的概念，而是突出地强调了设计者300年前运用相同概念的技巧。

译 后 记

1983年我随上海市政考察团赴美考察后，市领导提出规划实施领域要加强城市设计与立法实施，要求我在汪定曾同志指导下研究落实措施。针对当时专业人员迫切需要信息，而信息资源紧缺、出书困难的实际情况，我们认识到首先需要一本理论与实践结合的参考书，于是决定：一是将理论、历史、实例与运用相结合，编译一本《城市设计》，以埃德蒙·N·培根原著为主线，同时兼顾4本原著理念的大体一致性；二是合译，争取早日完成。1987年出书后，一年之内两次印刷，对国内规划设计与教学起到了一定作用。进入20世纪90年代，读者纷纷要求再版，难以如愿。基于这本书的价值并不受时间影响，而原编译时，由于有删略且彩图编排局部打乱了原著的顺序，在尊重名著方面似有不妥，因此决定争取原作者同意授权全译再版该书。幸得朱自煊、朱幼宣先生鼎力相助，征得培根先生欣然同意，并要求送他十几本新的全译本给他分送全家留作纪念。中国建筑工业出版社全力支持，取得授权，并集中力量安排了一切译校审排事宜，以使这本书早日与读者见面。

这里，我们要对关注此书完整全译的吴良镛教授，大力促成原作者欣然授权全译重版的朱自煊教授、留美学者朱幼宣博士，中国建筑工业出版社的王伯扬先生、张惠珍副总编、戚琳琳女士及有关同志的热忱支持和辛勤工作，表示衷心的感谢。

这本凝聚美中两国学者情谊的城市设计名著修订重译本出得晚了一点，但也并不晚。当前城市设计理念传播与实践运用、国际交流正在全国规划设计领域深入展开，城市设计论著、案例、信息大量涌现，“建筑学会”、“城市设计学术委员会”也已成立。培根先生这本追溯历史、演绎现代城市设计方法理念、扎根于费城实践发展与运用的力著新译本，必将在当前城市设计的繁荣中寻找到自己的位置，以适应读者多方面的需求。

黄富厢　朱　琪

2003年4月

著作权合同登记图字：01-2003-1163号

图书在版编目(CIP)数据

城市设计 /(美)培根著；黄富厢，朱琪译.—北京：
中国建筑工业出版社，2003
(国外城市规划与设计理论译丛)
ISBN 978-7-112-05819-8
Ⅰ.城... Ⅱ.①培...②黄...③朱... Ⅲ.城市规
划-建筑设计 Ⅳ.TU984

中国版本图书馆CIP数据核字(2003)第032624号

本项目由“北京未来城市设计高精尖创新中心——城市设计理论方法体系研究”资助，项目编号UDC2016010100

责任编辑：戚琳琳

国外城市规划与设计理论译丛
城市设计
(修订版)
[美] 埃德蒙·N·培根 著
黄富厢 朱琪 译

*
中国建筑工业出版社出版、发行（北京海淀三里河路9号）
各地新华书店、建筑书店经销
北京嘉泰利德公司制版
廊坊市海涛印刷有限公司印刷
*
开本：787×1092毫米 1/16 印张：$20\frac{1}{2}$ 字数：627千字
2003年8月第一版 2019年7月第十六次印刷
定价：85.00元
ISBN 978-7-112-05819-8
(33496)

如有印装质量问题，可寄本社退换
(邮政编码 100037)